CITOLOGIA, HISTOLOGIA E GENÉTICA

Revisão técnica

Lucimar Filot da Silva Brum
Doutora em Ciências Biológicas (Bioquímica)
Mestre em Farmácia
Graduada em Farmácia

Mônica Magdalena Descalzo Kuplich
Fisioterapeuta Dermatofuncional
Mestre em Genética e Toxicologia

Letícia Hoerbe Andrighetti
Mestre em Ciências Farmacêuticas
Graduada em Farmácia e Farmácia Industrial

C581   Citologia, histologia e genética / Alice Kunzler... [et al.] ;
[revisão técnica : Lucimar Filot da Silva Brum, Mônica
Magdalena Descalzo Kuplich, Letícia Hoerbe Andrighetti]. –
Porto Alegre: SAGAH, 2018.

ISBN 978-85-9502-316-1

1. Biologia. 2. Citologia. 3. Histologia. 4. Genética. I.
Kunzler, Alice.

CDU 576

Catalogação na publicação: Karin Lorien Menoncin CRB -10/2147

CITOLOGIA, HISTOLOGIA E GENÉTICA

Alice Kunzler
Doutora em Bioquímica
Mestre em Bioquímica e Bioprospecção
Graduada em Biomedicina

Lucimar Filot da Silva Brum
Doutora em Ciências Biológicas (Bioquímica)
Mestre em Farmácia
Graduada em Farmácia

Gabriela Augusta Mateus Pereira
Mestre em Neurociências
Graduada em Ciências Biológicas

Carolina Saibro Girardi
Graduada em Biotecnologia Molecular

Helen Tais da Rosa
Mestre em Patologia: Genética Aplicada
Graduada em Ciências Biológicas

Raquel Calloni
Doutora em Biologia Celular e Molecular
Mestre em Genética e Biologia Molecular
Graduada em Ciências Biológicas

Porto Alegre,
2018

sagah⁺

© Grupo A Educação S.A., 2018

Gerente editorial: *Arysinha Affonso*

Colaboraram nesta edição:
Assistente editorial: *Adriana Lehmann Haubert*
Preparação de original: *Nádia da Luz Lopes, Lara Pio de Almeida e Bárbara Minto*
Capa: *Paola Manica | Brand&Bookr*
Editoração: *Ledur Serviços Editoriais Ltda*

> **Importante**
>
> Os *links* para *sites* da *web* fornecidos neste livro foram todos testados, e seu funcionamento foi comprovado no momento da publicação do material. No entanto, a rede é extremamente dinâmica; suas páginas estão constantemente mudando de local e conteúdo. Assim, os editores declaram não ter qualquer responsabilidade sobre qualidade, precisão ou integralidade das informações referidas em tais *links*.

Reservados todos os direitos de publicação ao GRUPO A EDUCAÇÃO S.A.
(Sagah é um selo editorial do GRUPO A EDUCAÇÃO S.A.)

Rua Ernesto Alves, 150 – Floresta
90220-190 Porto Alegre RS
Fone: (51) 3027-7000

SAC 0800 703-3444 – www.grupoa.com.br

É proibida a duplicação ou reprodução deste volume, no todo ou em parte, sob quaisquer formas ou por quaisquer meios (eletrônico, mecânico, gravação, fotocópia, distribuição na Web e outros), sem permissão expressa da Editora.

IMPRESSO NO BRASIL
PRINTED IN BRAZIL

APRESENTAÇÃO

A recente evolução das tecnologias digitais e a consolidação da internet modificaram tanto as relações na sociedade quanto as noções de espaço e tempo. Se antes levávamos dias ou até semanas para saber de acontecimentos e eventos distantes, hoje temos a informação de maneira quase instantânea. Essa realidade possibilita a ampliação do conhecimento. No entanto, é necessário pensar cada vez mais em formas de aproximar os estudantes de conteúdos relevantes e de qualidade. Assim, para atender às necessidades tanto dos alunos de graduação quanto das instituições de ensino, desenvolvemos livros que buscam essa aproximação por meio de uma linguagem dialógica e de uma abordagem didática e funcional, e que apresentam os principais conceitos dos temas propostos em cada capítulo de maneira simples e concisa.

Nestes livros, foram desenvolvidas seções de discussão para reflexão, de maneira a complementar o aprendizado do aluno, além de exemplos e dicas que facilitam o entendimento sobre o tema a ser estudado.

Ao iniciar um capítulo, você, leitor, será apresentado aos objetivos de aprendizagem e às habilidades a serem desenvolvidas no capítulo, seguidos da introdução e dos conceitos básicos para que você possa dar continuidade à leitura.

Ao longo do livro, você vai encontrar hipertextos que lhe auxiliarão no processo de compreensão do tema. Esses hipertextos estão classificados como:

Saiba mais

Traz dicas e informações extras sobre o assunto tratado na seção.

Fique atento

Alerta sobre alguma informação não explicitada no texto ou acrescenta dados sobre determinado assunto.

Exemplo

Mostra um exemplo sobre o tema estudado, para que você possa compreendê-lo de maneira mais eficaz.

Link

Indica, por meio de *links* e códigos QR*, informações complementares que você encontra na *web*.

https://sagah.maisaedu.com.br/

Na prática

Proporciona uma experiência real. Acesse a página **http://goo.gl/NtmGRd** para ver o recurso.

Todas essas facilidades vão contribuir para um ambiente de aprendizagem dinâmico e produtivo, conectando alunos e professores no processo do conhecimento.

Bons estudos!

---

* Atenção: para que seu celular leia os códigos, ele precisa estar equipado com câmera e com um aplicativo de leitura de códigos QR. Existem inúmeros aplicativos gratuitos para esse fim, disponíveis na Google Play, na App Store e em outras lojas de aplicativos. Certifique-se de que o seu celular atende a essas especificações antes de utilizar os códigos.

SUMÁRIO

Unidade 1

Célula 11
Helen Tais da Rosa
  A célula e sua membrana plasmática 12
  Organelas celulares e suas funções 15
  O núcleo e seus componentes 17

O ciclo celular 25
Lucimar Filot da Silva Brum
  Ciclo celular, divisão celular e material genético 25
  Mecanismos celulares da divisão celular em eucariotos 27
  Sistema de controle do ciclo celular 30

Divisão celular: mitose e meiose 37
Helen Tais da Rosa
  O ciclo e a divisão celular 37
  Mitose, meiose e citocinese 38
  Etapas da mitose e da meiose 42

Bases citológicas da hereditariedade: gametogênese 53
Lucimar Filot da Silva Brum
  Importância da gametogênese 53
  Gametogênese: fases e processos da ovulogênese e da espermatogênese 56

Bases moleculares da hereditariedade: ácidos nucleicos 63
Carolina Saibro Girardi
  Nucleotídeos 64
  Ácidos nucleicos: DNA e RNA 66
  Código genético 75

Unidade 2

Replicação do DNA 81
Lucimar Filot da Silva Brum
   Processo de replicação do DNA 81
   Etapas do processo de replicação do DNA 84
   Importância da replicação do DNA 86

Organização celular: célula procariótica e eucariótica 91
Lucimar Filot da Silva Brum
   Células procarióticas e eucarióticas: classificação 91
   Diferenças entre células procarióticas e eucarióticas 92
   Os tipos de células e os diferentes tipos de organismos vivos existentes 96

Alterações cromossômicas 99
Lucimar Filot da Silva Brum
   Principais causas para a ocorrência de anormalidades
      nos cromossomos humanos 99
   Alterações cromossômicas numéricas ou estruturais 101
   Aneuploidias 103

Alterações moleculares: deleção, inserção,
substituição, expansão de bases 109
Carolina Saibro Girardi
   Classificação das mutações 109
   Causas das mutações 113
   Efeitos fenotípicos das mutações 117

Microscopia óptica 123
Carolina Saibro Girardi
   Microscópio óptico: princípios e componentes 123
   Propriedades dos sistemas ópticos 127
   Variedade de microscópios ópticos 131

Métodos de estudo das células e tecidos 137
Raquel Calloni
   Técnicas de estudo de tecidos 138
   Técnicas de estudos de células isoladas 142
   Técnicas de estudo de componentes celulares 147

Unidade 3

Tecido epitelial de revestimento 153
Gabriela Augusta Mateus Pereira
Epitélios de revestimento 153
Funções do epitélio de revestimento 154
Tipos de tecidos epiteliais de revestimento 155
Epitélios de revestimento no corpo 158

Especializações de membrana 167
Helen Tais da Rosa
O que são as especializações de membrana e tipo celular? 167
Quais as funções das diferentes especialidades de membrana
e onde podem ser encontradas? 169

Tecido conjuntivo 181
Alice Kunzler
Tipos de tecidos conjuntivos 181
Funções do tecido conjuntivo 191
Caracterização dos componentes estruturais do tecido conjuntivo 192

Sistema tegumentar: pele e anexos 195
Gabriela Augusta Mateus Pereira
A pele e suas funções 195
Epiderme, derme e hipoderme 198
Os anexos da pele 204

Tecido muscular: músculo liso 213
Gabriela Augusta Mateus Pereira
A histologia do músculo liso 213
Componentes da fibra muscular lisa 217
Estrutura e composição molecular da contração muscular 218

Tecido muscular: músculo esquelético 225
Gabriela Augusta Mateus Pereira
Histologia 225
Componentes do sarcômero 229
Estrutura e composição molecular da contração 230

Tecido muscular: músculo cardíaco 237
Alice Kunzler
Caracterização histológica do tecido muscular cardíaco 237
Estrutura e composição molecular da contração do músculo cardíaco 242
Função endócrina desempenhada pelo músculo cardíaco 244

Unidade 4

Tecido cartilaginoso 247
Gabriela Augusta Mateus Pereira
- Tipos de tecido cartilaginoso 247
- Funções do tecido cartilaginoso 255
- Matriz extracelular 256

Tecido ósseo 259
Alice Kunzler
- Diferenciação dos tipos de tecido ósseo 259
- Caracterização do tecido ósseo quanto às suas células e sua matriz extracelular 262
- Identificação das etapas do processo de ossificação endocondral 263

Sistema imune 269
Alice Kunzler
- Células envolvidas na defesa do organismo e suas funções 269
- Diferenciação entre imunidade celular e imunidade humoral 272
- Como ocorre a defesa do organismo contra um agente estranho ou patógeno invasor? 274

Sangue e medula óssea 279
Alice Kunzler
- Elementos celulares do sangue (glóbulos brancos, glóbulos vermelhos e plaquetas) e do plasma 279
- Glóbulos brancos (monócitos, basófilos, neutrófilos, linfócitos e eosinófilos) – morfologia e função 283
- Elementos presentes na medula óssea, sua função e localização no organismo 286

Tecido nervoso 291
Alice Kunzler
- Estruturas que compõem as células neuronais (soma, dendritos e axônio) 291
- Como diferenciar os neurônios de acordo com a sua função e as suas ligações com outros neurônios? 294
- Caracterização dos componentes de uma sinapse neuronal 295

Gabaritos 299

UNIDADE 1

Célula

Objetivos de aprendizagem

Ao final deste texto, você deve apresentar os seguintes aprendizados:

- Identificar os componentes da membrana plasmática.
- Diferenciar as organelas localizadas no citoplasma quanto à função nas diferentes células.
- Caracterizar os componentes do núcleo.

Introdução

As células são compostas por três estruturas básicas: membrana plasmática, citoplasma e núcleo. Existem dois grandes grupos de células: procariotos e eucariotos. As bactérias e algas pertencem ao grupo de procariotos, enquanto que os animais e os vegetais são formados por células eucariotas. Cada célula, procariota ou eucariota, contém pelo menos 10 mil diferentes tipos de moléculas, a maioria delas presente em múltiplas cópias. Essas moléculas se transformam em matéria e energia para interagir com o ambiente e se reproduzirem.

É praticamente impossível conhecer todas essas moléculas, mas o conhecimento da biologia celular corresponde, em certo sentido, ao estudo da vida. Sabe-se que ela é contínua e que todas as células de um organismo vêm de uma única célula, um óvulo fertilizado, originado da fusão de duas células (espermatozoide e óvulo).

Neste texto, você vai conhecer as funcionalidades das células, por meio da identificação de diversas organelas celulares, como o núcleo, uma organela de extrema importância que armazena a molécula primordial da célula, o DNA.

A célula e sua membrana plasmática

O tamanho pequeno de uma célula, é consequência da necessidade prática de se manter uma razão entre a área de superfície e o volume. Dessa forma, quando a célula ou objeto cresce, sua área de superfície também aumenta, porém não na mesma proporção. O volume da célula indica a quantidade de atividade possível de ser desempenhada por unidade de tempo. Já a área de superfície da célula determina a quantidade de moléculas que ela pode incorporar e/ou liberar para o ambiente externo.

Com o aumento do volume celular, a atividade e necessidade de recursos aumenta de forma mais rápida do que a área de superfície. Além disso, as células precisam redistribuir substâncias com frequência para diferentes regiões em seu interior, logo, quanto menor a célula, maior facilidade na realização da tarefa. Este é o grande motivo do porquê de grandes organismos serem compostos por diversas células pequenas, o volume pequeno mantém uma razão eficiente entre área de superfície e volume e, também, possuir um volume interno ideal. Essa razão eficiente é o que permite que organismos pluricelulares executem várias funções necessárias à sobrevivência.

As células são delimitadas pela membrana plasmática, que a separa do ambiente externo, criando um compartimento ao seu redor, um compartimento separado, mas não isolado. A membrana plasmática é formada por uma bicamada fosfolipídica, com as "cabeças" hidrofílicas dos lipídios direcionadas para o interior aquoso da célula, em uma das faces da membrana, e para o ambiente extracelular, no lado oposto, com as proteínas e outras moléculas inseridas entre os lipídios. Além de funções importantes, a membrana plasmática tem significância biológica por sua atuação como uma barreira seletiva, permitindo a entrada de nutrientes, retenção de produtos de síntese e excreção de resíduos. Para entender melhor, observe a Figura 1.

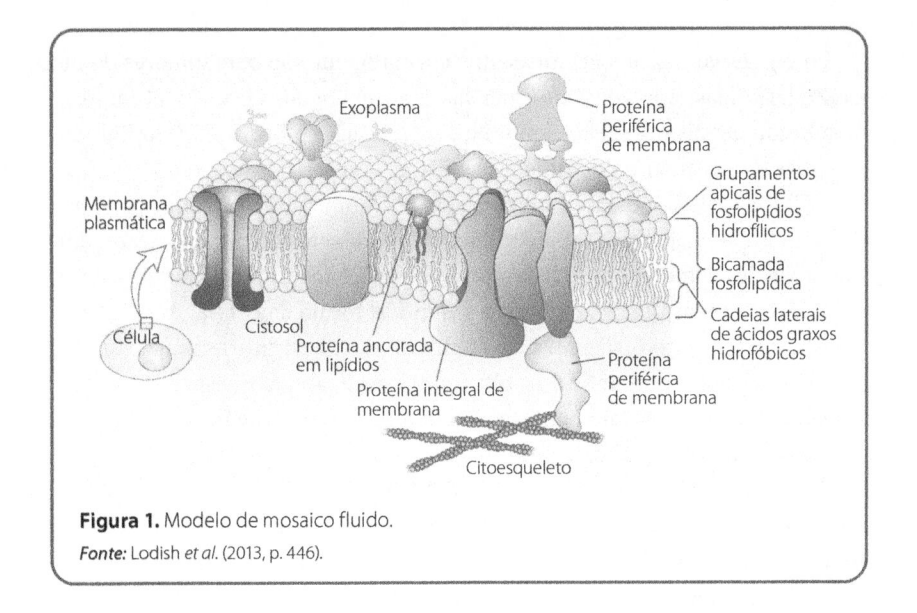

Figura 1. Modelo de mosaico fluido.
Fonte: Lodish *et al.* (2013, p. 446).

Ambos os tipos celulares, procariotos e eucariotos apresentam a membrana plasmática provida de muitas proteínas que desempenham uma diversidade de funções semelhantes, entre elas:

- permite que a célula mantenha um ambiente interno relativamente autorregulável (homeostase), que é uma característica-chave da vida;
- atua como barreira permeável, mas seletiva, evitando que algumas substâncias a atravessem, e permitindo o trânsito de outras, tanto para dentro quanto para fora da célula;
- tem importância na comunicação com as células adjacentes e para a recepção de sinais provenientes do ambiente, por intermédio das especializações de membrana;
- apresenta proteínas que se projetam de seus limites e são responsáveis pela ligação e aderência a células adjacentes.

Porém, as células eucarióticas, que normalmente são bem maiores do que as procarióticas, apresentam organelas internas ligadas por membranas. A membrana dessas organelas tem uma configuração própria de proteínas que promove o desempenho de funções celulares características, como a geração de ATP (nas mitocôndrias) e a síntese de DNA (no núcleo). Muitas proteínas da membrana plasmática também unem componentes do citoesqueleto, uma forte rede de filamentos proteicos que atravessa o citosol para propiciar suporte mecânico às membranas celulares e assumir a forma da célula.

Apesar de muito resistentes, as membranas são estruturas maleáveis que podem curvar-se, dobrar-se em três dimensões e, ainda, conservar sua integridade, devido, principalmente, a abundantes interações não covalentes que mantêm unidos os lipídios e as proteínas.

Assim, a grande mobilidade de lipídios e proteínas individuais é chamada de modelo do mosaico fluido de biomembranas, que foi proposto por cientistas na década de 70. A bicamada lipídica se comporta, em alguns aspectos, como um fluido bidimensional, com moléculas individuais capazes de se mover uma após a outra e girar no seu local. Essa fluidez e essa flexibilidade da membrana permitem às organelas, além de assumir suas formas típicas, propriedade dinâmica de brotamento e fusão de membranas, como ocorre quando são liberados os vírus de uma célula infectada, por exemplo.

As duas superfícies de uma membrana celular são chamadas de face citosólica e face exoplasmática. A face exoplasmática da membrana fica voltada para fora do citosol, para o espaço extracelular ou ambiente externo e define o limite externo da célula. Já a face citosólica da membrana plasmática volta-se para o citosol. Em todas as organelas e vesículas circundadas por uma membrana simples, a face citosólica está voltada para o citosol. Organelas essenciais para a sobrevivência a célula (núcleo, mitocôndria e cloroplasto) são circundadas por duas membranas.

Na prática

A célula eucariótica apresenta uma estrutura interna complexa, com muitas organelas delimitadas por membranas. A membrana plasmática circunda a célula, e o seu interior contém muitos compartimentos delimitados por membranas ou organelas. A característica definidora de células eucarióticas é a segregação do DNA celular dentro de um núcleo definido, delimitado por uma membrana dupla. A membrana nuclear externa é contínua. Veja em realidade aumentada a organização de uma célula eucariótica.

Aponte para o QR code ou acesse o *link*
https://goo.gl/NtmGRd para ver o recurso.

Organelas celulares e suas funções

Como você viu, a membrana plasmática delimita a célula e é uma estrutura vital, já que é a interface que a célula tem com seu ambiente, separando o meio externo do citoplasma interno. Embora as propriedades físicas da membrana plasmática sejam, em grande parte, determinadas por seu conteúdo lipídico, o complemento proteico de uma membrana é o principal responsável pelas propriedades funcionais da membrana. Moléculas maiores que íons e outros metabólitos podem ser captadas através da endocitose, a formação de uma invaginação da membrana plasmática. Durante a endocitose, são formados poços revestidos, em que os receptores coletam e trazem para a célula, moléculas ou partículas específicas, mediadas por receptor. Após a internalização, os materiais são classificados e podem retornar à membrana plasmática ou ser entregues a lisossomos para degradação.

Os lisossomos contêm diversas enzimas digestivas que degradam qualquer molécula biológica em componentes menores. O lúmen dos lisossomos possui pH ácido e isso ajuda a desnaturar proteínas. Até agora não foram descritos lisossomos em células vegetais, mas o vacúolo central de uma célula vegetal pode apresentar uma capacidade de atuação semelhante, pois também apresentam diversas enzimas digestivas.

A maior organela é chamada de retículo endoplasmático (RE), é uma extensa rede de vesículas e túbulos achatados ligados à membrana. O RE pode ser dividido em retículo endoplasmático liso (REL), pois sua membrana de superfície é lisa e retículo endoplasmático rugoso (RER), que é revestido por ribossomos. O REL é o local de síntese de ácidos graxos e fosfolipídios. Já o RER, com seus ribossomos acoplados, é o sítio de síntese de proteínas da membrana e de proteínas que serão secretadas pela célula responsável. Após a síntese no RE, as proteínas são destinadas para a membrana plasmática ou para secreção, são transportadas para o complexo de Golgi, um conjunto de membranas achatadas chamadas de cisternas, onde as proteínas são modificadas antes de serem transportadas ao seu destino na membrana plasmática. As proteínas destinadas para secreção são sintetizadas no RE, transportadas pelo complexo de Golgi e liberadas pela célula, este processo todo é chamado de via secretora.

Nos procariotos, os ribossomos flutuam livremente no citoplasma. Já nos eucariotos, podem ser encontrados no citoplasma, livres ou ligados à superfície do RE, no interior de mitocôndrias e cloroplastos. Em ambos locais, os ribossomos representam os sítios em que ocorre a síntese de proteínas direcionada pelos ácidos nucleicos. Os ribossomos dos procariotos e eucariotos assemelham-se em constituição e diversidade de tamanhos. Porém, os ribossomos eucarióticos são, relativamente, maiores, mas a estrutura dos ribossomos procarióticos é mais conhecida. Sabe-se que contêm um tipo especial de RNA denominado RNA ribossomal (rRNA), o qual mais de cinquenta tipos diferentes de moléculas de proteínas ligam-se não covalentemente.

No peroxissomo, classe de organelas semiesféricas que contém oxidases de enzimas que utilizam oxigênio molecular para oxidar toxinas, transformá-las em produtos inofensivos e para a oxidação de ácidos graxos na produção de grupos acetila. Até aqui, todas as organelas comentadas são circundadas por uma única membrana formada por uma bicamada lipídica.

Os vegetais e algas verdes apresentam cloroplastos que são organelas que usam o processo de fotossíntese para capturar a energia luminosa com pigmentos coloridos, incluindo o pigmento verde clorofila e, para assim, estocar a energia capturada em forma de ATP. As mitocôndrias de outros organismos, podem ocupar até 30% do volume do citoplasma. A membrana mitocondrial interna é bastante retorcida com dobras chamadas de cristas, que formam saliências no espaço central, chamadas de matriz. Uma das principais funções das mitocôndrias é completar os estágios finais da degradação da glicose, por meio da oxidação para gerar a maior parte do suprimento de ATP da célula. Desta forma, as mitocôndrias podem ser consideradas as "usinas" da célula.

Algumas teorias sugerem que as mitocôndrias e os cloroplastos tenham evoluído a partir de um acontecimento antigo, quando uma célula eucariótica fagocitou um tipo de bactéria, isso originou as mitocôndrias e um tipo diferente que deu origem aos cloroplastos, pois as membranas destas organelas servem como evidências para sustentar essa hipótese. A membrana interna teria, provavelmente, se originado a partir da membrana da bactéria original, enquanto a membrana externa seria um vestígio da membrana plasmática da fagositose. Outra evidência desta teoria é o fato de tanto as mitocôndrias quanto os cloroplastos terem o seu próprio DNA genômico e, que a síntese de proteínas nas organelas tem maior semelhança à síntese proteica em bactérias do que à síntese proteica em eucariotos.

Fique atento

1. A compartimentalização foi um importante passo evolutivo no desenvolvimento das células, permitindo a especialização e a formação dos órgãos e tecidos de um organismo multicelular complexo.
2. As células, geralmente, são minúsculas. Aproximadamente 2 mil células da pele, alinhadas lado a lado, caberiam no comprimento de uma folha A4. A teoria celular é um princípio unificador da biologia. A proporção entre área de superfície e o volume limita o tamanho das células. Tanto as células procarióticas quanto as eucarióticas estão delimitadas por uma membrana plasmática, no entanto, as células procarióticas não possuem compartimentos internos delimitados por membrana.

O núcleo e seus componentes

O sucesso evolutivo de um organismo depende da sua capacidade de armazenar, obter e traduzir as informações genéticas necessárias para manter o organismo vivo. Esta informação é hereditária, ou seja, é passada de uma célula às células-filhas durante a divisão celular, e é no núcleo celular de todas as células eucarióticas, que estas instruções são armazenadas. O núcleo é a organela em que se encontra o DNA da célula e o local da transcrição do DNA em RNA mensageiro. O núcleo tem uma membrana interna e também membrana externa contínua à membrana do RE, de forma que o espaço entre as membranas nucleares interna e externa é contínuo. O acesso à face interna e externa do núcleo se dá através de conexões tubulares entre as membranas interna e externa estabilizadas por poros nucleares. Estes poros definem o local de transporte na membrana nuclear e atuam como barreiras, permitindo apenas o transporte de macromoléculas específicas para dentro e fora do núcleo. Os poros são compostos por mais de 100 diferentes proteínas, que interagem hidrofobicamente. Cada poro é circundado por um complexo de oito grandes agregados proteicos, organizados sob a forma de um octógono, no ponto de contato entre as membranas interna e externa.

O poro nuclear funciona com uma catraca na entrada de um evento esportivo. Da mesma forma que crianças passam por baixo da catraca, pequenas substâncias, como íons e moléculas de tamanho inferior a 10.000 daltons, difundem através do poro. Moléculas maiores de até 50.000 daltons, também podem difundir por meio do poro, porém, necessitam de mais tempo para este procedimento. Moléculas maiores, como proteínas do citoplasma e que são importadas para o núcleo, comportam-se como adultos na catraca: não podem entrar se não possuírem o seu "ingresso". No caso das proteínas, o ingresso é uma sequência curta de aminoácidos que faz parte da proteína. Assim, proteína possui uma estrutura tridimensional que permite a sua ligação não covalente com a conformação tridimensional do receptor, de forma que ocorre o estiramento do poro, permitindo a entrada de grandes proteínas. Observe a Figura 2.

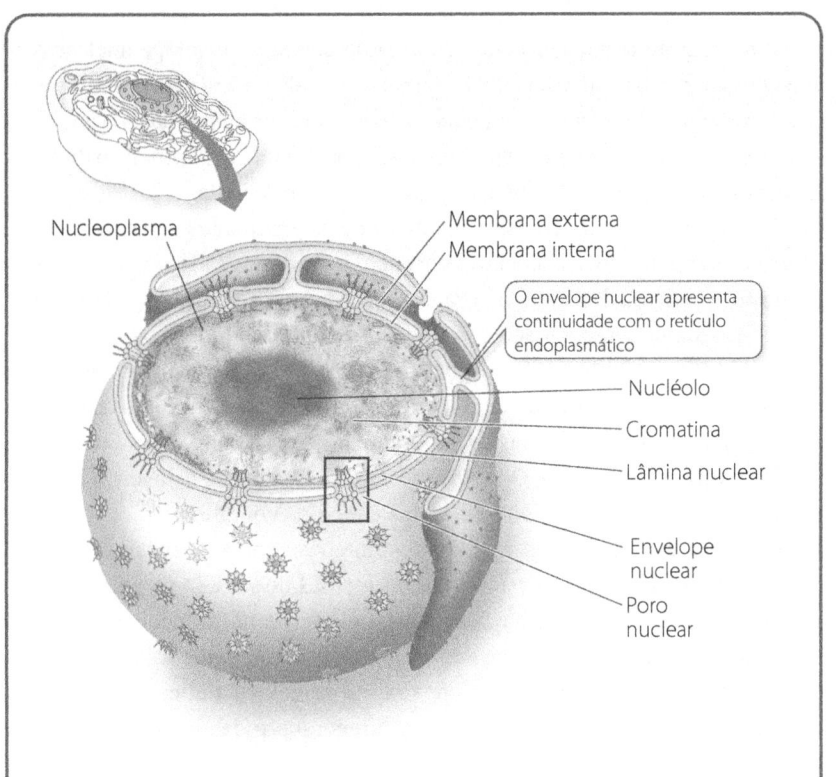

Figura 2. O núcleo está delimitado por uma membrana dupla chamada de envelope nuclear. Nucléolo, lâmina nuclear e poros nucleares são características comuns a todos os núcleos celulares. Os poros são os portões através dos quais as proteínas do citoplasma penetram no núcleo e o material genético (mRNA) sai do núcleo em direção ao citoplasma.
Fonte: Sadava *et al.* (2009, p. 78).

Nas regiões específicas do núcleo, a membrana externa do envelope nuclear cria reentrâncias em direção ao citoplasma e em continuidade com a membrana do RE (descrito anteriormente). No interior do núcleo, o DNA se associa a proteínas para formar um complexo fibroso denominado cromatina. A cromatina consiste em filamentos extremamente longos e finos. Antes da divisão da célula, a cromatina se agrega para formar os cromossomos. Na borda do núcleo, a cromatina encontra-se conectada a uma rede de proteínas, chamada de lâmina nuclear, formada por meio da polimerização de proteínas, designadas de lâminas em filamentos. A lâmina nuclear mantém o formato do núcleo por intermédio de sua ligação simultânea à cromatina e ao envelope nuclear.

Durante grande parte do ciclo de vida da célula, o envelope nuclear permanece como estrutura estável. No entanto, quando a célula sofre a divisão, o envelope celular é quebrado em pedaços de membrana, contendo os complexos do poro a eles ligados. O envelope é reconstruído quando a distribuição do DNA replicado para as células-filha está completa. Na molécula de DNA, existem trechos contendo as sequências específicas de determinados nucleotídeos que podem corresponder à sequência de um gene. As histonas são responsáveis pelo primeiro e mais básico nível de organização cromossômica, o nucleossomo. Os nucleossomos são compactados ainda mais para gerarem os cromossomos.

O ácido desoxirribonucleico (DNA) é uma molécula de informação que contém, na sequência de seus nucleotídeos, a informação necessária para a formação de todas as proteínas de um organismo e, portanto, das células e dos tecidos daquele organismo. O DNA é quimicamente muito estável na maioria das condições terrestres, como em ossos e tecidos com de milhares de anos, por exemplo, e cumpre suas importantes funções com tanta maestria que é a fonte da informação genética em todas as formas de vida conhecidas, exceto os vírus de RNA, os quais são limitados a genomas muito pequenos devido à instabilidade do RNA comparado ao DNA. O fato de que todas as formas de vida utilizem DNA para codificar sua informação genética e a existência de um código genético quase igual, esclarece que todas as formas de vida descendem de um ancestral comum baseado no armazenamento da informação em sequências de ácido nucleico.

Saiba mais

Doenças fatais de depósito lisossomal podem ocorrer quando os lisossomos apresentam defeitos de funcionamento e moléculas que deveriam ser digeridas acumulam em seu interior, em vez de serem degradadas.

A informação contida no DNA está disposta em unidades hereditárias, chamadas de genes, que controlam as características identificáveis de um organismo. Durante a transcrição, a informação armazenada no DNA é copiada para a forma de ácido ribonucleico (RNA), que possui três papéis distintos na síntese proteica. As sequências de nucleotídeos do DNA são copiadas em moléculas de RNA mensageiro (mRNA), que promove a síntese de uma proteína específica. A sequência de nucleotídeos do mRNA contém informação que especifica a ordem correta dos aminoácidos durante a síntese de uma proteína. O agrupamento de aminoácidos em proteínas é extremamente preciso e em etapas, ocorre pela tradução do mRNA. Durante esta etapa, os nucleotídeos da molécula de mRNA são lidos por um segundo tipo de RNA, conhecido como RNA de transferência (tRNA), com o auxílio de um terceiro tipo, o RNA ribossomal (rRNA) e suas proteínas associadas.

Conforme vão sendo lidos pelos tRNAs, os aminoácidos corretos são unidos por ligações peptídicas para formarem as proteínas. Assim, a síntese de RNA é chamada de transcrição, porque a "linguagem" da sequência nucleotídica do DNA é precisamente copiada ou transcrita na sequência nucleotídica de uma molécula de RNA. A síntese proteica é denominada tradução, pois a "linguagem" da sequência nucleotídica do DNA e do RNA é traduzida para a "linguagem" de sequência dos aminoácidos das proteínas.

Link

Para entender melhor o conteúdo deste capítulo, assista ao vídeo sobre a descoberta da estrutura do DNA.

https://goo.gl/rpn58P

Exemplo

Os citogeneticistas usam alterações cromossômicas, por diferenças no padrão de bandas ou no padrão de coloração, para detectar anormalidades cromossômicas associadas a defeitos herdáveis ou para caracterizar certos tipos de câncer que surgem pelo rearranjo dos cromossomos específicos nas células somáticas. As anomalias cromossômicas são responsáveis por algumas das síndromes genéticas, como a síndrome de Down – caracterizada pela trissomia do cromossomo 21 – e a síndrome de Klinefelter, que se caracteriza pela presença de um cromossomo X a mais (47, XXY) em indivíduos do sexo masculino, entre outros distúrbios cromossomais.

Exercícios

1. A bicamada lipídica constitui a estrutura básica da membrana plasmática das células e serve, também, como uma barreira relativamente impermeável para a passagem da maioria das moléculas hidrofílicas. Essas moléculas lipídicas são:
a) hidrofílicas.
b) hidrofóbicas.
c) anfipáticas.
d) constituídas por 90% da membrana celular.
e) ligação da membrana plasmática ao citoesqueleto.

2. Um tecido de determinado animal possui células com alta atividade fagocitária, portanto, a organela encontrada em maior quantidade nas células desse tecido é a denominada:
a) mitocôndria.
b) complexo de Golgi.
c) ribossomo.
d) lisossomo.
e) retículo endoplasmático liso.

3. Os ribossomos são organelas responsáveis:
a) pela produção de proteínas nas células.
b) pelo transporte e distribuição de substâncias no interior da célula.
c) pela produção de energia na célula.
d) pela fagocitose.
e) pela produção dos componentes da membrana plasmática.

4. O citoplasma das células procariotas é composto por citosol e diferentes substâncias, destacando-se o material genético circular, que se concentra em uma região conhecida como:
a) núcleo.
b) nucléolo.
c) carioteca.
d) nucleoide.
e) RNA.

5. Indique qual alternativa apresenta a definição correta para "nucléolo".
a) Uma organela citoplasmática constituída de DNA responsável pela codificação de genes.
b) Uma organela nuclear rica em heterocromatina fundamental para que ocorra a divisão celular.
c) Uma estrutura complexa envolvida pelo envelope nuclear e responsável pela replicação do DNA durante a fase S do ciclo celular.
d) Um componente do núcleo com a função de produzir a carioteca.
e) Uma região dentro do núcleo onde se dá o início da montagem dos ribossomos a partir de proteínas específicas e de RNA ribossomal.

Referência

LODISH, H. et al. Biologia celular e molecular. 7. ed. Porto Alegre: Artmed, 2014.

Leituras recomendadas

ALBERTS, B. et al. Biologia molecular da célula. 6. ed. Porto Alegre: Artmed, 2017.

CHANDAR, N.; VISELLI, S. Biologia celular e molecular ilustrada. Porto Alegre: Artmed, 2015.

O ciclo celular

Objetivos de aprendizagem

Ao final deste texto, você deve apresentar os seguintes aprendizados:

- Reconhecer a divisão celular em que o material genético é distribuído de maneira idêntica para as células-filhas.
- Identificar os mecanismos celulares da divisão celular em eucariotos.
- Explicar o sistema de controle molecular que regula o progresso do ciclo celular eucarioto.

Introdução

Uma célula se reproduz ao executar uma sequência organizada de eventos nos quais o material genético é distribuído de maneira idêntica para as duas células-filhas. Nesse contexto, para produzir duas células-filhas geneticamente idênticas, o DNA de cada cromossomo deve ser fielmente replicado, e os cromossomos replicados devem, por sua vez, ser precisamente distribuídos às células-filhas, de forma que cada uma receba uma cópia de todo o genoma.

Os eventos do ciclo celular devem ocorrer em uma determinada sequência, como a replicação do DNA, a mitose e a citocinese. Essa sequência deve ser preservada, mesmo se uma etapa leve mais tempo do que normalmente levaria. Sensores monitoram o nível de cada fase e enviam sinais para um sistema de controle para evitar que o próximo processo inicie antes que o anterior termine.

Neste capítulo, você vai estudar o ciclo de duplicação e divisão celular, conhecido como ciclo celular, mecanismo essencial pelo qual todos os seres vivos se reproduzem, bem como o sistema de controle do ciclo celular.

Ciclo celular, divisão celular e material genético

O ciclo celular constitui uma sequência ordenada de eventos pelos quais uma célula duplica seus conteúdos e se divide em duas. Ou seja, quando uma célula se reproduz, ela duplica (replica) todos os seus cromossomos para distribuir de maneira idêntica todo o seu material genético para as duas células-filhas. Dessa forma, garante a transmissão de seus genes para a próxima geração de células.

A Figura 1 apresenta o ciclo celular de uma célula eucariótica:

1. interfase, em que ocorre o crescimento celular e a duplicação dos cromossomos;
2. segregação dos cromossomos;
3. divisão celular.

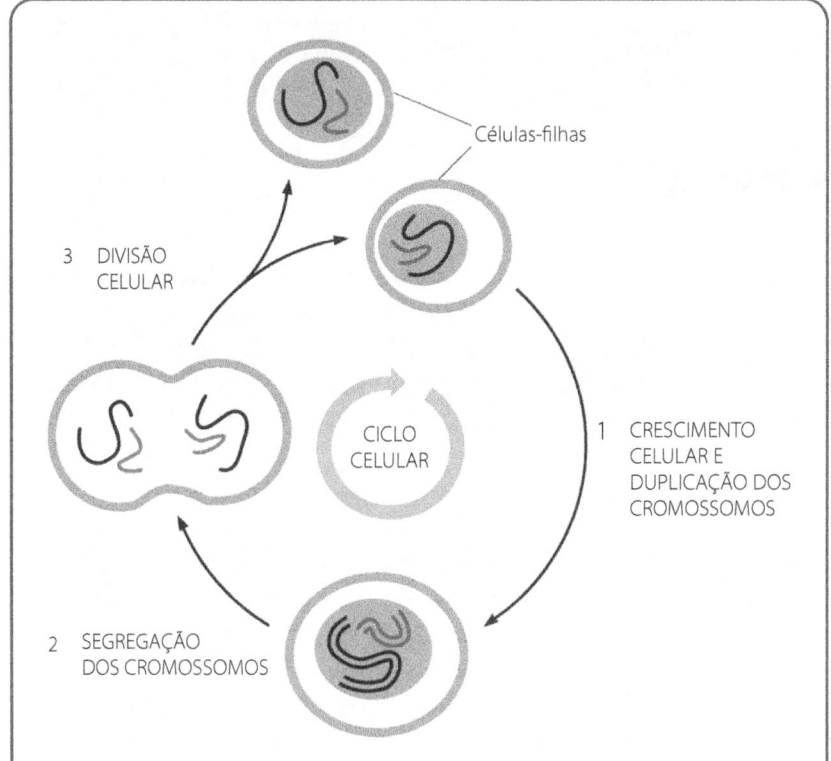

Figura 1. As células se reproduzem pela duplicação do seu conteúdo e pela divisão em duas, um processo chamado de ciclo celular. Para simplificar, usamos uma célula eucariótica hipotética – cada uma com apenas uma cópia de dois cromossomos diferentes – para ilustrar como cada ciclo celular produz duas células-filhas geneticamente idênticas. Cada célula-filha pode se dividir mais uma vez ao passar por outro ciclo celular, e assim por diante, de geração em geração.

Fonte: Alberts et al. (2017, p. 604).

Esse ciclo de duplicação e divisão, conhecido como **ciclo celular**, é o principal mecanismo pelo qual todos os seres vivos se reproduzem. De fato, a manutenção da vida depende da capacidade das células em armazenar, recuperar e traduzir as características genéticas. Tais informações são passadas de uma célula para a célula-filha por meio da divisão celular. Nesse cenário, como o ciclo celular/divisão celular distribui o material genético de maneira idêntica para as duas células-filhas? Ou seja, como as células duplicam seus cromossomos, que carregam a informação genética?

Estudos comprovaram que o DNA contém todas as informações necessárias para o desenvolvimento e para o funcionamento de todos os organismos. De fato, o DNA coordena toda a atividade biológica e armazena a informação genética que é transmitida de uma célula-mãe para as células-filhas. Porém, para que a célula transmita essa informação, ela deve, antes da divisão celular, duplicar o seu material genético, ou seja, replicar o seu DNA.

Nesse contexto, a replicação do DNA é o processo que precede a divisão celular e no qual são produzidas cópias idênticas das moléculas de DNA presentes na célula-mãe e então herdadas pelas duas células-filhas, garantindo, assim, a manutenção das características genéticas. A replicação do DNA celular ocorre durante a fase S do ciclo celular e constitui um processo necessário para assegurar que as instruções contidas no DNA sejam passadas fielmente adiante para as células-filhas.

Mecanismos celulares da divisão celular em eucariotos

O objetivo do ciclo celular é duplicar de maneira fidedigna todo o conteúdo de DNA presente nos cromossomos e, então, distribuir esse material de DNA para as células-filhas geneticamente idênticas, de forma que cada célula receba uma cópia integra de todo o genoma. Além de DNA, a célula também duplica suas organelas e o seu tamanho antes de dividir; se isso não ocorresse, a cada divisão haveria a formação de célula cada vez menor.

De forma geral, o ciclo celular está dividido em duas principais etapas:

- **interface**, período no qual a célula não está se dividindo, mas está na fase de duplicação do DNA e também produz organelas adicionais e componentes citosólicos, em antecipação à fase de divisão celular;
- **fase mitótica (M)**, período no qual a célula está se dividindo e que consiste em uma divisão nuclear (mitose) e em uma divisão citoplasmática (citocinese) para formar duas células idênticas (TORTORA; DERRICKSON, 2010).

O ciclo celular de uma célula eucariótica envolve quatro fases. Observando sob um microscópio, os dois eventos mais marcantes no ciclo celular é a mitose (quando o núcleo se divide) e a citocinese (quando a célula se divide em duas), mecanismos que constituem a fase M do ciclo.

Interface

A interface é um período de alta atividade metabólica em que a célula duplica o seu DNA e organelas proporcionando, assim, o seu crescimento. A interface é composta de três fases: G1, S e G2. Na fase S, ocorre a síntese do DNA; nas fases G, são considerados períodos em que não há duplicação de DNA e, portanto, denominados como intervalos ou interrupções na replicação do DNA. Análise microscópica de uma célula na interface demonstra uma membrana nuclear claramente definida, um nucléolo e uma massa de cromatina entrelaçada. Após o término das fases G1, S e G2 da interface, inicia-se a fase mitótica.

Fase G1

A fase G1 corresponde ao intervalo entre a fase mitótica e a fase S. É a fase na qual a célula encontra-se metabolicamente ativa, em que duplica a maioria de suas organelas e componentes citosólicos. A replicação dos centrossomos também ocorre na fase G1.

> **Saiba mais**
>
> Em geral, para uma célula com um tempo de ciclo celular completo de 24 horas, a fase G1 corresponde a 8 a 10 horas. No entanto, a duração da fase G1 é muito variável, sendo bastante curta em células embrionárias ou células cancerosas.

Fase S

A fase S, intervalo entre a fase G1 e G2, em geral dura 8 horas. É nessa fase que ocorre a duplicação do DNA, resultando na formação de duas células idênticas com o mesmo material genético.

Fase G2

Corresponde ao intervalo entre a fase S e a fase mitótica e dura em torno de 4 a 6 horas. Nessa fase, há a continuidade do crescimento celular, bem como a síntese de proteínas em preparação para a divisão celular e finalização da replicação dos centrossomas.

Fase mitótica

Na fase mitótica ocorre a mitose (divisão nuclear) e a citocinese (divisão citoplasmática). Os eventos que ocorrem durante a mitose e a citocinese são visíveis à microscopia, pois a cromatina se condensa em cromossomos distintos.

Mitose

A mitose ocorre em todas as células somáticas eucariotas e consiste na distribuição de dois conjuntos de cromossomos em dois núcleos separados, resultando na divisão exata das informações genéticas. A mitose é um processo contínuo, porem para tornar mais didaticamente compreensível, ela é subdividida em quatro etapas: prófase, metáfase, anáfase e telófase.

Citocinese

A citocinese consiste na divisão do citoplasma e das organelas da célula em duas células idênticas. A citocinese inicia na fase final da anáfase com a formação de um sulco de clivagem da membrana plasmática e se completa após a telófase, momento em que se pode perceber o início de um estrangulamento na região central da célula que está terminando sua divisão, resultando na separação completa da célula, o que caracteriza o fim da citocinese. Nas células de alguns organismos, a mitose ocorre sem a citocinese, o que resulta em células com mais de um núcleo.

Vale ressaltar que a citocinese nas células animais é diferente da que ocorre nas células vegetais. Nas células vegetais, que se caracterizam por apresentar uma parede celular rígida, a citocinese não ocorre por estrangulamento. Ou seja, nas células vegetais, durante a telófase, vesículas provenientes do complexo de Golgi são formadas e se movimentam para o centro da célula, onde se fundem e formam a placa celular. A placa celular cresce até que se fusiona com a membrana plasmática da célula.

Sistema de controle do ciclo celular

A replicação e a divisão de DNA e organelas ocorre de maneira ordenada graças a uma rede complexa de proteínas reguladoras que fazem parte do sistema de controle de ciclo celular, que garantem que processos importantes do ciclo (replicação de DNA e mitose, por exemplo) ocorram coordenadamente e cada processo acabe antes que o próximo inicie. Para isso, existem pontos críticos do ciclo por meio de retroalimentação a partir das etapas que vão ocorrendo. Se não houvesse retroalimentação, um bloqueio ou um atraso em qualquer processo seriam catastróficos. O DNA nuclear é replicado antes que o núcleo inicie sua divisão, ou seja, a fase S deve preceder a fase M. Se a síntese de DNA é desacelerada ou interrompida, a mitose e a divisão celular também serão atrasadas. Da mesma forma, se o DNA é danificado, o ciclo deve interromper em G1, S ou G2, para que a célula possa reparar o dano antes que a replicação do DNA inicie ou seja completada, ou antes que a célula entre na fase M. O sistema de controle do ciclo celular tem essa capacidade por meio de mecanismos moleculares, chamados de pontos de verificação ou pontos de checagem (*check-points*).

Existem três pontos principais de checagem. Na transição de G1 para a fase S, as proteínas confirmam se o meio é favorável para a proliferação antes da replicação do DNA. A proliferação celular em animais requer nutrientes suficientes e moléculas-sinal específicas no meio extracelular; se não houver essas condições, as células podem atrasar seu progresso em G1 e até mesmo entrar em um estado de repouso conhecido como G0 (G zero). O segundo ponto de checagem é na transição de G2 para a fase M, em que o sistema confirma que não existem danos no DNA e que ele está totalmente replicado, garantindo que a célula não entre em mitose sem um DNA intacto. Por último, durante a mitose, a maquinaria garante que os cromossomos duplicados estão devidamente ligados ao citoesqueleto e, nesse caso, ao fuso mitótico, antes que o fuso separe os cromossomos e os segregue para as duas células-filhas. Nos animais, a transição de G1 para a fase S é de extrema importância como um ponto no ciclo celular em que o próprio sistema de controle é regulado. Sinais de outras células estimulam a proliferação celular quando mais células são necessárias – e bloqueiam quando não o são. Dessa forma, o sistema de controle do ciclo celular tem um papel central na regulação do número de células nos tecidos do corpo. O funcionamento errôneo desse sistema é uma das muitas causas de processos carcinogênicos.

> **Fique atento**
>
> O sistema de controle do ciclo celular tem um papel central na regulação do número de células nos tecidos do corpo. Quando o sistema funciona mal, divisões celulares em excesso podem resultar em tumores. O câncer é responsável por cerca de um quinto das mortes nos Estados Unidos a cada ano. No mundo, de 100 a 350 pessoas, a cada grupo de 100 mil, morrem de câncer todos os anos.

Algumas características do ciclo celular, incluindo o tempo necessário para completar determinados eventos, variam muito de um tipo de célula para outro, mesmo dentro de um mesmo organismo. Entretanto, a organização básica do ciclo é essencialmente a mesma em todas as células eucarióticas, e todos os eucariotos parecem usar maquinarias e mecanismos de controle semelhantes para ativar e regular os eventos do ciclo celular. O principal mecanismo do sistema de controle do ciclo celular é uma série de interruptores moleculares que operam em uma sequência definida e orquestram os eventos principais do ciclo, incluindo a replicação do DNA e a segregação de cromossomos duplicados.

O sistema de controle do ciclo celular regula a maquinaria do ciclo celular pela ativação e pela inibição cíclicas das proteínas-chave e dos complexos proteicos que iniciam ou regulam a replicação de DNA, mitose e citocinese. Tal regulação é realizada em grande parte pela fosforilação e desfosforilação de proteínas envolvidas nesses processos essenciais. As reações de fosforilação que controlam o ciclo celular são realizadas por um grupo específico de **proteínas-cinase**, ao passo que a desfosforilação é realizada por um grupo de **proteínas-fosfatase**.

O sistema de controle do ciclo celular depende de proteínas-cinase ativadas ciclicamente, que estão presentes nas células em proliferação durante todo o ciclo celular. Contudo, elas são ativadas apenas em momentos apropriados no ciclo, após o qual elas são rapidamente inibidas. Assim, a atividade de cada uma dessas cinases aumenta e diminui de maneira cíclica. Algumas das proteínas--cinase, por exemplo, tornam-se ativas no final da fase G1 e são responsáveis pela transição da célula para a fase S; outra cinase se torna ativa logo antes da fase M e promove o início do processo de mitose. A ativação e a inibição das cinases no momento apropriado são de responsabilidade, em parte, de outro grupo de proteínas no sistema de controle – as ciclinas. As ciclinas não têm atividade enzimática por si mesmas, elas precisam se ligar às cinases do ciclo celular antes que as cinases possam tornar-se enzimaticamente ativas. As cinases do sistema de controle do ciclo celular são, por isso, conhecidas como proteínas-cinase dependentes de ciclina, ou Cdks.

O sistema de controle do ciclo celular opera de forma muito semelhante a um cronômetro que aciona os eventos do ciclo celular em uma sequência determinada. Os pontos de verificação asseguram que a célula progrida para uma nova fase do ciclo celular somente após a conclusão da fase anterior (Figura 2).

Todo o DNA está replicado?
Todos os danos no DNA estão reparados?

ENTRADA NA MITOSE

Todos os cromossomos estão ligados de forma apropriada ao fuso mitótico?

SEPARAÇÃO DOS CROMOSSOMOS DUPLICADOS

CONTROLADOR

M — G_1 — S — G_2

ENTRADA NA FASE S
O meio é favorável?

Figura 2. O sistema de controle do ciclo celular assegura que processos-chave no ciclo ocorram na sequência apropriada. O sistema de controle do ciclo celular é mostrado como um braço controlador que gira no sentido horário, acionando processos essenciais quando alcança determinados pontos de transição no disco externo. Esses processos incluem a replicação do DNA na fase S e a segregação dos cromossomos duplicados na mitose.

Fonte: Alberts et al. (2017, p. 606).

O sistema de controle pode interromper temporariamente o ciclo em pontos de transição específicos – em G1, G2 e fase M – caso as condições extracelulares e intracelulares sejam desfavoráveis. Vejamos agora o sistema de controle nas diferentes etapas do ciclo celular.

Fase G1

A fase G1 é uma etapa de atividade metabólica elevada, em razão do crescimento celular e do reparo, constituindo, assim, um importante ponto para tomada de decisões para a célula. Os sinais intracelulares fornecem informações sobre o tamanho da célula e os extracelulares refletem o meio; a maquinaria de controle do ciclo celular pode pausar a célula de forma transitória em G1 (ou em um estado não proliferativo prolongado, G0) ou permitir que ela se prepare para entrar na fase S de outro ciclo celular. Após a fase crítica de G1 para a fase S, a célula normalmente prossegue por todo o resto do ciclo celular rapidamente, em até 12 a 24 horas em células de mamíferos. Células de mamíferos só irão se multiplicar após o estímulo por sinais extracelulares, chamados de mitógenos, produzidos por outras células. Na ausência de mitógenos, o ciclo celular permanece em G1; se essa ausência for prolongada, o ciclo é interrompido e a célula entrará em estado não proliferativo, no qual a célula pode permanecer por muito tempo.

Fase S

Antes da divisão celular, a célula deve replicar seu DNA. A replicação deve ocorrer com extrema acuidade para minimizar o risco de mutações na próxima geração de células. De igual importância, cada nucleotídeo no genoma deve ser copiado uma vez – e somente uma vez – para evitar os efeitos danosos da multiplicação gênica.

Fase G2

Quando ocorre o dano no DNA, há sinalização do sistema de controle do ciclo celular para atrasar o progresso ao longo da transição G1 para a fase S, impedindo que a célula replique DNA danificado. Porém, quando ocorrerem erros durante a replicação do DNA ou se a replicação está incompleta, o sistema de controle do ciclo celular utiliza um mecanismo que pode retardar o início da fase M, por meio do complexo M-Cdk, que é inibido pela fosforilação em determinados sítios. Para a progressão para mitose, esses grupos fosfatos inibidores devem ser removidos por uma proteína-fosfatase ativadora denominada Cdc25. Quando o DNA é danificado ou replicado de forma incompleta, a própria Cdc25 é inibida, impedindo a remoção desses grupos fosfatos inibidores. Por isso, M-Cdk permanece inativo e a fase M não é iniciada até que a replicação do DNA esteja completa e qualquer dano ao DNA seja reparado. Quando a célula replica seu DNA com sucesso na fase S e progride para G2, ela está pronta para entrar na fase M. Durante esse período relativamente curto, a célula dividirá seu núcleo (mitose) e então seu citoplasma (citocinese).

Fase M

A fase M inclui a mitose mais a citocinese e ocorre rapidamente – cerca de uma hora em células de mamíferos; é considerada a fase mais importante do ciclo celular. Durante esse período, a célula reorganiza todos os seus componentes e os distribui de forma igual entre as duas células-filhas. As fases anteriores servem para estabelecer condições para a ocorrência adequada para a fase M.

Saiba mais

Óvulos fertilizados de vários animais são adequados para estudos bioquímicos do ciclo celular, pois são excepcionalmente grandes e se dividem rapidamente. Um óvulo da rã *Xenopus*, por exemplo, tem apenas 1 mm de diâmetro. Após a fertilização, ele se divide rapidamente, para partir o óvulo em várias células menores. Esses ciclos celulares rápidos consistem principalmente em fases S e M repetidas, com fases G1 ou G2 muito curtas, ou mesmo ausentes, entre eles. Não há uma nova transcrição de genes – todas as moléculas de mRNA e a maioria das proteínas necessárias para esse estágio inicial do desenvolvimento embrionário já estão presentes no interior do óvulo muito grande durante o seu desenvolvimento, como um oócito no ovário da mãe. Nos ciclos de divisão iniciais (clivagem), não ocorre crescimento da célula, e todas as células do embrião se dividem em sincronia, diminuindo progressivamente a cada divisão.

Exercícios

1. No microscópio, você pode ver uma placa celular começando a se desenvolver no meio de uma célula e núcleos se formando novamente em cada lado da placa celular. Considerando esse desenvolvimento, pode-se dizer que essa célula é mais parecida com uma célula:
   a) animal no processo de citocinese.
   b) vegetal no processo de citocinese.
   c) animal na fase S do ciclo celular.
   d) bacteriana em divisão.
   e) vegetal na metáfase.

2. Uma célula em particular tem a metade de DNA que outras células em um tecido ativo em mitose. A célula em questão parece estar em:
   a) G1.
   b) G2.
   c) prófase.
   d) metáfase.
   e) anáfase.

3. Nas células de alguns organismos, a mitose ocorre sem a citocinese. Esse fato resulta em:
   a) células com mais de um núcleo.
   b) células pequenas.
   c) células faltando um núcleo.
   d) destruição dos cromossomos.
   e) ciclos celulares faltando a fase S.

4. Qual dos seguintes itens ocorre somente na interfase?
   a) Separação das cromátides-irmãs.
   b) Replicação do DNA.
   c) As cromátides-irmãs se posicionam no plano metafásico da célula.
   d) Formação do fuso.
   e) Separação dos fusos dos polos.

5. É correto afirmar que a mitose ocorre em:
   a) todas as células eucariotas.
   b) todas as células procariotas.
   c) vírus.
   d) células somáticas do corpo.
   e) células bacterianas.

Referências

ALBERTS, B. et al. *Fundamentos da biologia celular*. 4. ed. Porto Alegre: Artmed, 2017.

TORTORA, G. J.; DERRICKSON, B. *Princípios de anatomia e fisiologia*. 12. ed. Rio de Janeiro: Guanabara Koogan, 2010.

Leituras recomendadas

LODISH, H. et al. A. *Biologia celular e molecular*. 7. ed. Porto Alegre: Artmed, 2014.

SADAVA, D. et al. *Vida*: a ciência da biologia. 8. ed. Porto Alegre: Artmed, 2011. (v. 1: Célula e hereditariedade).

Divisão celular: mitose e meiose

Objetivos de aprendizagem

Ao final deste texto, você deve apresentar os seguintes aprendizados:

- Definir ciclo celular e divisão celular.
- Reconhecer o ciclo celular mitótico e o meiótico.
- Diferenciar mitose e meiose.

Introdução

A única maneira de se obter novas células é pela divisão daquelas que já existem. Isso ocorre por intermédio da sequência de eventos, conhecida como ciclo celular, um mecanismo essencial para a reprodução dos seres vivos.

Neste capítulo, você verá de que forma a célula produz dois novos organismos, a partir de um organismo unicelular, e os dois tipos de divisão celular e nuclear das células eucarióticas: mitose e meiose, além da sua relação com a reprodução nos organismos eucarióticos.

O ciclo e a divisão celular

É por meio do ciclo celular que ocorre a duplicação do DNA nos cromossomos, para separar este material para as células-filha geneticamente idênticas, de forma que cada célula receba uma cópia íntegra de todo o genoma. Além de DNA, a célula também duplica suas organelas e o seu tamanho antes de dividir. Desta forma, durante toda a interfase – G1, S e G2, uma célula, em geral, continua a transcrever genes, sintetizar proteínas e aumentar a massa, fornecendo o tempo necessário para a célula crescer e duplicar as suas organelas citoplasmáticas, mantendo o seu tamanho. Acompanhe na Figura 1 a representação do ciclo da interfase.

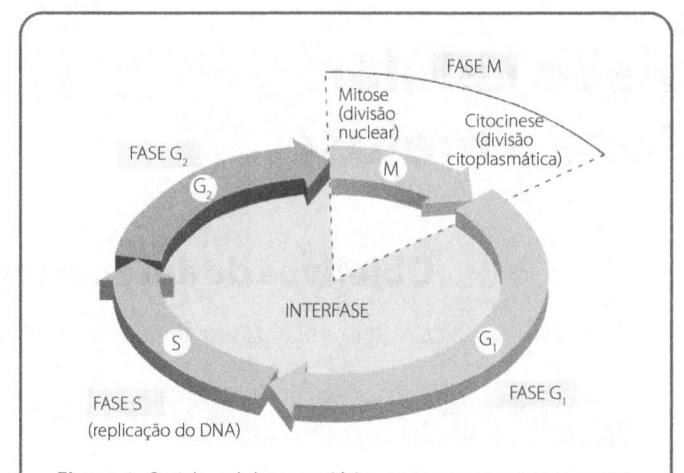

Figura 1. O ciclo celular eucariótico costuma ocorrer em quatro fases. A célula cresce continuamente na interfase, que consiste de três fases: G1, S e G2. A replicação do DNA está limitada à fase S. A fase G1 corresponde ao intervalo entre a fase M e a fase S, e a G2 é o intervalo entre a fase S e a fase M. Durante a fase M, o núcleo se divide em um processo denominado mitose. Então, o citoplasma divide-se em um processo chamado de citocinese. Nesta figura e em figuras subsequentes no capítulo, os comprimentos das várias fases não estão desenhados em escala, a fase M, por exemplo, em geral, é muito mais curta e a G1 é muito mais longa do que a mostrada.
Fonte: Alberts et al. (2017, p. 605).

Mitose, meiose e citocinese

Mitose

A fase M, que inclui a mitose mais a citocinese, ocorre rapidamente. A célula reorganiza todos os seus componentes e os distribui de forma igual entre as duas células-filha. Embora nesta fase ocorra uma sequência contínua de eventos, ela é dividida em uma série de seis estágios. Os primeiros cinco da fase M são: prófase, prometáfase, metáfase, anáfase e telófase. Estas fases constituem a mitose, que é definida como o período em que os cromossomos estão visíveis (forma condensada), como pode ser observado na Figura 2.

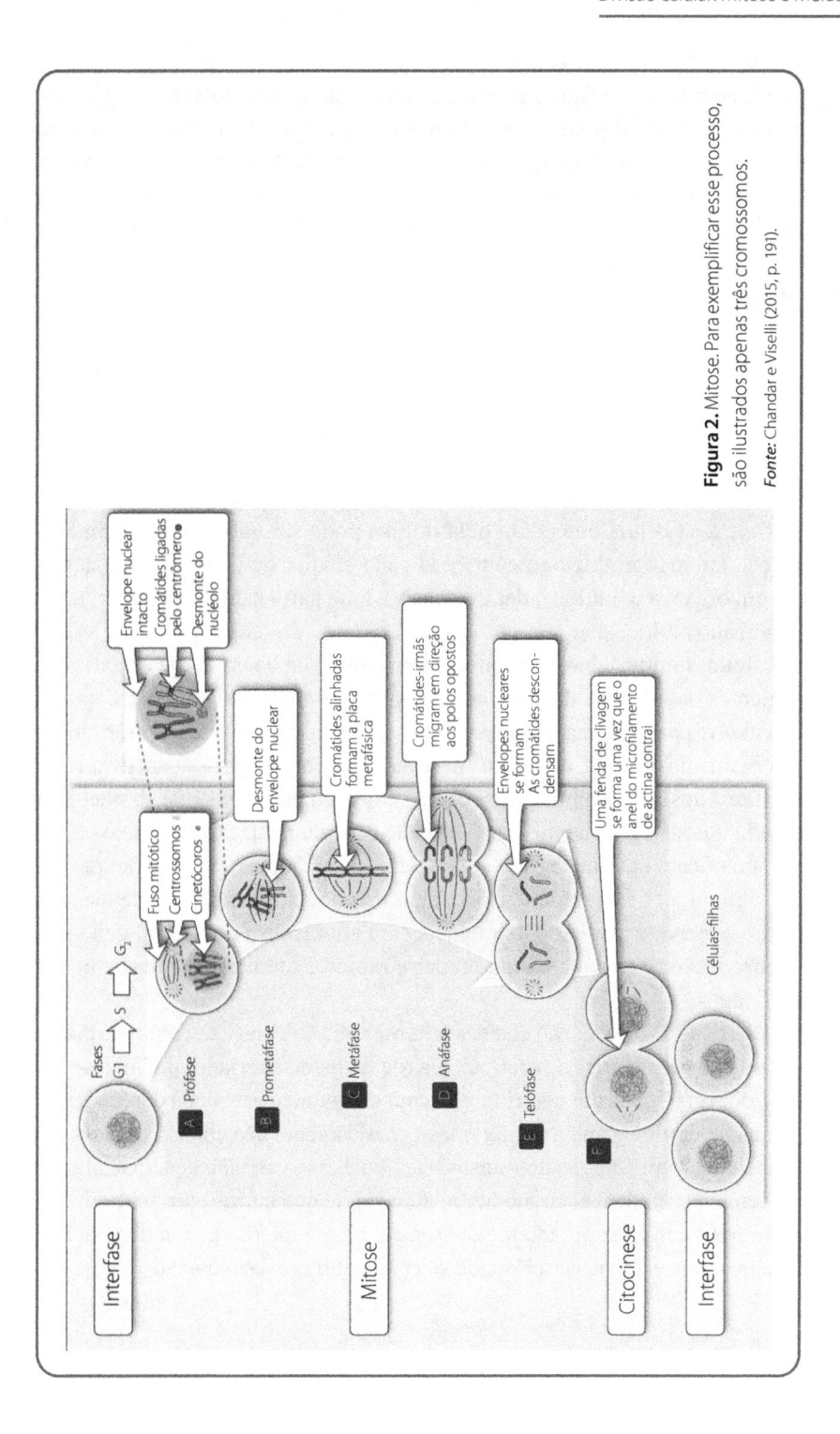

Figura 2. Mitose. Para exemplificar esse processo, são ilustrados apenas três cromossomos.
Fonte: Chandar e Viselli (2015, p. 191).

De acordo com a figura anterior, a mitose ou divisão do núcleo é um processo contínuo que pode ser dividido em cinco fases. As células em divisão permanecem cerca de 1 hora na mitose e depois de completada, ocorre a citocinese, que envolve a divisão citoplasmática. Como resultado se tem a formação de duas células-filha separadas a partir de uma célula progenitora.

Meiose

Diferente da mitose, em que uma única célula pode gerar um grande número de outras, a meiose resulta em apenas quatro células-filha, que podem não sofrer outras duplicações. Tanto a mitose quanto a meiose estão envolvidas na reprodução, mas possuem funções reprodutivas diferentes. A reprodução assexuada ou reprodução vegetativa, baseia-se na divisão mitótica do núcleo. Assim, uma célula que passa pela mitose pode ser um organismo inteiro unicelular se reproduzindo com cada ciclo celular ou pode ser uma célula em um organismo multicelular que quebra uma parte para produzir um novo organismo multicelular.

Alguns multicelulares reproduzem-se através da liberação de células provenientes da mitose e da citocinese ou por terem perdido uma parte que se desenvolve por si mesma. Na reprodução assexuada, os descendentes são clones do organismo original, ou seja, os descendentes constituem-se geneticamente idênticos aos pais, como alguns cactos com caules frágeis que se quebram facilmente, seus fragmentos caem no chão e formam raízes, que desenvolvem mitoticamente uma nova planta geneticamente idêntica à planta de que ela se originou, por exemplo. Se existe alguma variação entre os descendentes, provavelmente é resultado de mutações ou alterações no material genético, a reprodução assexuada é uma maneira rápida e efetiva de produzir novos indivíduos.

Diferente da reprodução assexuada, a reprodução sexuada é resultado de um organismo não idêntico ao original. Ela requer gametas criados por meiose, ou seja, dois pais, cada um contribuindo com um gameta para cada descendente. A meiose produz gametas, diferentes geneticamente não apenas de cada pai e mãe, mas também, uns dos outros. Devido a essa variação genética, alguns descendentes podem estar melhor adaptados do que outros para sobreviver e reproduzir em determinado meio. Desta forma, a meiose gera a diversidade genética, que é a matéria-prima da seleção natural e da evolução.

Em grande parte dos seres multicelulares, as células somáticas, células do corpo não especializadas para reprodução, contêm dois conjuntos de cromossomos cada, encontrados em pares. Um cromossomo de cada par, de cada um dos pais do organismo. Os pares homólogos assemelham-se em tamanho e aparência, eles carregam informações genéticas similares, porém, geralmente, não idênticas. Os gametas, por outro lado, contêm apenas um único grupo de cromossomos, um homólogo a partir de cada par. O número de cromossomos em um gameta denomina-se n, e a célula é dita haploide. Dois gametas haploides fusionam, formando um novo organismo, o zigoto, em um processo chamado de fertilização. Assim, o zigoto possui dois grupos de cromossomos, como as células somáticas fazem. Seu número de cromossomos denomina-se 2n e o zigoto é dito diploide.

Com isto, a reprodução sexuada consiste na seleção aleatória da metade do conjunto de cromossomos diploides dos pais, para formar um gameta haploide, seguido da fusão de dois destes gametas haploides, a fim de produzir uma célula diploide que contenha a informação genética de ambos os gametas. Todas as etapas contribuem para uma mistura da informação genética na população, em que não há dois indivíduos exatamente com a mesma constituição genética.

A meiose é formada por duas divisões nucleares que reduzem o número de cromossomos para o número haploide em preparação para a reprodução sexuada. Apesar de o núcleo se dividir duas vezes durante a meiose, o DNA é replicado apenas uma vez. Distinto dos produtos da mitose, os produtos da meiose diferem tanto entre eles quanto da célula que os originou. Para facilitar, é necessário lembrar as funções gerais da meiose, que é reduzir o número de cromossomos, de diploides para haploides, assegurar que cada um dos produtos haploides possua um conjunto completo de cromossomos e promover a diversidade genética entre os produtos.

Citocinese

Para que ocorra a formação de duas células-filha distintas, a divisão citoplasmática segue a divisão nuclear. Um microfilamento de actina se forma para criar a maquinaria necessária e a contração desta estrutura, com base na actina, forma uma fenda de clivagem que inicia na anáfase. A fenda se aprofunda até que os cantos opostos se juntem. As membranas plasmáticas se fusionam em cada lado da fenda de clivagem profunda, o resultado é a formação de duas células-filha separadas, idênticas entre si e à célula parental original, marcando o termino do ciclo celular.

Etapas da mitose e da meiose

Mitose

Durante a **mitose**, ocorrem as etapas que serão descritas a seguir.

- **Prófase:** nesta etapa, o envelope nuclear permanece intacto, enquanto a cromatina é duplicada durante a fase S, que condensa em estruturas cromossomais definidas, que são as cromátides. Os cromossomos são a forma como as duas cromátides-irmãs, conectadas por um centrômero, estão. Os cinetocoros são complexos proteicos especializados que se formam e se associam a cada cromátide. Os microtúbulos do fuso mitótico vão se ligando a cada cinetocoro, à medida que os cromossomos são separados mais adiante, na mitose.

Os microtúbulos do citoplasma desmontam e, então, se organizam na superfície do núcleo para formar o fuso mitótico. Os pares de centríolos se afastam pelo crescimento dos feixes de microtúbulos que formam o fuso mitótico, o nucléolo e a organela dentro do núcleo, onde os ribossomos são produzidos, se desmontando na prófase.

- **Prometáfase:** o início da prometáfase é marcado pela desmontagem do envelope nuclear. Os microtúbulos do fuso se ligam aos cinetocoros e os cromossomos são puxados pelos microtúbulos do fuso.
- **Metáfase:** na metáfase, há o alinhamento das cromátides na "linha equatorial" do fuso, entre os dois polos. As cromátides alinhadas formam a placa metafásica. Durante esta etapa, as células podem ser pausadas, quando os inibidores de microtúbulos são usados. Testes de cariótipos, utilizados para determinar o número e a estrutura cromossômica, normalmente, requerem células em metáfase, devido à facilidade de visualização.
- **Anáfase:** aqui, os polos mitóticos são separados mais ainda, como resultado do alongamento dos microtúbulos polares. Cada centrômero divide-se em dois e os cinetocoros pareados se separam. As cromátides-irmãs migram na direção dos polos opostos do fuso.
- **Telófase:** para finalizar a divisão nuclear, durante a telófase ocorre o desmonte dos microtúbulos do cinetocoro e a dissociação do fuso mitótico. Os envelopes nucleares se formam em torno de cada núcleo, contendo as cromátides. As cromátides se descondensam em cromatina dispersada ou heterocromatina e os nucléolos se formam novamente no núcleo das células-filha.

> **Fique atento**
>
> O sistema de controle do ciclo celular tem um papel central na regulação do número de células nos tecidos do corpo. Quando o sistema funciona mal, divisões celulares em excesso podem resultar em tumores. O câncer é responsável por cerca de um quinto das mortes nos Estados Unidos a cada ano. No mundo, de 100 a 350 pessoas, a cada grupo de 100 mil, morrem de câncer por ano.

Meiose

A primeira divisão meiótica reduz o número de cromossomos, ou seja, durante a meiose I, os cromossomos homólogos estão reunidos para parear por toda sua extensão. Nenhum pareamento desses ocorre na mitose e, depois, da metáfase I, os cromossomos homólogos se separam. Os cromossomos individuais, em duas cromátides-irmãs, permanecem intactos até o final da metáfase II, na segunda divisão meiótica.

Assim, como a mitose, a meiose I é precedida por uma interfase com uma fase S, em que cada cromossomo se replica. O resultado disto é que cada cromossomo representa duas cromátides-irmãs unidas por proteínas coesinas. A meiose I inicia com uma longa prófase I, durante a qual os cromossomos mudam. Os cromossomos homólogos se pareiam ao longo da sua extensão, no processo chamado de sinapse. Este processo de pareamento ocorre a partir da prófase I e irá até o final da metáfase I. Observe a Figura 3.

No momento em que os cromossomos podem ser claramente visualizados sob o microscópio óptico, os dois homólogos já se encontram unidos fortemente. Quem faz essa união são os telômeros, por meio do reconhecimento de sequências homólogas de DNA nos cromossomos homólogos. Além disso, um grupo especial de proteínas pode formar uma armação chamada de complexo sinaptonemal, que ocorre longitudinalmente nos cromossomos homólogos e para mantê-los unidos.

No momento em que os cromossomos podem ser claramente visualizados sob o microscópio óptico, os dois homólogos já se encontram unidos fortemente. Quem faz essa união são os telômeros, por meio do reconhecimento de sequências homólogas de DNA nos cromossomos homólogos. Além disso, um grupo especial de proteínas pode formar uma armação chamada de complexo sinaptonemal, que ocorre longitudinalmente nos cromossomos homólogos e para mantê-los unidos.

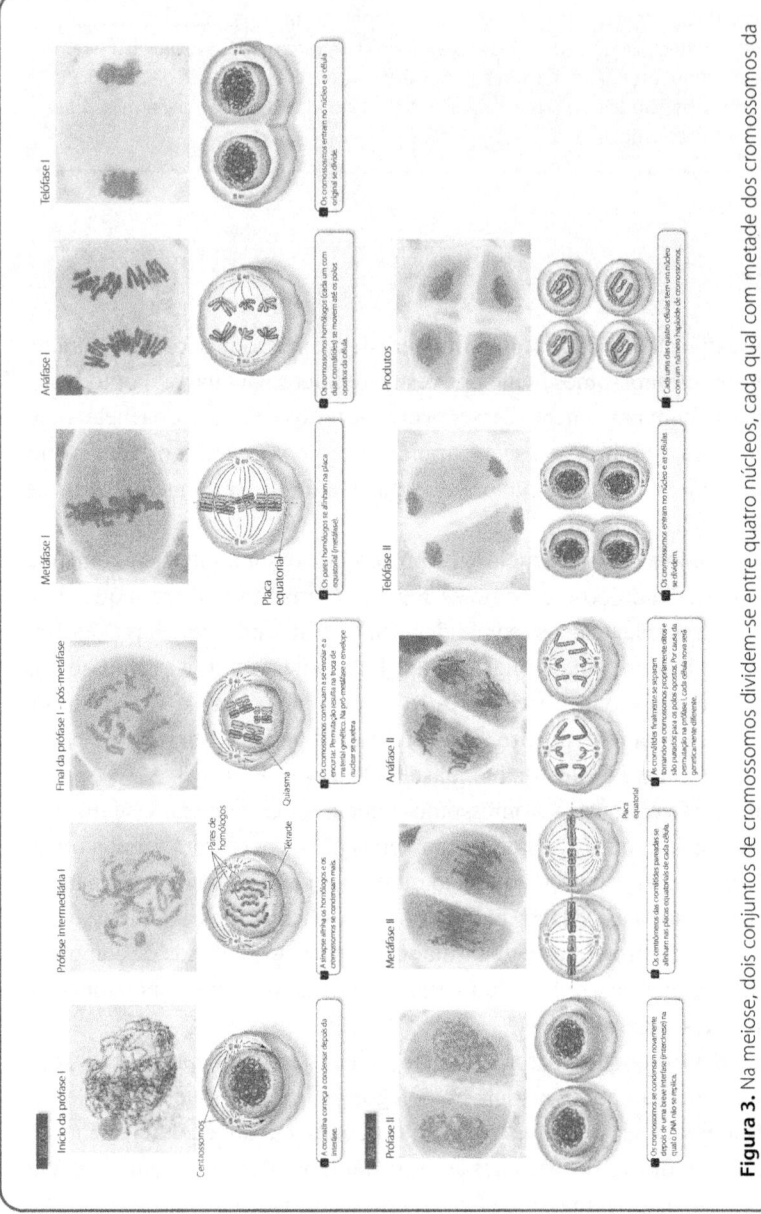

Figura 3. Na meiose, dois conjuntos de cromossomos dividem-se entre quatro núcleos, cada qual com metade dos cromossomos da célula original. Quatro células haploides são o resultado de duas divisões nucleares sucessivas.

Fonte: Sadava et al. (2009, p. 196-197).

As quatro cromátides de cada par destes cromossomos formam, o que se chama de tétrade ou bivalente. Em outras palavras, uma tétrade equivale a quatro cromátides, duas de cada um dos dois cromossomos homólogos. Existem 46 cromossomos em uma célula diploide humana. No princípio da meiose, por exemplo, existem 23 pares homólogos de cromossomos, cada um com duas cromátides (isto é, 23 tétrades), para um total de 92 cromátides durante a prófase I.

Ao longo de toda a prófase I e metáfase I, a cromatina continua a se enrolar e compactar, de maneira que os cromossomos parecem cada vez mais densos. Em determinado estágio, os cromossomos homólogos aparentam se repelir, especialmente, na região próxima aos centrômeros, porém permanecem unidos por ligações físicas, por meio de coesinas. As regiões que apresentam este tipo de ligação, assumem uma forma em X e são conhecidas como quiasmas (cruz). Acompanhe na Figura 4 o esquema.

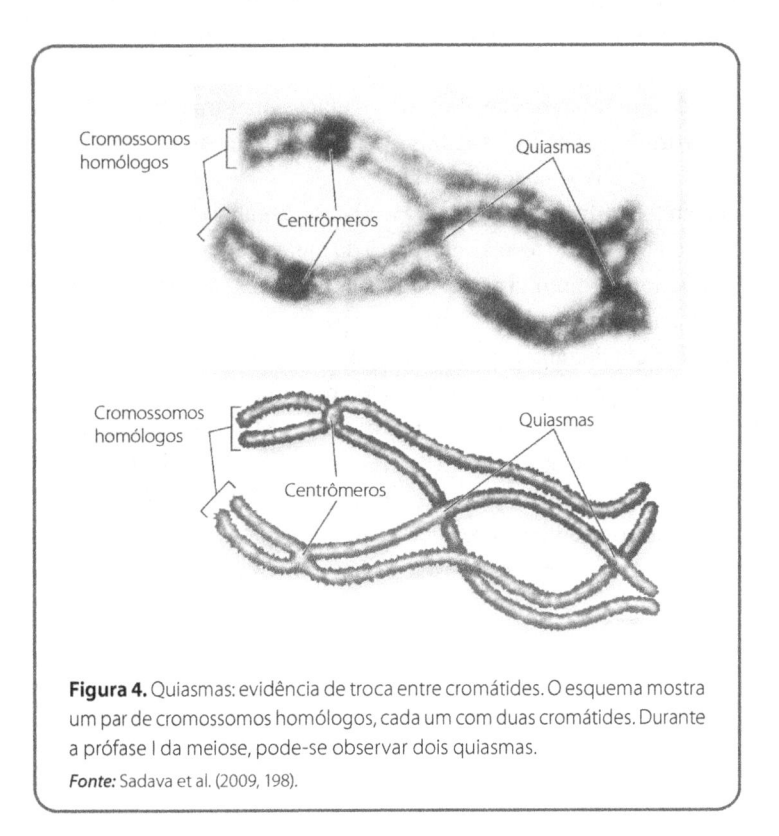

Figura 4. Quiasmas: evidência de troca entre cromátides. O esquema mostra um par de cromossomos homólogos, cada um com duas cromátides. Durante a prófase I da meiose, pode-se observar dois quiasmas.
Fonte: Sadava et al. (2009, 198).

O quiasma é uma troca de material genético entre as cromátides-irmãs, em cromossomos homólogos, o que os geneticistas denominam permutação. Os cromossomos, normalmente, começam a trocar material logo após o começo da sinapse, mas, os quiasmas, só são visíveis posteriormente, quando os homólogos estão se repelindo. A permutação aumenta a variação genética entre os produtos da meiose, pela mistura de informação genética entre os pares homólogos.

A meiose pode durar muito, apesar de a prófase mitótica ocorrer em minutos e toda a mitose raramente durar mais do que uma ou duas horas. Em seres humanos, do sexo masculino, as células dos testículos, que passam pela meiose, levam cerca de uma semana para a prófase I e, aproximadamente, um mês para completar todo o ciclo meiótico. No sexo feminino, as células que se tornarão óvulos, a prófase I começará muito antes do nascimento de uma mulher, origina-se durante o início do seu desenvolvimento fetal e termina muitas décadas após, ao longo do ciclo ovariano mensal. Veja a Figura 5.

No decorrer da meiose II, ocorre a separação das cromátides, semelhante à mitose de diversas formas. Em cada um dos dois núcleos produzidos pela meiose I, os cromossomos se alinham na placa equatorial, na metáfase II. Os centrômeros, das cromátides-irmãs, separam-se e os cromossomos-filho se movem para os polos, na anáfase II.

Existem três diferenças fundamentais entre a meiose II e a mitose: o DNA replica-se antes da mitose, mas não antes da meiose. Na mitose, as cromátides-irmãs, que formam um cromossomo, são idênticas, já na meiose II, podem divergir parcialmente em comprimento, se participaram da permutação durante a prófase I, além do número de cromossomos, na placa equatorial na meiose II, ser a metade do número em um núcleo mitótico.

O resultado da meiose representa quatro núcleos, sendo cada um deles haploide, com um único conjunto de cromossomos não replicados, que difere daquele outro núcleo na sua exata composição genética. A diversidade entre os quatro núcleos haploides resulta da permutação durante a prófase I e da segregação aleatória dos cromossomos homólogos durante a anáfase I.

Divisão celular: mitose e meiose | 47

Durante a prófase I, cromossosmos homólogos, cada um com um par de cromátides-irmãs, se alinham para formar uma tétrade.

Cromátides-irmãs

Cromossomos homólogos

Quiasma

Cromátides adjacentes de homólogos diferentes se quebram e se religam. Como ainda existe a coesão entre cromátides-irmãs, um quiasma se forma.

O quiasma é resolvido. Cromátides recombinantes contêm material genético a partir de homólogos diferentes.

Cromátides recombinantes

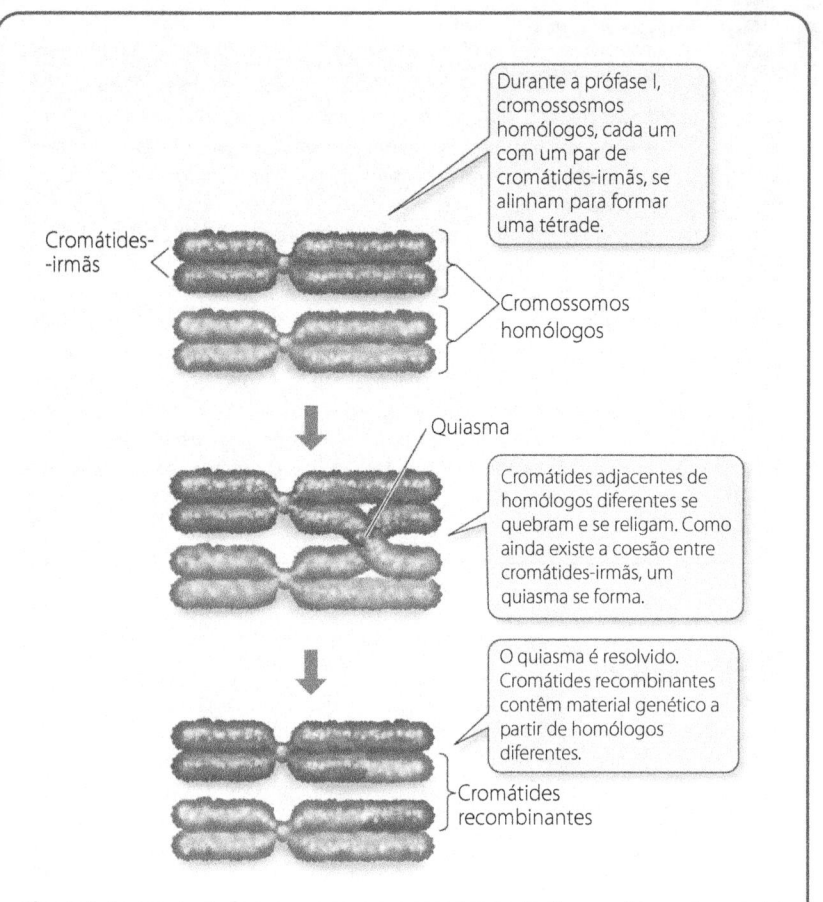

Figura 5. A permutação forma cromossomos geneticamente diversos. A troca de material genético pela permutação, pode resultar em novas combinações de informação genética nos cromossomos recombinantes. Duas cores diferentes distinguem os cromossomos contribuídos pelo pai e pela mãe.

Fonte: Sadava et al. (2009, p. 198).

Saiba mais

Descoberta em ovos de sapo *Xenopus laevis*, as Aurora cinases, uma família de serina/treonina cinases, têm papel importante durante a mitose, especificamente, no controle da segregação das cromátides. Três membros da família das Aurora cinases foram descobertos nas células de mamíferos.

Ela funciona na prófase, é fundamental para a formação apropriada do fuso mitótico e no recrutamento de proteínas para estabilizar os microtúbulos centrossomais. Na ausência dela, o centrossomo não acumula γ-tubulina suficiente para a anáfase, logo o centrômero nunca amadurecerá totalmente.

A Aurora A também é necessária para a separação apropriada dos centrômeros, depois do fuso formado. A Aurora B funciona na ligação do fuso mitótico ao centrômero e, também, na citocinese para a formação do sulco de clivagem. Já Aurora C, é expressa na linhagem germinativa das células, embora sua função ainda deva ser elucidada. A expressão elevada dos três membros da família das Aurora cinases foi observada em vários tumores de humanos. Os inibidores delas estão sendo avaliados na terapia anticâncer.

Exemplo

A meiose produz quatro células-filha, as quais o número de cromossomos é reduzido de diploide para haploide. Por causa da distribuição independente de cromossomos e a permutação de cromátides-irmãs, os quatro produtos da meiose não são geneticamente idênticos. Erros meióticos, como a falha na separação dos pares de cromossomos homólogos, podem causar números anormais de cromossomos.

Exercícios

1. Todas as alternativas a seguir estão corretas, **exceto** uma. Marque-a.
   a) Os óvulos e os espermatozoides dos animais contêm genomas haploides.
   b) Durante a meiose, os cromossomos se posicionam de tal forma que cada célula germinativa obterá uma única cópia de cada um dos diferentes cromossomos.
   c) A mitose é um processo muito importante para o crescimento dos organismos.
   d) Na mitose, a célula-mãe dá origem a duas células-filha

com metade do número de cromossomos.
e) Na mitose, as células-filha são idênticas às células-mãe.

2. Assinale a alternativa correta quanto à mitose na espécie humana, referente às fases:
(1) da metáfase
(2) da telófase
(3) da prófase
(4) da anáfase

a) (1) Os cromossomos se deslocam em direção à região da placa equatoriana, e há a formação do fuso mitótico.
(2) Os cromossomos duplicados na interfase começam a se condensar.
(3) Os cromossomos se descondensam, e as fibras do fuso mitótico desaparecem.
(4) Ocorre a separação das duas cromátides-irmãs.

b) (1) Os cromossomos se deslocam em direção à região da placa equatoriana, e há a formação do fuso mitótico.
(2) Os cromossomos se descondensam, e as fibras do fuso mitótico desaparecem.
(3) Os cromossomos duplicados na interfase começam a se condensar.
(4) Ocorre a separação das duas cromátides-irmãs.

c) (1) Os cromossomos duplicados na interfase começam a se condensar.
(2) Ocorre a separação das duas cromátides-irmãs.
(3) Os cromossomos se deslocam em direção à região da placa equatoriana, e há a formação do fuso mitótico.
(4) Os cromossomos se descondensam, e as fibras do fuso mitótico desaparecem.

d) (1) Ocorre a separação das duas cromátides-irmãs.
(2) Os cromossomos se descondensam, e as fibras do fuso mitótico desaparecem.
(3) Os cromossomos duplicados na interfase começam a se condensar.
(4) Os cromossomos se deslocam em direção à região da placa equatoriana, e há a formação do fuso mitótico.

e) (1) Os cromossomos duplicados na interfase começam a se condensar.
(2) Ocorre a separação das duas cromátides-irmãs.
(3) Os cromossomos se descondensam, e as fibras do fuso mitótico desaparecem.
(4) Os cromossomos se deslocam em direção à região da placa equatoriana, e há a formação do fuso mitótico.

3. As figuras A e B representam, respectivamente:
a)

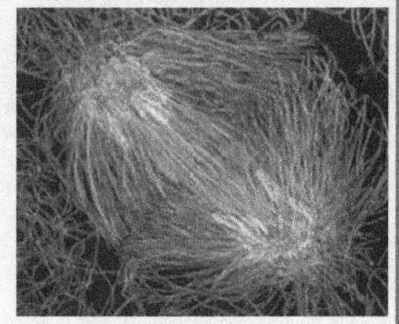

b)

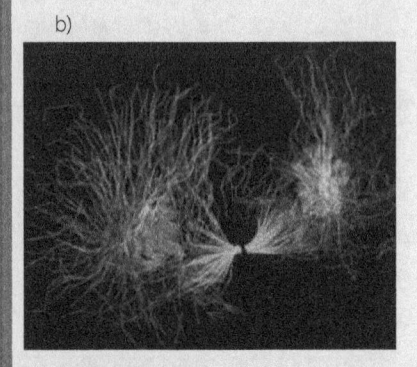

a) Telófase e anáfase.
b) Anáfase e telófase.
c) Telófase e citocinese.
d) Anáfase e metáfase.
e) Citocinese e telófase.

4. A figura indica, por meio de setas com indicação numérica (1, 2 e 3), algumas estruturas observadas em um cromossomo. Respectivamente, quais são as estruturas indicadas?

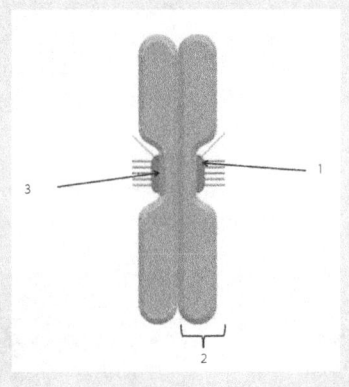

a) (1) Centrômero é um complexo estrutural proteico em um cromossomo mitótico, onde os microtúbulos se ligam. O cinetocoro forma-se sobre parte do cromossomo conhecido como centrossomo.
(2) Cinetocoro é uma cópia de um cromossomo formado pela replicação do DNA que ainda está ligada ao centrômero por outra cópia (a cromátide-irmã).
(3) Cromátide é uma região comprida de um cromossomo mitótico que mantém cromátides-irmãs juntas e o sítio sobre o DNA, onde o cinetocoro forma-se e, então, captura microtúbulos do fuso mitótico.

b) (1) Centrômero é um complexo estrutural proteico em um cromossomo mitótico, onde os microtúbulos se ligam. O cinetocoro forma-se sobre parte do cromossomo conhecido como centrossomo.
(2) Cromátide é uma cópia de um cromossomo formado pela replicação do DNA que ainda está ligada ao centrômero por outra cópia (a cromátide-irmã).
(3) Cinetocoro é uma região comprida de um cromossomo mitótico que mantém cromátides-irmãs juntas e o sítio sobre o DNA, onde o cinetocoro forma-se e, então, captura microtúbulos do fuso mitótico.

c) (1) Cinetocoro é um complexo estrutural proteico em um cromossomo mitótico, onde os microtúbulos se ligam. O cinetocoro forma-se sobre parte do cromossomo conhecido como centrossomo.
(2) Centrômero é uma cópia de um cromossomo formado pela replicação do DNA que ainda está ligada ao centrômero por outra cópia (a cromátide-irmã).
(3) Cromátide é uma região comprida de um cromossomo

mitótico que mantém cromátides-irmãs juntas e o sítio sobre o DNA, onde cinetocoro forma-se e, então, captura microtúbulos do fuso mitótico.

d) (1) Cinetocoro é um complexo estrutural proteico em um cromossomo mitótico, onde os microtúbulos se ligam. O cinetocoro forma-se sobre parte do cromossomo conhecido como centrossomo.
(2) Cromátide é uma cópia de um cromossomo formado pela replicação do DNA que ainda está ligada ao centrômero por outra cópia (a cromátide-irmã).
(3) Centrômero é uma região comprida de um cromossomo mitótico que mantém cromátides-irmãs juntas e o sítio sobre o DNA, onde cinetocoro forma-se e, então, captura microtúbulos do fuso mitótico.

e) (1) Cromátide é um complexo estrutural proteico em um cromossomo mitótico onde os microtúbulos se ligam. O cinetocoro forma-se sobre parte do cromossomo conhecido como centrossomo.
(2) Cinetocor é uma cópia de um cromossomo formado pela replicação do DNA que ainda está ligada ao centrômero por outra cópia (a cromátide-irmã).
(3) Centrômero é uma região comprida de um cromossomo mitótico que mantém cromátides-irmãs juntas; também o sítio sobre o DNA onde cinetocoro se forma e então captura microtúbulos do fuso mitótico.

5. Marque a alternativa que completa as frases.
I) Na _____, os cromossomos são alinhados no equador do fuso, a meio caminho entre os polos do fuso. Os microtúbulos do cinetocoro ligam as cromátides-irmãs a polos opostos do fuso.
II) Na _____, as cromátides-irmãs se separam sincronicamente e formam dois cromossomos-filhos, sendo cada um deles lentamente puxado em direção ao polo do fuso ao qual está ligado. Os microtúbulos do cinetocoro ficam mais curtos, e os polos do fuso também se distanciam; ambos os processos contribuem com a segregação dos cromossomos.
III) Durante a _____, os dois conjuntos de cromossomos-filhos chegam aos polos do fuso e se descondensam. Um novo envelope nuclear é remontado em volta de cada conjunto, completando a formação de dois novos núcleos e marcando o fim da mitose. A divisão do citoplasma começa com a contração do anel contrátil.
a) metáfase – telófase – anáfase.
b) telófase – anáfase – metáfase.
c) telófase – metáfase – anáfase.
d) anáfase – telófase – metáfase.
e) metáfase – anáfase – telófase.

Referências

ALBERTS, B. et al. *Biologia molecular da célula*. 6. ed. Porto Alegre: Artmed, 2017.

CHANDAR, N.; VISELLI, S. *Biologia celular e molecular ilustrada*. Porto Alegre: Artmed, 2015.

LODISH, H. et al. *Biologia celular e molecular*. 7. ed. Porto Alegre: Artmed, 2014.

SADAVA, D. et al. *Vida*: a ciência da biologia. 8. ed. Porto Alegre: Artmed, 2009. (Célula e Hereditariedade, v. 1).

Bases citológicas da hereditariedade: gametogênese

Objetivos de aprendizagem

Ao final deste texto, você deve apresentar os seguintes aprendizados:

- Reconhecer a importância da gametogênese.
- Identificar as fases de cada processo da gametogênese.
- Diferenciar os processos da gametogênese: espermatogênese e ovulogênese.

Introdução

Neste capítulo, você vai estudar sobre a espermatogênese e a ovulogênese, que são os processos de formação dos gametas masculinos (espermatozoides) e dos gametas femininos (ovócitos). A espermatogênese acontece nos testículos, e a ovogênese ocorre nos ovários.

Importância da gametogênese

A gametogênese tem grande importância, pois é o processo fisiológico que viabiliza a formação e produção de gametas nos seres vivos que se reproduzem através da reprodução sexuada (Figura 1). O termo **gametogênese** se refere à "formação de gametas", ou seja, é o processo pelo qual são formadas as células germinativas especializadas – gametas ou células germinativas – denominadas **espermatozoides** e **ovócitos**.

Figura 1. Ciclo reprodutivo humano.
Fonte: Borges-Osório e Robinson (2013, p. 88).

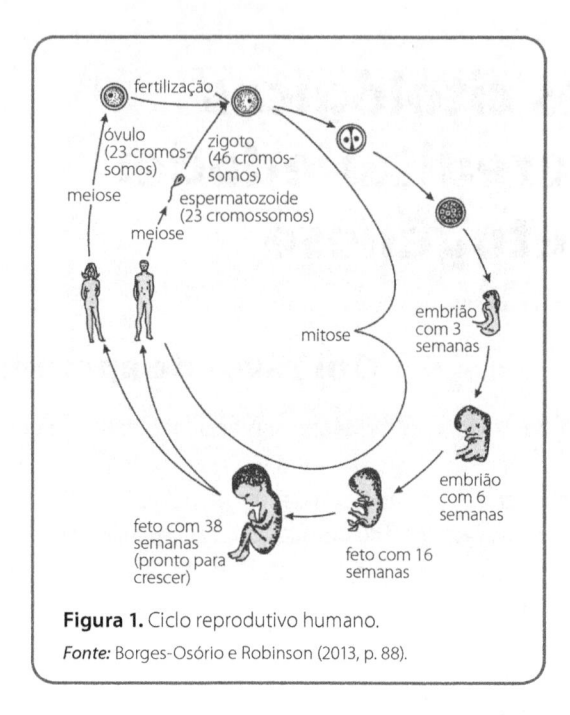

No homem e nos machos de outros mamíferos, esse processo é denominado **espermatogênese** e ocorre nas gônadas masculinas ou nos testículos. Na mulher e nas fêmeas de outros mamíferos, o processo se chama **ovulogênese** (ou **ovogênese**) e ocorre nas gônadas femininas ou nos ovários.

As fases da espermatogênese são:

- espermatogônia;
- espermatócito primário;
- espermatócito secundário;
- espermátide;
- espermatozoide.

As etapas da ovulogênese são:

- ovogônias;
- ovócito primário;
- ovócito primário maduro;
- ovócito secundário;
- ovócito.

A Figura 2 apresenta esquematicamente as diferentes fases/etapas da espermatogênese e da ovulogênese humanas.

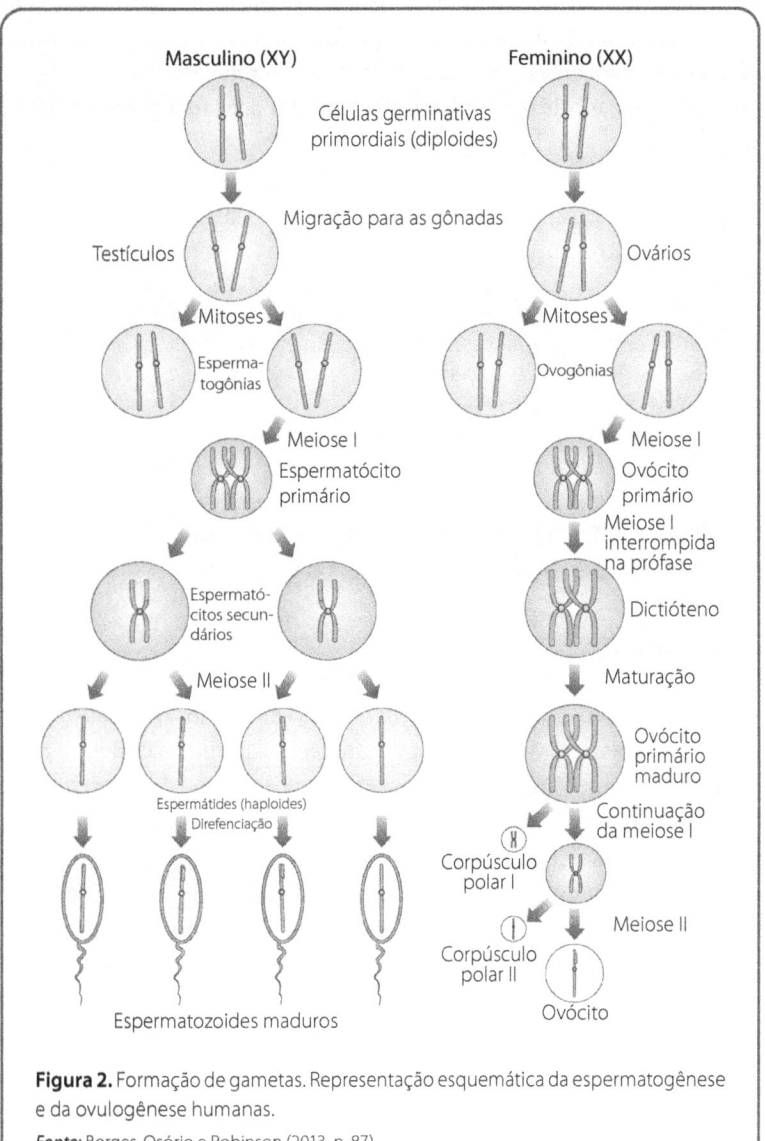

Figura 2. Formação de gametas. Representação esquemática da espermatogênese e da ovulogênese humanas.
Fonte: Borges-Osório e Robinson (2013, p. 87).

A espermatogênese e a ovogênese diferem em alguns aspectos, por exemplo: ao término da espermatogênese, serão formados quatro espermatozoides; já ao final da ovogênese, é formado apenas um ovócito. As espermatogônias são formadas por toda a vida por divisões mitóticas enquanto as ovogônias são formadas antes do nascimento, no período embrionário, e não se dividem mais. O espermatozoide e o ovócito também se diferenciam em vários aspectos devido à necessidade de se adaptarem para exercer suas funções especializadas na reprodução.

> **Saiba mais**
>
> O ovócito é uma célula grande e imóvel quando comparada ao espermatozoide. Tem citoplasma abundante, ao contrário do espermatozoide, que apresenta escasso citoplasma e especialização para motilidade.

Gametogênese: fases e processos da ovulogênese e da espermatogênese

Ovulogênese

A ovulogênese (ovogênese) é a sequência de eventos pelos quais as ovogônias são transformadas em ovócitos (Figura 2), processo que inicia durante o período intrauterino e só se completa na puberdade.

Na ovulogênese, existem características bastante significativas e que devem ser abordadas detalhadamente, sobretudo quanto à duração do processo e ao número e tipo de células funcionais resultantes, já que, ao contrário da espermatogênese, na ovulogênese há a formação de uma única célula (ovócito), mas com tamanho e complexidade superiores que nos espermatozoides.

O processo de ovulogênese não é contínuo ao longo da vida. Próximo aos três meses de vida uterina, em humanos, as **ovogônias** (ou **oogônias**) existentes nos ovários crescem e diferenciam-se em ovócitos ou oócitos primários, finalizando suas mitoses em torno do quinto mês de vida pré-natal. Por volta dos sete meses, todos os ovócitos primários do feto estão circundados por um conjunto de células, formando o folículo primário. Inicia-se, então, a meiose I dos ovócitos primários, que só é finalizada com a prófase I, quando a divisão é suspensa em uma fase denominada **dictióteno**, na qual se encontram todos os ovócitos primários, do nascimento e perdurando até a puberdade. Quando essa fase é atingida, cada ovócito primário reinicia sua primeira divisão meiótica, originando duas células de tamanhos diferentes: o **ovócito secundário** (maior, com mais quantidade de citoplasma) e o primeiro corpúsculo polar (menor, praticamente sem citoplasma). A partir da menarca (primeira menstruação), esse processo passa a ocorrer mensalmente, durante cerca de 45 anos, até a menopausa (fim do período reprodutivo feminino).

O ovócito secundário, liberado na tuba uterina, sofre a segunda divisão meiótica, que se completa apenas no momento da fertilização (fusão dos pró-núcleos masculino e feminino). Em teoria, durante a meiose II, o ovócito secundário origina duas células desiguais: o ovócito ou óvulo (que a essa altura já está fecundado) e o segundo corpúsculo polar (expelido imediatamente após a fertilização). O primeiro corpúsculo polar pode se dividir ou não – se se dividir, ao fim da meiose II haverá um ovócito e três corpúsculos polares, sendo que estes últimos se degeneram rapidamente.

Até aqui, você leu sobre a formação do ovócito durante a ovogênese, mas o processo de maturação do ovócito não envolve apenas a gametogênese, pois é necessário também o envolvimento do ovócito por inúmeras camadas para que haja a manutenção da viabilidade do ovócito no processo de fecundação. De fato, observa-se que o desenvolvimento dos folículos ovarianos é uma progressão complexa de eventos, em que há o aparecimento de estruturas nos folículos que nos permitem distinguir um do outro e diagnosticar a sua fase de desenvolvimento.

Nesse contexto, as células foliculares dividem-se, produzindo camada estratificada em torno do ovócito, o que caracteriza os ovócitos primários circundados por células foliculares. Primeiramente, há o aparecimento das células da granulosa, ao redor do ovócito. Em seguida, ocorre o aparecimento da zona pelúcida (camada glicoproteica entre o ovócito e as células da granulosa). Acumula-se fluido entre as células da granulosa, formando o antro. E, ao final, no folículo maduro, o antro é volumoso e ocupa quase todo o folículo, e o ovócito está envolvido por células da granulosa, agora chamadas de coroa radiada.

Espermatogênese

Até a puberdade, os testículos são formados por túbulos seminíferos maciços, em cujas paredes existem apenas algumas células sexuais primárias. Na adolescência, por ação hormonal, os túbulos seminíferos amadurecem, e as células sexuais primárias multiplicam-se, passando a denominar-se **espermatogônias**. Por mitoses sucessivas, originam-se novas espermatogônias (período de multiplicação celular), processo que é ininterrupto a partir da maturidade sexual.

As espermatogônias aumentam de tamanho, transformando-se em **espermatócitos primários** (período de crescimento celular). Essas células entrarão em meiose I, e o resultado será, de cada uma, duas células denominadas **espermatócitos secundários**. Esses espermatócitos, sofrendo a meiose II, originam quatro células – as **espermátides** –, que não se dividem mais. Por um processo de transformação morfológica (denominado **espermiogênese**), passam a **espermatozoides**, que são os gametas funcionais masculinos (Figura 2). Todo o processo, desde a espermatogônia até o espermatozoide, leva, no homem, entre 64 e 74 dias.

Fique atento

Na espermiogênese ocorrem alterações celulares que darão origem aos espermatozoides, ou seja, ocorre a condensação do núcleo da espermátide, no qual o grau de condensação do DNA é tal que adquire quase uma estrutura cristalina; assim, é menos suscetível a fenômenos de mutagênese. No citoplasma, o complexo de Golgi forma a vesícula acrossômica, limitada por uma membrana. A vesícula se aplana sobre a parte anterior do núcleo e forma o capuz acrossômico, que contém enzimas.

O Quadro 1 apresenta uma comparação entre a espermatogênese e a ovulogênese humanas.

Quadro 1. Comparação entre a espermatogênese e a ovulogênese humanas.

Características	Espermatogênese	Ovulogênese
Órgãos onde ocorre	Testículos	Ovários
Início	Puberdade	Terceiro mês de vida pré-natal
Período de latência	Não tem	Dictióteno
Tempo de duração	64 a 74 dias	Terceiro mês de vida pré-natal – fertilização
Extensão da vida em que ocorre	± 14 a 70 anos	± 12 a 50 anos
Número de células funcionais resultantes	Quatro	Uma
Produção de gametas no adulto	100 a 200 milhões por ejaculação	Um óvulo por período menstrual
Consequências genéticas	Acúmulo de mutações, dada a repetição frequente do processo	Problemas relacionados com a divisão celular (não disjunções cromossômicas)

Fonte: Borges-Osório e Robinson (2013, p. 87).

Exemplo

Quando falamos em gametogênese, muitas dúvidas são levantadas. Por exemplo: existem "erros" na gametogênese?

Um distúrbio que pode ocorrer é a não disjunção, que resulta na formação de gametas anormais. Se estiverem envolvidos na fertilização, esses gametas com anormalidades cromossômicas numéricas causam um desenvolvimento anormal. A idade materna ideal para a reprodução é entre 18 e 35 anos. A probabilidade de anormalidades cromossomiais no embrião aumenta após os 35 anos de idade materna (incluindo trissomias e mutações genéticas).

Em uma ejaculação, menos de 10% dos gametas (espermatozoides) são considerados normais. Na maioria das vezes, esses espermatozoides são incapazes de fertilizar o ovócito devido à perda da motilidade normal. São causas de aumento de espermatozoides anormais: raio X, reações alérgicas intensas e alguns agentes antiespermatogênicos.

Uma forma de suprir essa anormalidade é a grande capacidade de produção de espermatozoides. Alguns ovócitos podem ter dois ou três núcleos, mas essas células morrem antes de alcançar a maturidade, assim como alguns folículos podem conter dois ou mais ovócitos, mas tal fenômeno é pouco frequente. Algumas mulheres não ovulam por conta de uma liberação inadequada de gonadotrofinas – fenômeno chamado de anovulação. Para reverter tal quadro, existem medicamentos que auxiliam na indução da ovulação.

Link

Conheça melhor a produção dos gametas, a especialização do espermatozoide, a maturação dos folículos e o ovócito secundário estagnado na metáfase II da meiose assistindo ao vídeo disponível no link ou código a seguir.

http://goo.gl/5TGvwD

Exercícios

1. Com relação à gametogênese humana, marque a opção correta.
 a) Espermatogônias são formadas apenas durante a vida intrauterina.
 b) Cada ovócito I produz quatro ovócitos II.
 c) Ovogônias e ovócitos primários são formados durante toda a vida da mulher.
 d) A ovulogênese só é concluída se o ovócito II for fecundado.
 e) Cada espermatócito I produz um espermatozoide.

2. Todos os meses, por volta do 14º dia do ciclo menstrual, ocorre o processo de ovulação. Esse processo caracteriza-se pela liberação de:
 a) ovócito primário.
 b) ovócito terciário.
 c) ovogônia.
 d) folículo ovariano.
 e) ovócito secundário.

3. O processo em que são formados os espermatozoides é conhecido por espermatogênese e pode ser dividido em quatro fases principais: germinativa, de crescimento, de maturação e de diferenciação. A respeito da fase de crescimento, marque a alternativa correta.
 a) Ocorrem divisões meióticas.

b) Ocorre a multiplicação das células por mitose.
c) Ocorre o crescimento da célula em volume.
d) Ocorre a transformação da espermátide em espermatozoide.
e) Não ocorrem alterações.

4. A partir da imagem abaixo, compare a ovulogênese (I) com a espermatogênese (II) e assinale a única alternativa **incorreta**.

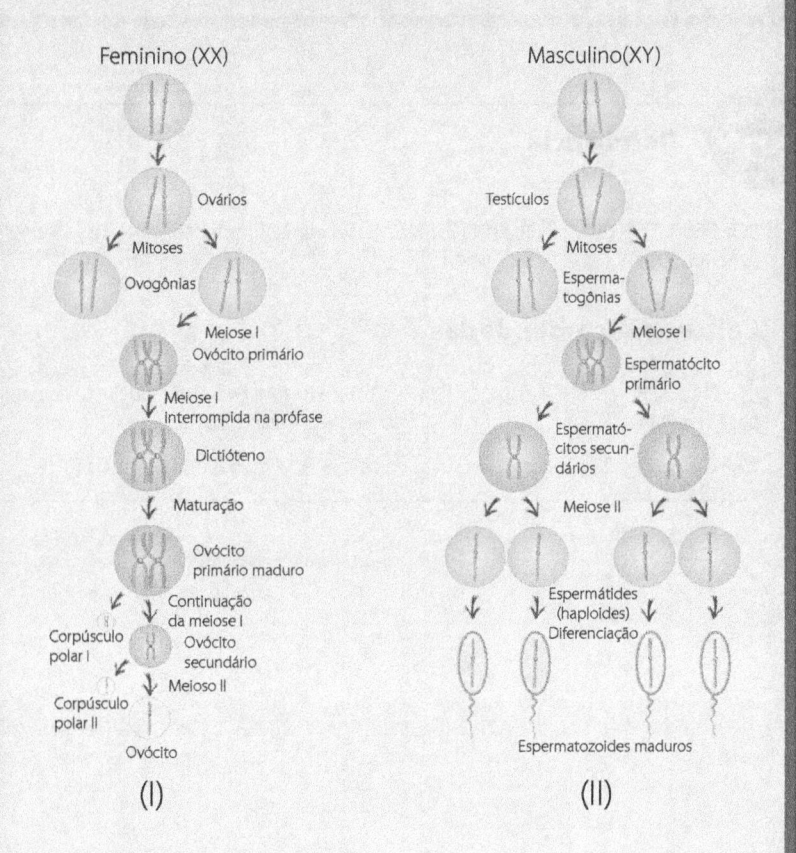

Fonte: Borges-Osório e Robinson (2013, p. 87).

a) Há maior produção de gametas em II do que em I.
b) Em I e II, as células formadas são diploides.
c) Ocorre meiose nos dois processos.
d) I ocorre nos ovários, e II ocorre nos testículos.
e) Ambos são importantes para manter constante o número de cromossomos típicos de cada espécie.

5. Em relação à gametogênese humana, assinale a alternativa **incorreta**.
   a) No homem, ocorre nos túbulos seminíferos dos testículos.
   b) Na mulher, ocorre nos folículos ovarianos.
   c) Tem como finalidade reduzir o número de cromossomos à metade.
   d) Produz células reprodutoras diploides.
   e) Produz células reprodutoras haploides.

Referência

BORGES-OSÓRIO; M. R.; ROBINSON, W. M. *Genética humana*. 3. ed. Porto Alegre: Artmed, 2013.

Leituras recomendadas

EYNARD, A. R.; VALENTICH, M. A.; ROVASIO, R. A. *Histologia e embriologia humanas*: bases celulares e moleculares. 4. ed. Porto Alegre: Artmed, 2011.

GARCIA, S. M L.; FERNÁNDEZ, C. G. *Embriologia*. 3. ed. Porto Alegre: Artmed, 2012.

Bases moleculares da hereditariedade: ácidos nucleicos

Objetivos de aprendizagem

Ao final deste texto, você deve apresentar os seguintes aprendizados:

- Identificar as características químicas dos nucleotídeos.
- Diferenciar a organização molecular e as funções do DNA e do RNA.
- Descrever como o código genético garante o fluxo da informação gênica.

Introdução

Você sabia que o genoma contém o conjunto completo de informações hereditárias de qualquer organismo vivo? A manutenção e expressão da informação presente no genoma depende de um tipo específico de molécula: os ácidos nucleicos. Além disso, nos humanos e na maioria dos seres vivos, o genoma encontra-se na forma de ácido desoxirribonucleico, o DNA. Para que a informação seja expressa e dê origem aos produtos gênicos importantes para a funcionalidade celular, é necessário o intermédio de outro ácido nucleico, que é o ácido ribonucleico, ou RNA.

As unidades moleculares responsáveis pela composição dos ácidos nucleicos são os nucleotídeos. É a sequência em que os nucleotídeos se encontram dispostos nas moléculas de DNA e RNA que, por meio do código genético, determina a informação gênica.

Neste capítulo, você entenderá a estrutura e função dos ácidos nucleicos e descobrirá como eles são capazes de guardar e transmitir a informação genética.

Nucleotídeos

Os nucleotídeos são as moléculas que compõem os ácidos nucleicos, tanto DNA quanto RNA. Sua estrutura é conservada na natureza, tendo as mesmas características em todos os organismos.

Conforme a Figura 1, cada nucleotídeo é formado por:

- **Açúcar:** caracteriza-se por uma pentose, com cinco carbonos;
    - no DNA, os nucleotídeos possuem uma pentose do tipo desoxirribose;
    - no RNA, os nucleotídeos possuem uma pentose do tipo ribose.
- **Grupo fosfato:** os fosfatos (PO_4) podem estar na forma de monofosfato, difosfato ou trifosfato.
- **Base nitrogenada:** é o componente de maior variabilidade nos nucleotídeos. Pode ser uma purina (adenina e guanina) ou uma pirimidina (citocina, timina e uracila);
    - no DNA, estão presentes adenina, guanina, citocina e timina;
    - no RNA, estão presentes adenina, guanina, citocina e uracila.

O conjunto formado pela base nitrogenada com a pentose se chama **nucleosídeo**. Quando um grupamento fosfato está ligado à pentose, a molécula é denominada **nucleotídeo**, que pode ser monofosfatado, difosfatado ou trifosfatado. As moléculas de ácido nucleico contêm sempre nucleotídeos monofosfatados, e os precursores para a sua síntese são sempre trifosfatados. Veja a diferença entre nucleotídeo e nucleosídeo na Figura 2.

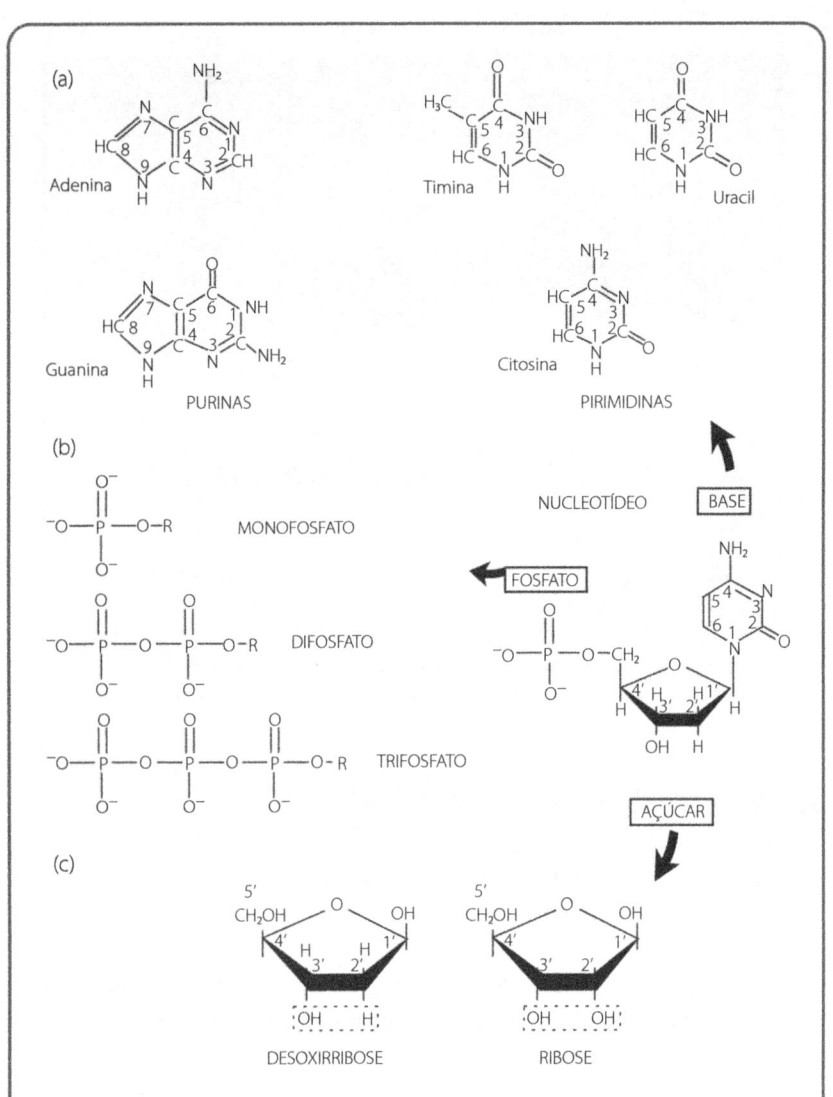

Figura 1. Representação esquemática das estruturas químicas dos componentes de um nucleotídeo. (a) Bases nitrogenadas (purinas: adenina e guanina; pirimidinas: timina, citosina e uracil). (b) Grupo fosfato (monofosfato, difosfato e trifosfato). (c) Açúcares (desoxirribose e ribose).

Fonte: Azevedo e Astolfi Filho (1987) apud Borges-Osório e Robinson (2013, p. 10).

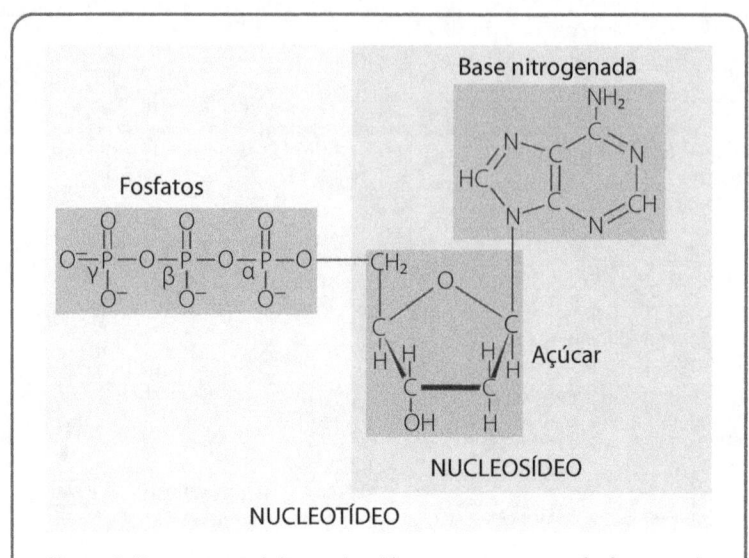

Figura 2. Estrutura geral dos nucleotídeos, compostos por fosfatos e pelo nucleosídeo. O nucleosídeo é formado simplesmente pelo açúcar e pela base nitrogenada.
Fonte: modificada de Zaha, Ferreira e Passaglia (2014, p. 19).

Ácidos nucleicos: DNA e RNA

Os ácidos nucleicos são formados por cadeias de nucleotídeos, unidos entre si por **ligações fosfodiéster** entre:

- o grupamento fosfato do carbono 5' (5'-PO_4) do primeiro nucleotídeo;
- o grupamento hidroxílico do carbono 3' (3'-OH) do nucleotídeo adjacente.

As características da ligação fosfodiéster fazem com que as cadeias dos ácidos nucleicos sejam direcionais (Figura 3). Ou seja, o nucleotídeo de uma extremidade da cadeia terá um carbono 5' com um grupamento fosfato livre, e o nucleotídeo da outra extremidade terá um carbono 3' com um grupamento hidroxílico livre. Assim, por convenção, as cadeias polinucleotídicas são representadas na orientação 5'→3'. Essa orientação tem consequências para os processos de duplicação do DNA, de transcrição e de tradução do RNA, já que as maquinarias de leitura e síntese de ácidos nucleicos trabalham em sentidos definidos. O próximo nucleotídeo a ser adicionado a uma cadeia, obrigatoriamente, será na extremidade 3'-OH, fazendo com que as cadeias sempre "cresçam" no sentido 5'→3'.

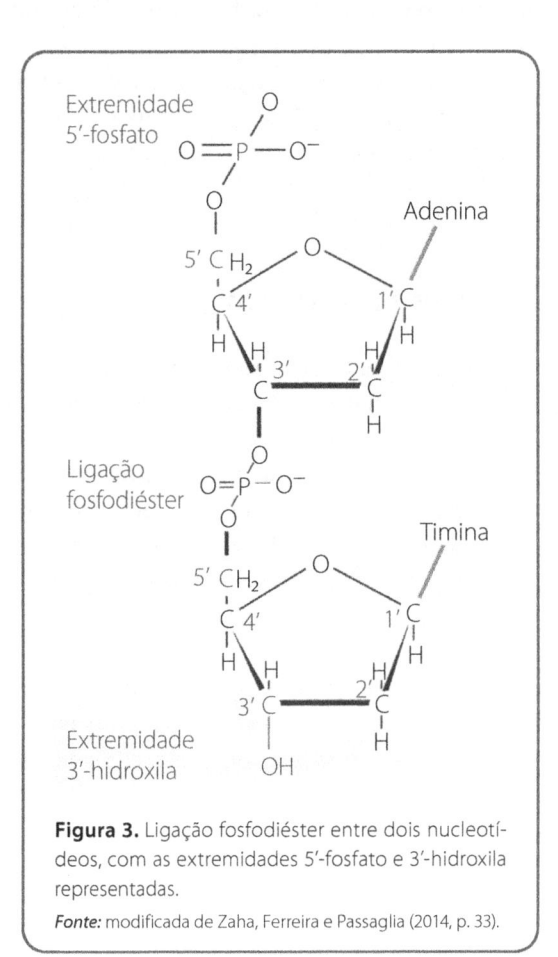

Figura 3. Ligação fosfodiéster entre dois nucleotídeos, com as extremidades 5'-fosfato e 3'-hidroxila representadas.
Fonte: modificada de Zaha, Ferreira e Passaglia (2014, p. 33).

O **dogma central da biologia** descreve o fluxo da informação genética, que nada mais é do que a sequência de bases da cadeia de nucleotídeos, por meio dos ácidos nucleicos até as proteínas, que são os produtos funcionais do genoma. A informação (sequência) contida no DNA pode ser autorreplicada e dar origem a outra molécula de DNA, e ainda pode ser transmitida para o RNA por meio do processo de transcrição. Do RNA, a informação é transmitida para a síntese de proteínas de acordo com o código genético por meio do processo de tradução.

Descobertas mostraram que o fluxo da informação genética não é tão simples assim, e que existem exceções. No entanto, o dogma central ainda se aplica para a grande maioria dos casos na natureza e é útil para explicar o processo como um todo.

DNA: ácido desoxirribonucleico

O DNA é uma macromolécula extremamente longa que, na maior parte dos seres vivos, armazena todo o genoma. Veja uma comparação: enquanto uma célula eucariótica tem, em média, 50 µm, o menor cromossomo humano possui aproximadamente 14.000 µm quando estendido. Sua função é manter o genoma preservado e replicá-lo para que ele possa ser transmitido ao longo das gerações. Além de conter as unidades genéticas – denominadas genes –, com a informação precursora para a síntese de proteínas, sequências regulatórias no genoma também atuam na regulação da expressão gênica.

O DNA tem como pentose uma desoxirribose, e, como bases de uso alternativo, a timina no lugar da uracila. A molécula de DNA tem maior estabilidade que a molécula de RNA, tanto em função de suas características químicas quanto em função de sua estrutura molecular, caracterizada por uma dupla--fita bastante estável.

O modelo da estrutura tridimensional do DNA propõe que ele é composto por duas fitas distintas, unidas entre si por ligações de hidrogênio, que se enrolam em torno do próprio eixo formando uma hélice. Por isso, a denominação de dupla-hélice de DNA (Figura 4). A respeito dessa estrutura, algumas propriedades são notáveis:

- **Pareamento de bases:** os anéis aromáticos das bases nitrogenadas são hidrofóbicos e ficam orientados para o interior da dupla-hélice. A manutenção dessa conformação depende que cada base nitrogenada de uma das cadeias interaja com a base da outra cadeia, e isso é possível em função do pareamento de bases complementares entre as cadeias do DNA por meio de ligações de hidrogênio. Essa é uma propriedade fundamental do DNA, já que essas ligações são fortes o suficiente para manter sua estrutura, mas também maleáveis o suficiente para permitir a desnaturação e renaturação necessárias à duplicação e transcrição.
  - Pareamento G-C: guaninas pareiam com citosinas, e vice-versa, por meio de três ligações de hidrogênio.
  - Pareamento A-T: adeninas pareiam com timinas (ou uracilas no RNA), e vice-versa, por meio de duas ligações de hidrogênio.
- **Fitas antiparalelas:** as ligações fosfodiéster das duas fitas de DNA da molécula ocorrem sempre em orientações opostas: uma fita na direção 5'→ 3' e a outra na direção 3'→ 5'.
- **Cavidades desiguais:** o fato de as fitas girarem em torno do próprio eixo em dupla-hélice faz com que existam cavidades na superfície do DNA, em que as bases pareadas ficam mais expostas ao ambiente aquoso. Dado o fato de que as ligações glicosídicas entre as pentoses e as bases nitrogenadas no DNA não estão diretamente opostas na dupla-hélice, são geradas duas cavidades desiguais em seu contorno. São essas cavidades – em especial a cavidade maior – que permitem o reconhecimento de sequência no DNA por proteínas, sem a necessidade de rompimento do pareamento de bases e da abertura das fitas.

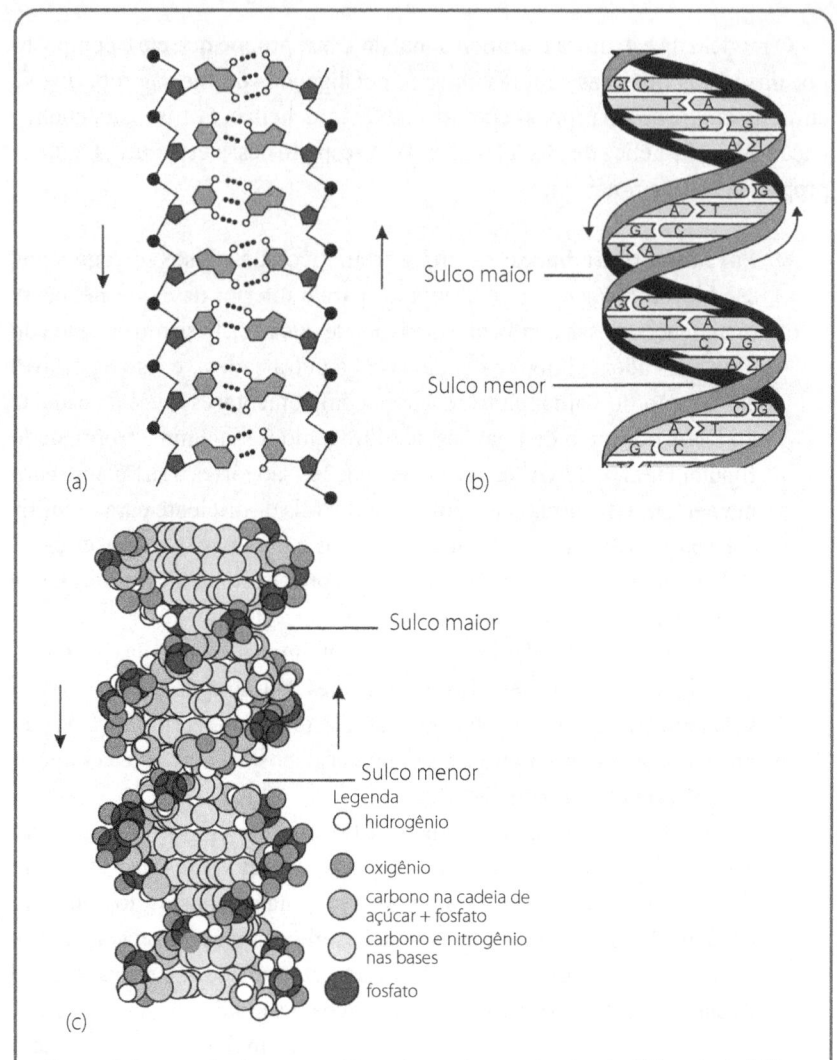

Figura 4. Representações esquemáticas da estrutura molecular do DNA, a dupla-hélice. Observe o pareamento de bases no interior da molécula, as fitas com ligações fosfodiéster antiparalelas (setas) e as cavidades maior e menor (pontas de setas). (A) Dupla-hélice desenrolada, com ligações e interações químicas que formam o DNA representadas. (B) Representação esquemática frequente da dupla-hélice, que evidencia o pareamento de bases no interior e o esqueleto das fitas composto pelas desoxirriboses e pelos fosfatos na face externa. (C) Representação da dupla-hélice com o preenchimento do espaço ocupado pelos átomos da molécula.

Fonte: modificada de Borges-Osório e Robinson (2013, p. 13).

> **Saiba mais**
>
> **Descoberta da dupla-hélice do DNA**
> Em 1953, James Watson e Francis Crick propuseram um modelo de estrutura tridimensional do DNA. Eles atingiram esse feito com base nos estudos de difração de raios X pela molécula de DNA, que fornece importantes informações sobre sua estrutura.
> A descoberta, no entanto, teve a colaboração de diversas outras pessoas que dificilmente recebem crédito por isso. Os estudos de difração de raios X foram conduzidos diretamente por Rosalind Franklin e Maurice Wilkins, além de outros grupos que auxiliaram na construção do conhecimento a respeito da estrutura química da molécula.

A forma descrita originalmente da dupla-hélice do DNA é a predominante na molécula em condições fisiológicas, tanto em eucariotos quanto em procariotos. No entanto, foram sendo descritas ao longo do tempo outras possíveis estruturas moleculares para a dupla-fita de DNA, e várias delas se mostraram possíveis e presentes nos organismos vivos, de acordo com fatores ambientais, como nível de hidratação, sequência de DNA, tipo e concentração de íons metálicos, entre outros, ou até mesmo de acordo com a sequência de bases no DNA. A forma convencional da dupla-hélice é denominada **DNA B**, mas ainda existem outras formas, como a **DNA A** e a **DNA Z** (Figura 5).

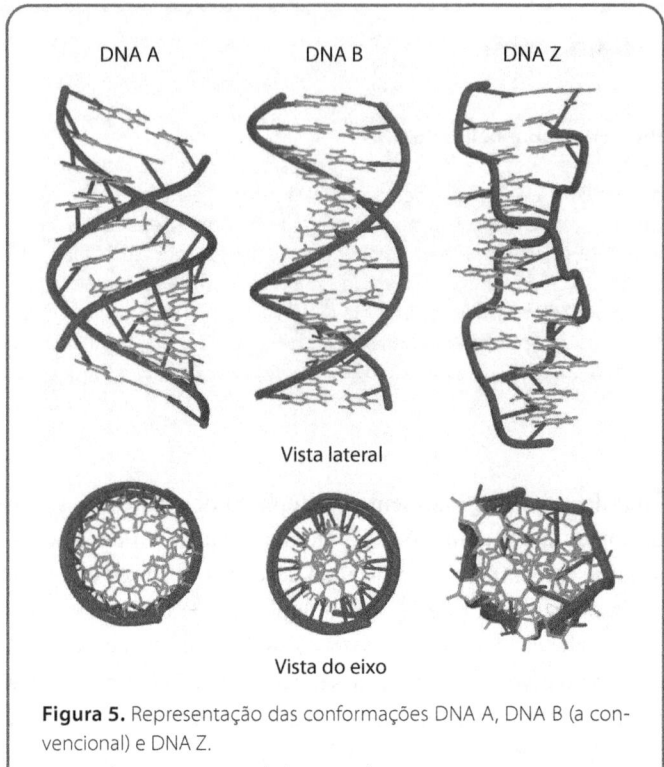

Figura 5. Representação das conformações DNA A, DNA B (a convencional) e DNA Z.
Fonte: Zaha, Ferreira e Passaglia (2014, p. 30).

RNA: ácido ribonucleico

Você deve saber que o RNA tem como pentose uma **ribose** e como bases de uso alternativo a **uracila** em vez da timina. O RNA é mais reativo que o DNA. Apesar de parecer sutil, a presença de uma hidroxila no carbono 2' da ribose tem reflexos importantes na estrutura e na reatividade do RNA. Isso explica quando a molécula assume, na maioria dos organismos, a função de expressão da informação genética, e não de manutenção e autorreplicação. Apesar disso, alguns vírus têm o RNA como material genético.

Em função da sua menor estabilidade e da variedade de funções e estruturas que o RNA pode adotar, a caracterização da sua estrutura molecular foi iniciada em paralelo com a do DNA, mas ocorreu de forma mais lenta. Sabe-se hoje, no entanto, detalhes da formação de estruturas moleculares pelos diferentes tipos de RNAs: como consequência de ser uma fita simples, o RNA pode dobrar sobre si próprio para formar pequenas regiões de dupla-hélice entre sequências complementares. Além disso, eles são alvos de modificações que muitas vezes são extensas e complexas. Há três tipos de moléculas de RNA. São elas:

- **RNA mensageiro (mRNA):** resultado da transcrição do DNA, é responsável pela transferência de informação genética do DNA aos ribossomos, em que ocorre a síntese de proteínas.

Por mais que esse RNA se mantenha na forma de fita simples, é observada a formação de estruturas secundárias por pareamento de bases, tanto intramolecularmente quanto com outras moléculas de RNA, e que essas estruturas participam da regulação desses mRNAs. Veja, na Figura 6, a formação de uma estrutura em grampo no mRNA de procariotos.

Além da formação dessas estruturas regulatórias, o processamento desses mRNAs também tem importante papel regulatório. Em eucariotos, o processo denominado *splicing* de mRNA remove as sequências de íntrons e une as sequências de exons, dando origem a um mRNA maduro, que pode então ser destinado à tradução de proteínas. Em multicelulares ocorre o *splicing* alternativo de mRNA, em que diversas combinações de mRNAs maduros podem ser formados a partir de um mesmo pré-mRNA.

- **RNA transportador (tRNA):** fundamentais para a tradução, transportam os resíduos de aminoácidos até o ribossomo e orientam a sua incoração à cadeia polipeptídica em formação de acordo com o código genético.

Esses mRNAs formam estruturas secundárias bastante estáveis, em forma de trevo (Figura 6). Essa estrutura especializada é fundamental para a função do tRNA na tradução: em uma extremidade da molécula pode ser ligado um aminoácido, e, na outra extremidade, ocorre o reconhecimento da sequência do mRNA por pareamento de bases.

- **RNA ribossomal (rRNA):** fundamentais para a tradução de proteínas a partir do mRNA, são os componentes majoritários dos ribossomos e representam cerca de 80% do RNA total da célula.

Sintetizados nos nucléolos, eles formam grandes e rígidas estruturas secundárias. Ainda, por meio da ligação com proteínas, eles formam os ribossomos e atuam no reconhecimento de sequências durante a tradução e na catálise da síntese proteica.

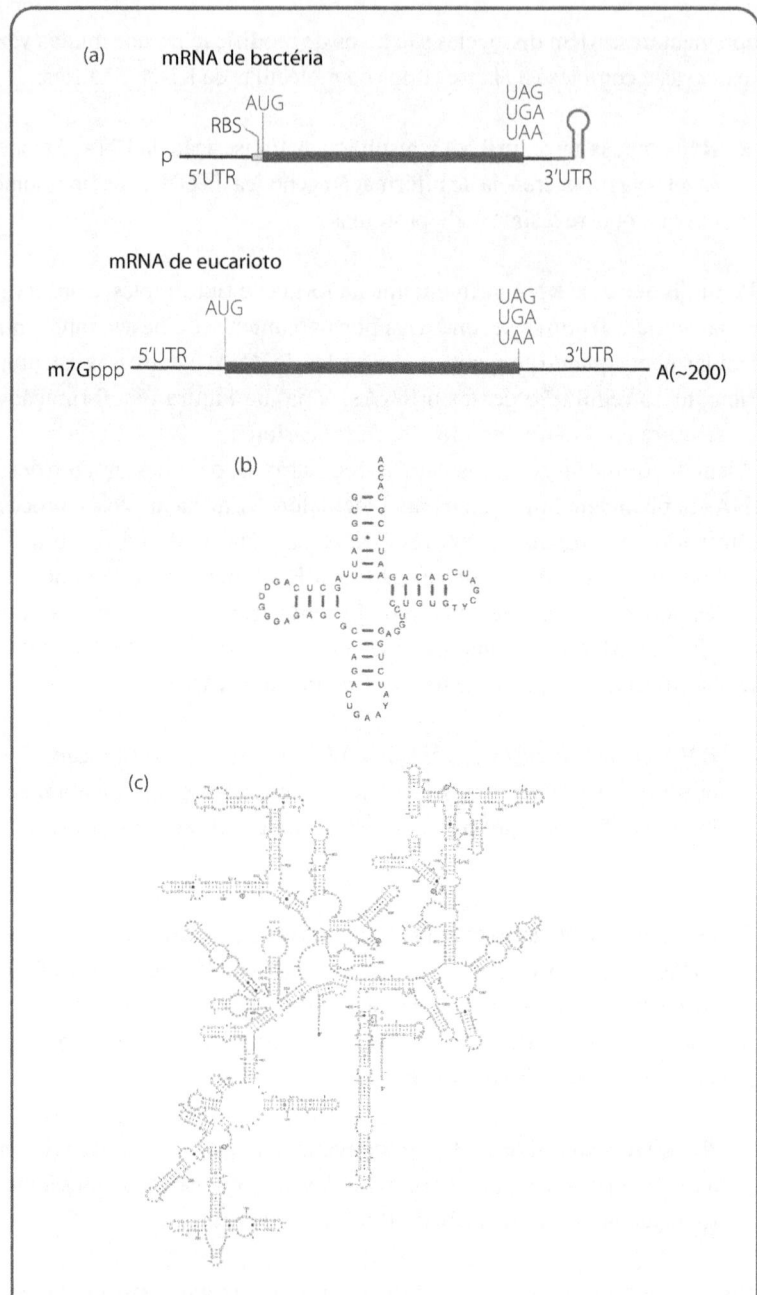

Figura 6. Representação das conformações tradicionais de RNAs. (a) RNAs mensageiros de procariotos (acima) e de eucariotos (abaixo). (b) RNA transportador. (c) RNA ribossomal.

Fonte: Zaha, Ferreira e Passaglia (2014, p. 33).

Você também deve saber que nos últimos 20 anos, foram descobertas inúmeras outras estruturas e funções para os RNAs. Entre elas, a mais impactante para a ideia vigente do dogma central da biologia talvez tenha sido a caracterização dos **vírus de RNA**. Eles têm como material genético o RNA, que é replicado e convertido em DNA por maquinarias específicas desses vírus, o que representa importante exceção à regra geral do fluxo de informação genética.

Além disso, foi descoberta a capacidade dos RNAs em realizar catálise, assim como enzimas proteicas. Esses RNAs com atividade catalítica são denominados ribozimas. Sabe-se, por exemplo, que algumas moléculas de RNA têm capacidade de induzir autoduplicação, modificar outras moléculas de RNA e catalisar a síntese de proteínas.

Também muitos RNAs são expressos comumente em algumas células sem que eles assumam algumas das três funções clássicas de mRNA, tRNA ou rRNA. Principalmente em organismos multicelulares, esses RNAs são expressos a partir do DNA e estão associados ou ao processamento dos próprios RNAs ou à regulação da expressão gênica, como é o caso de **RNAs pequenos (sRNA)**, **micro-RNAs (miRNA)** e **RNAs de interferência (siRNA)**.

Código genético

A informação necessária para a produção dos diferentes tipos de proteínas que o organismo deve formar ao longo de sua vida está no seu genoma. O código que define como essa informação (na forma de sequências de nucleotídeos no DNA) deve ser transformada em sequências de aminoácidos para a formação das proteínas é denominado **código genético**. Apesar de os organismos terem à sua disposição diferentes informações no seu genoma, o código genético é o mesmo para todos eles, com pouquíssimas exceções.

Foi elucidado, em 1966, que o mRNA transmite a informação do genoma para a síntese de proteínas por meio da unidade de informação genética denominada códon, que nada mais é do que uma trinca de bases na sua cadeia. A sequência de nucleotídeos dos ácidos nucleicos determina a composição desses códons, e cada um deles, por sua vez, determina um aminoácido na cadeia da proteína (Figura 7). O mediador desse processo é o tRNA, que reconhece o códon no RNA mensageiro por meio do anticódon presente na sua sequência e direciona o aminoácido adequado para a incorporação na cadeia polipeptídica.

Código genético no mRNA para todos os aminoácidos

Início	AUG	F (Phe)	UUU UUC	L (Leu)	CUU CUC CUG CUA UUG UUA	R (Arg)	CGU CGC CGG CAA AGG AGA	V (Val)	GUU GUC GUG GUA
Fim	UAA UAG UGA	G (Gly)	GGU GGC GGG GGA	M (Met)	AUG	S (Ser)	UCU UCC UCG UCA AGU AGC	W (Trp)	UGG
A (Ala)	GCU GCC GCG GCA	H (His)	CAU CAC	N (Asn)	AAU AAC			Y (Tyr)	UAU UAC
C (Cys)	UGU UGC	I (Ile)	AUU AUC AUA	P (Pro)	CCU CCC CCG CCA	T (Thr)	ACU ACC ACG ACA	B (Asx)	Asn ou Asp
D (Asp)	GAU GAC			Q (Gln)	CAG CAA			Z (Glx)	Gln ou Glu
E (Glu)	GAG GAA	K (Lis)	AAG AAA						

Figura 7. Código genético. Os códons no mRNA (gerados a partir das sequências no DNA) encontram-se acompanhados da notação dos aminoácidos codificados por eles. Os códons de início e fim de tradução não codificam para aminoácido algum, enquanto dois aminoácidos (Asx e Glx) não são codificados por códon algum e dependem de modificações em aminoácidos preexistentes.

Fonte: Borges-Osório e Robinson (2013, p. 16).

Talvez a característica mais marcante a respeito do funcionamento do código genético seja o fato de ele ser degenerado. Isso significa que mais de um códon pode codificar um mesmo aminoácido na síntese proteica. Os códons que representam os mesmos aminoácidos são denominados códons sinônimos, resultado geralmente de uma alteração na sua terceira base. A característica de degeneração, além de minimizar os efeitos de possíveis mutações, é explicada pelo fato de que 20 aminoácidos disponíveis precisam ser codificados pelas 64 possibilidades de arranjos de bases nos códons.

Atenção! Mesmo que um aminoácido possa ser codificado por mais de um códon, o inverso não é verdadeiro: cada códon só pode codificar um aminoácido. Caso contrário, o código genético permitiria ambiguidades na síntese de proteínas.

Saiba mais

Por que trincas de bases definem um códon?

Como o DNA possui apenas quatro bases distintas, são as combinações possíveis dessas diferentes bases responsáveis pela codificação dos diferentes tipos de aminoácidos nas proteínas. Imagine que:

- cada base fosse uma unidade de informação genética: teríamos apenas quatro combinações possíveis;
- duplas de bases fossem as unidades de informação: teríamos 16 combinações possíveis;
- trincas de bases fossem (e de fato são) as unidades de informação: teríamos 64 combinações possíveis;
- quartetos de bases fossem as unidades de informação: teríamos 256 combinações possíveis.

Considerando que são 20 os aminoácidos disponíveis, 64 combinações de códons são mais que suficientes para codificar a síntese de proteínas. Por serem arranjos em excesso, surge a característica do código genético degenerado, e mais de um códon é atribuído para o mesmo aminoácido.

Exercícios

1. A respeito dos nucleotídeos que formam as moléculas de DNA e RNA, qual afirmativa está correta?
   a) Os nucleotídeos são formados por açúcares ligados a apenas um grupo fosfato.
   b) Os açúcares dos nucleotídeos são compostos por cinco carbonos. No caso do RNA, é uma ribose; no DNA, uma desoxirribose.
   c) Quando ligados em cadeia nos ácidos nucleicos, os nucleotídeos apresentam-se na forma de nucleosídeos, sem nenhum grupo fosfato.
   d) As purinas presentes no DNA são a citosina e a timina, e as pirimidinas são a adenina e a guanina.
   e) No RNA, a presença da base uracila é substituída pela timina.

2. Que característica das cadeias dos ácidos nucleicos garante sua propriedade de direcionalidade?
   a) A orientação das bases nitrogenadas no interior da molécula, e do esqueleto de pentose e fosfato na face externa.
   b) A presença intercalada das cavidades menor e maior na superfície da dupla-hélice.
   c) O pareamento das fitas do DNA de acordo com sua sequência de bases.
   d) A orientação 5'-3' da ligação fosfodiéster entre nucleotídeos adjacentes.
   e) A dupla-hélice gira sempre para a direita.

3. Sobre a dinâmica das fitas da dupla-hélice de DNA, qual é a afirmação correta?
   a) As pontes de hidrogênio do pareamento de bases do DNA são fracas o suficiente para permitir sua abertura em determinados contextos.
   b) As ligações covalentes entre as fitas do DNA garantem a estabilidade da dupla-hélice.
   c) Regiões ricas em bases G e C são mais difíceis de serem desnaturadas, pois essas bases são unidas pelo pareamento de apenas duas pontes de hidrogênio.
   d) Regiões ricas em bases A e T são mais difíceis de serem desnaturadas, pois essas bases são unidas entre si pelo pareamento de apenas duas pontes de hidrogênio.
   e) O reconhecimento de sequências no DNA por proteínas especializadas depende da abertura das fitas da molécula.

4. A respeito do RNA, assinale a afirmação correta.
   a) Os RNAs são moléculas mais estáveis que o DNA.
   b) Os RNAs não formam estrutura secundária por pareamento de bases intramoleculares.
   c) Existem apenas três tipos de RNAs nas células: mRNA, tRNA e rRNA.
   d) Os RNAs são fundamentais para a transformação da informação gênica do DNA em informação para a síntese de proteínas funcionais para a célula.
   e) A molécula de RNA é incapaz de

se servir de material genético.

5. "O código genético tem a característica de ser degenerado, e isso significa que _____ distintos podem corresponder a um único _____." Quais são os termos que completam corretamente as lacunas?

a) Códons – nucleotídeo.
b) Códons – aminoácido.
c) Nucleotídeos – aminoácido.
d) Nucleotídeos – códon.
e) Aminoácidos – códon.

Referências

BORGES-OSÓRIO, M. R.; ROBINSON, W. M. *Genética humana*. 3. ed. Porto Alegre: Artmed, 2013.

ZAHA, A.; FERREIRA, H. B.; PASSAGLIA, L. M. P. (Org.). *Biologia molecular básica*. 5. ed. Porto Alegre: Artmed, 2014.

UNIDADE 2

Replicação do DNA

Objetivos de aprendizagem

Ao final deste texto, você deve apresentar os seguintes aprendizados:

- Identificar o processo de replicação do DNA.
- Analisar as etapas do processo de replicação do DNA.
- Reconhecer a importância da replicação do DNA.

Introdução

A cada divisão celular, uma célula deve copiar seu genoma com muita precisão. Você sabe como essa precisão é alcançada? Sabe quais mecanismos estão envolvidos para assegurar que a informação genética seja transmitida?

Neste capítulo, você vai encontrar essas respostas e descobrir como a informação genética é armazenada e transmitida.

Processo de replicação do DNA

Replicação, transcrição e tradução são processos aos quais as células são submetidas para que possam dar origem a outras células e, assim, continuar o desenvolvimento de um ser vivo. No processo de replicação ocorre a duplicação do DNA, para que uma célula dê origem as duas células-filhas.

A transcrição é o processo de formação do RNA a partir do DNA, ou seja, uma cópia da sequência de DNA de um gene é usada como molde para a síntese de uma molécula de RNA. Esse processo tem como objetivo transmitir ao RNAt a sequência correta dos aminoácidos a serem transformados, posteriormente, em proteínas, por meio do processo de tradução desse RNA (síntese proteica). Neste capítulo, vamos abordar especificamente o processo de replicação do DNA.

Como é formada a molécula do DNA? Por duas cadeias polinucleotídicas complementares. Cada uma dessas fitas de DNA é composta por quatro tipos de subunidades de nucleotídeos. Além disso, as duas cadeias são unidas através de pontes de hidrogênio entre as bases dos nucleotídeos. Para entender melhor, veja a Figura 1.

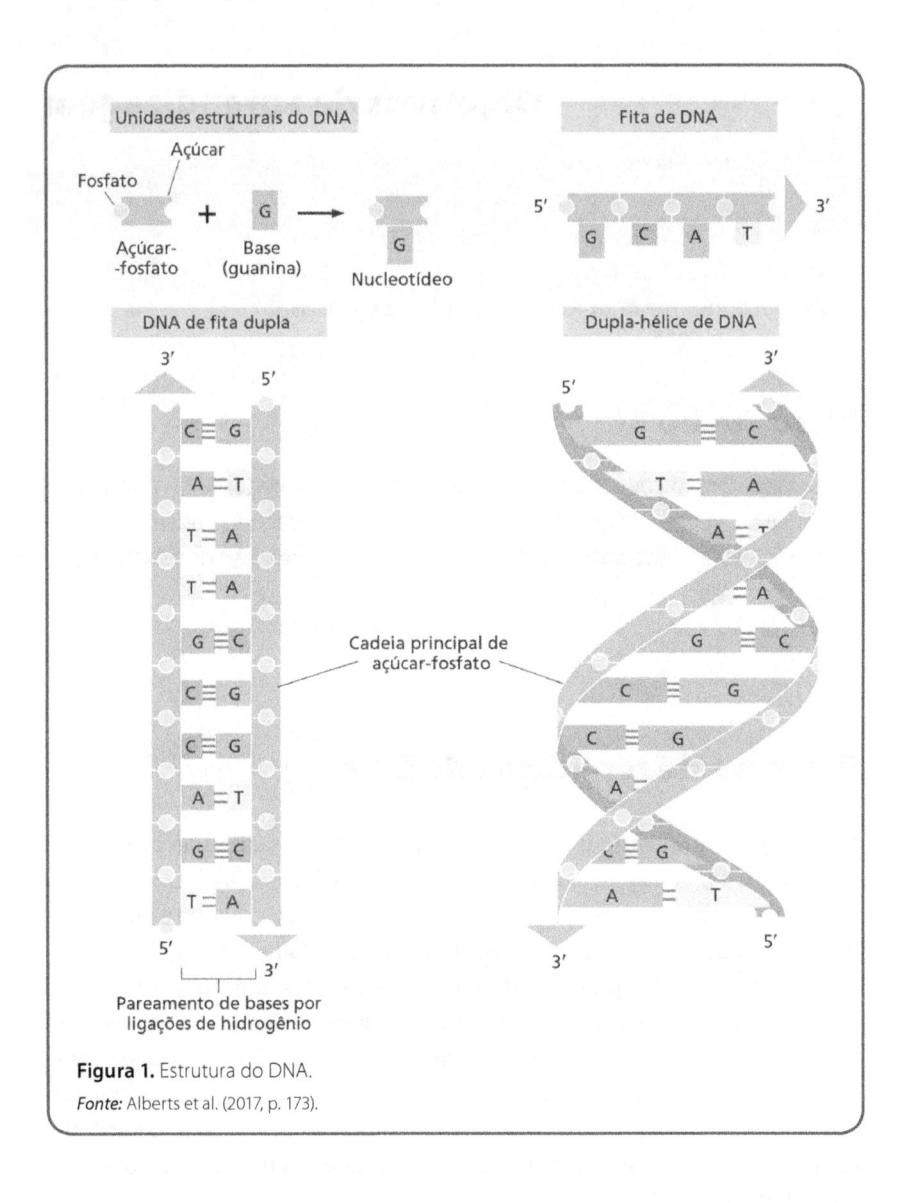

Figura 1. Estrutura do DNA.
Fonte: Alberts et al. (2017, p. 173).

A replicação do DNA celular ocorre durante a fase S do ciclo celular e constitui um processo necessário para assegurar que as instruções contidas no DNA sejam passadas fielmente adiante para as células-filhas.

Mas como ocorre o processo de replicação do DNA? Como a replicação pode ocorrer apenas a partir de um molde de DNA de fita simples, o que é necessário?

Primeiramente deve haver o desenrolamento da dupla-fita de DNA, e então ambas as fitas de DNA são copiadas simultaneamente. Esse processo depende de proteínas que promovam a abertura da dupla-fita de DNA, formando assim a forquilha de replicação (no formato de Y).

A principal enzima que catalisa a formação de novas fitas de DNA é a DNA-polimerase (Figura 2).

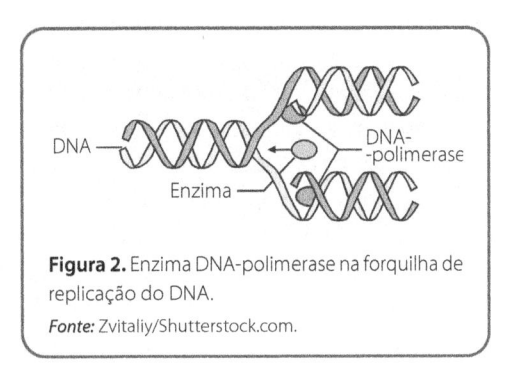

Figura 2. Enzima DNA-polimerase na forquilha de replicação do DNA.
Fonte: Zvitaliy/Shutterstock.com.

Fique atento

Para a obtenção de uma cópia fiel do DNA, é necessário que a DNA-polimerase reconheça os nucleotídeos na fita oposta do DNA. Além disso, ter a capacidade de reconhecer e corrigir eventuais erros que possam ter ocorrido no processo de replicação do DNA.

No processo de replicação, o DNA sofre torções desencadeadas pelo desenrolamento do DNA, e então enzimas denominadas topoisomerases atuam para reduzir essa força torcional. Quando termina do processo de replicação, as fitas de DNA parentais e filhas devem restabelecer a estrutura de dupla-fita, assim como a estrutura da cromatina (CHANDAR; VISELLI, 2011).

As topoisomerases são alvo farmacológico importante de fármacos desenvolvidos para inibir a replicação do DNA.

Etapas do processo de replicação do DNA

Cada molécula de DNA é replicada pelo processo de polimerização das novas fitas complementares. Essas novas fitas são resultantes de cada uma das fitas originais da dupla-hélice de DNA que foram usadas como molde. Então, são formadas duas moléculas idênticas de DNA, o que permite que a informação genética seja copiada e transmitida da célula-mãe às células-filhas.

O processo de replicação do DNA envolve a participação de inúmeras enzimas, como proteína primase, DNA-polimerase, helicases, ligases, topoisomerases e proteínas ligadoras de fita simples de DNA (*single strand DNA-binding* [SSB]).

A proteína primase é a enzima que inicia a síntese das novas cadeias complementares em vários pontos da cadeia-molde, pois ela sintetiza os iniciadores de RNA (*primers*, isto é, pequenas sequências de RNA a partir de um molde de DNA) que fornecem o ponto de início para a DNA-polimerase. A enzima DNA-polimerase promove a síntese de uma nova fita de DNA, devido a sua capacidade de adicionar nucleotídeos na extremidade 3'OH da região pareada do DNA, fazendo com que a cadeia se estenda no sentido 5'→3'. As helicases são enzimas que promovem a quebra das pontes de hidrogênio entre as bases, promovendo a separação das duas fitas de DNA, etapa essencial para que a forquilha de replicação se movimente.

As proteínas ligadoras de fita simples de DNA (SSB) ligam-se fortemente e de maneira cooperativa para expor fitas simples de DNA sem encobrir suas bases, que permanecem disponíveis para o pareamento. Ao se ligarem à fita simples do DNA, as SSB impedem que a fita sofra torções (anelamento), e, dessa forma, induzem uma conformação do DNA ideal para o pareamento das bases e, consequentemente, a replicação.

Veja na Figura 3 a replicação do DNA, que envolve a integração de inúmeras proteínas, constituindo uma "[...] maquinaria de replicação multienzimática que catalisa a síntese de DNA [...]" (ALBERTS et al., 2017, p. 265).

REPLICAÇÃO DO DNA

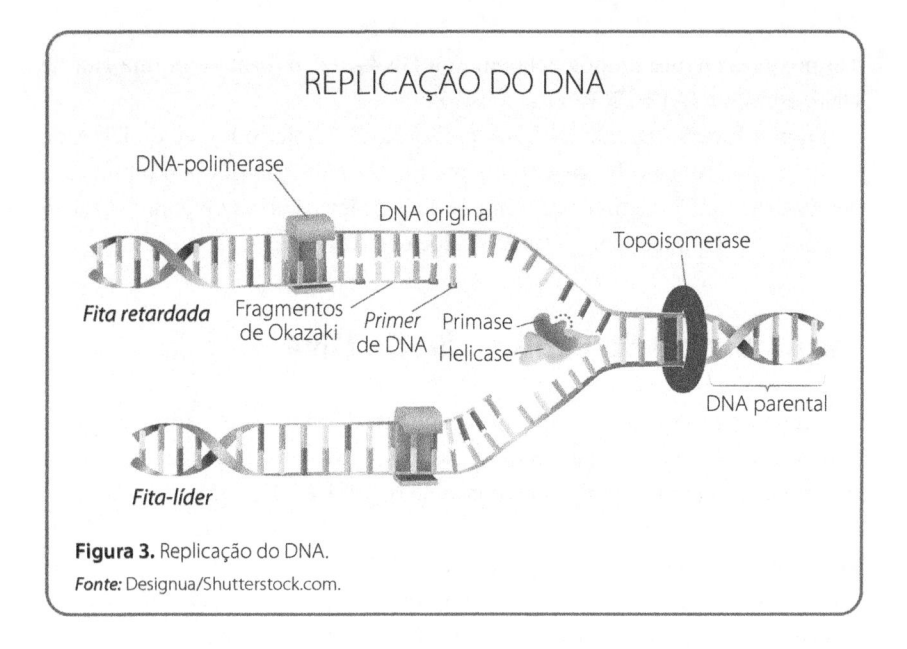

Figura 3. Replicação do DNA.
Fonte: Designua/Shutterstock.com.

Confira agora as etapas do processo de replicação do DNA.

- **Primeira etapa – Processo de replicação de DNA:** começa com proteínas iniciadoras que se ligam ao DNA. Envolve a separação das fitas de DNA induzida por enzimas helicases por meio da quebra das pontes de hidrogênio entre as bases, formando duas forquilhas de replicação na forma de Y. Nesse momento, ocorre a mobilização de inúmeras proteínas que realizam a replicação do DNA para o local (Figura 3).
- **Segunda etapa – Enzimas DNA-polimerases:** localizadas na forquilha de replicação, sintetizam as novas fitas de DNA complementar em cada fita original, desencadeando a extensão/alongamento da fita.

A DNA-polimerase catalisa a adição de nucleotídeos à extremidade 3' de uma cadeia crescente de DNA por meio da formação da ligação fosfodiéster entre a extremidade 3' e o grupo 5'-fosfato do nucleotídeo a ser incorporado.

Como a DNA-polimerase pode sintetizar o novo DNA somente de forma unidirecional, apenas uma das fitas na forquilha de replicação (a fita-líder) é replicada de modo contínuo, enquanto a fita retardada (ou fita tardia) é sintetizada de forma descontínua, processo denominado "costura para trás", que polimeriza pequenos segmentos de DNA (fragmentos de Okazaki), que são posteriormente unidos pela enzima DNA-ligase formando uma fita de DNA contínua (ALBERTS et al., 2017).

Qual a função da enzima DNA-polimerase? Copiar o molde de DNA de forma exata, pois a referida enzima promove a correção durante o processo de duplicação. Dessa maneira, remove seus próprios erros de polimerização que podem acontecer conforme se desloca pelo DNA.

Importância da replicação do DNA

A manutenção da vida depende da capacidade das células em armazenar, recuperar e traduzir as características genéticas, e tais informações são passadas de uma célula para a célula-filha por meio da divisão celular.

Na década de 1940, surgiram os primeiros indícios de que o ácido desoxirribonucleico (DNA) era o portador da informação genética. Com o desenvolvimento dos estudos, ficou comprovado que o DNA contém todas as informações necessárias para o desenvolvimento e o funcionamento de todos os organismos.

Fique atento

O DNA coordena toda a atividade biológica e armazena a informação genética que é transmitida, de modo conservado, de uma célula para seus descendentes. Porém, para que a célula transmita essa informação, ela deve, antes da divisão celular, duplicar seu material genético, ou seja, replicar o seu DNA.

A replicação do DNA – processo que precede a divisão celular e no qual são produzidas cópias idênticas das moléculas de DNA presentes na célula-mãe e então herdadas pelas duas células-filhas – garante a manutenção das características genéticas e instruções para o desenvolvimento e o funcionamento das novas estruturas celulares.

Exercícios

1. Qual alternativa está **errada**?
a) Na ausência do reparo de DNA, os genes são instáveis.
b) O câncer resulta de mutações não corrigidas nas células somáticas.
c) Nenhuma das bases aberrantes formadas pela desaminação ocorre naturalmente no DNA.
d) A forquilha de replicação é assimétrica porque contém duas moléculas de DNA-polimerase estruturalmente distintas.
e) A taxa de erros da replicação de DNA é reduzida pelo mecanismo de verificação da DNA-polimerase e pelas enzimas de reparo de DNA.

2. Um gene que codifica uma proteína envolvida na replicação do DNA foi inativado por mutação em uma célula. Na ausência dessa proteína, a célula tenta replicar seu DNA pela última vez. Que produtos de DNA seriam produzidos em cada caso, se a DNA-polimerase e a DNA--helicase estivessem ausentes?
a) A DNA-polimerase une os fragmentos de DNA produzidos na fita retardada. Na ausência da DNA-polimerase, as fitas recém--sintetizadas permaneceriam como fragmentos, mas nenhum nucleotídeo seria perdido. Sem a DNA-helicase, a DNA-polimerase para, pois ela não consegue separar as fitas do DNA original à sua frente.
b) Sem a DNA-polimerase, a replicação não ocorre, e os iniciadores de RNA serão colocados na origem de replicação. Na ausência da DNA-helicase, as fitas recém--sintetizadas permaneceriam como fragmentos, mas nenhum nucleotídeo seria perdido.
c) Sem a DNA-polimerase, a DNA--helicase para, pois ela não consegue separar as fitas do DNA original à sua frente. Sem a DNA--helicase, a replicação não ocorre.
d) Sem a DNA-polimerase, a replicação não ocorre. Sem a DNA-helicase, a DNA--polimerase para, pois ela não consegue separar as fitas do DNA original à sua frente.
e) Sem a DNA-polimerase, a replicação não ocorre. Na ausência da DNA-helicase, os iniciadores de RNA não podem iniciar as fitas-líder e retardada. Portanto, a replicação não pode ocorrer.

3. Um grupo de proteínas está envolvido na maquinaria de replicação. Quais são as funções da proteína primase e das proteínas ligadoras de fita simples de DNA (*single strand DNA-binding* [SSB])?
a) A proteína primase liga-se fortemente e de maneira cooperativa para expor fitas simples de DNA sem encobrir suas bases, que permanecem disponíveis para o pareamento. Elas também impedem a reformação de pares de bases (anelamento), após a abertura da dupla-fita. As SSB iniciam a síntese das novas cadeias complementares em vários pontos da cadeia-molde, pois elas sintetizam o iniciador de RNA (*primer*) que fornece o ponto de

início para a DNA-polimerase.
- b) A proteína primase inicia a síntese das novas cadeias complementares em vários pontos da cadeia-molde, pois ela sintetiza o iniciador de RNA (*primer*) que fornece o ponto de início para a DNA-polimerase. As SSB abrem a dupla-fita.
- c) A proteína primase abre a dupla-fita. As SSB ligam-se fortemente e de maneira cooperativa para expor fitas simples de DNA sem encobrir suas bases, que permanecem disponíveis para o pareamento. Elas também impedem a reformação de pares de bases (anelamento), após a abertura da dupla-fita.
- d) A proteína primase liga-se fortemente e de maneira cooperativa para expor fitas simples de DNA sem encobrir suas bases, que permanecem disponíveis para o pareamento. Elas também impedem a reformação de pares de bases (anelamento), após a abertura da dupla-fita. As SSB abrem a dupla-fita.
- e) A proteína primase inicia a síntese das novas cadeias complementares em vários pontos da cadeia-molde, pois ela sintetiza o iniciador de RNA (*primer*) que fornece o ponto de início para a DNA-polimerase. As SSB ligam-se fortemente e de maneira cooperativa para expor fitas simples de DNA sem encobrir suas bases, que permanecem disponíveis para o pareamento. Elas também impedem a reformação de pares de bases (anelamento), após a abertura da dupla-fita.

4. Considerando o esquema, as etapas 1, 2 e 3 representam, respectivamente, os processos de:

$$1 \circlearrowleft \quad 2 \quad 3$$
$$DNA \rightarrow RNA \rightarrow Proteína$$

- a) tradução, transcrição e duplicação.
- b) tradução, replicação e transcrição.
- c) transcrição, replicação e tradução.
- d) replicação, tradução e transcrição.
- e) replicação, transcrição e tradução.

5. Entre as alternativas a seguir, qual a melhor definição para replicação do DNA?
- a) A replicação do DNA refere-se ao RNA produzido a partir da transcrição de DNA.
- b) A replicação do DNA refere-se ao processo em que uma sequência de nucleotídeos em uma molécula de RNA mensageiro direciona a incorporação de aminoácidos em uma proteína; ocorre em um ribossomo.
- c) A replicação do DNA refere-se à reprodução de uma fita de DNA em uma sequência de RNA complementar, pela enzima RNA-polimerase.
- d) A replicação do DNA refere-se ao processo em que a informação codificada por um determinado gene é decodificada em uma proteína.
- e) A replicação do DNA é o processo pelo qual uma cópia de uma molécula de DNA é feita, antes da divisão celular.

Referências

ALBERTS, B. et al. *Fundamentos da biologia celular*. 4. ed. Porto Alegre: Artmed, 2017.

CHANDAR, N.; VISELLI, S. *Biologia celular e molecular ilustrada*. Porto Alegre: Artmed, 2011.

Leitura recomendada

LODISH, H. et al. *Biologia celular e molecular*. 7. ed. Porto Alegre: Artmed, 2014.

Organização celular: célula procariótica e eucariótica

Objetivos de aprendizagem

Ao final deste texto, você deve apresentar os seguintes aprendizados:

- Classificar os dois tipos de células existentes (procarióticas e eucarióticas).
- Diferenciar as células procarióticas das eucarióticas.
- Relacionar o tipo de células com os diferentes tipos de organismos vivos existentes.

Introdução

Você sabia que existem milhões de espécies diferentes de seres vivos no planeta, como bactérias, insetos e vegetais? Você sabe o que essas espécies têm em comum? Sabe estabelecer as diferenças entre elas?

Neste capítulo, você vai descobrir essas respostas e vai estudar a unidade fundamental da vida, a célula.

Células procarióticas e eucarióticas: classificação

As células são unidades fundamentais da vida e todos os seres vivos são constituídos por elas. Alberts et al. (2017, p. 1) definem células como "[...] pequenas unidades delimitadas por membranas, preenchidas com uma solução aquosa concentrada de compostos e dotadas de uma capacidade extraordinária de criar cópias delas mesmas pelo seu crescimento e pela sua divisão em duas [...]". Nesse contexto, existem seres vivos unicelulares, que fazem parte das formas mais simples de vida, e também alguns seres constituídos de um aglomerado de células individuais, em que cada uma apresenta uma função especializada. Eles são denominados organismos superiores, por exemplo, o ser humano.

Saiba também que existem inúmeros tipos de células, as quais variam no tamanho, na aparência e na função. Além disso, as suas constituições e necessidades químicas são diversas. As diferenciações no formato, no tamanho e nas necessidades químicas estão relacionadas às respectivas diferenças na função de cada tipo de célula.

No entanto, apesar de diferirem quanto ao formato e aos níveis de complexidade estrutural, todas as células vivas, com base nas características funcionais e estruturais, podem ser agrupadas em dois grandes grupos: as **células procarióticas** e as **células eucarióticas**.

Os seres procariotos são menores e mais simples que os eucariotos. Alguns organismos eucariotos unicelulares apresentam forma de vida independente (p. ex., ameba e leveduras), enquanto outros vivem em agrupamentos multicelulares (p. ex., plantas, animais e fungos).

A presença ou ausência de núcleo é utilizada como base para a simples classificação da célula em procariótica ou eucariótica. Nas células procarióticas, toda a informação genética está agrupada em um cromossomo circular simples, na região denominada nucléolo. Já nas células eucarióticas, o material genético está dividido em múltiplos cromossomos agrupados em uma região circundada por uma membrana, formando o **núcleo**, uma estrutura característica dessa linhagem celular.

Agora, veja algumas das diferenças básicas das células procariontes e eucariontes.

Diferenças entre células procarióticas e eucarióticas

Quando você visualizar as células procarióticas no microscópio eletrônico, verá que elas apresentam estrutura simples, não contendo núcleo, ou seja, seus cromossomos não são separados do citoplasma por membrana. Em geral, nas células procarióticas, a única membrana existente é a membrana plasmática.

Saiba mais

A célula procariótica mais estudada é a bactéria *Escherichia coli*, pois, devido à simplicidade estrutural e à rapidez com que se multiplica, permite ampla e fácil análise por meio de estudos de biologia molecular.

A estrutura dos seres procariotos pode ser esférica, em forma de bastão ou espiralada (Figura 1). Em geral, são pequenos (micrômetros), mas há variabilidade no tamanho, e, em algumas situações, há procariotos com tamanho 100 vezes maior. Os procariotos (p. ex., bactérias) apresentam uma cobertura protetora resistente, ou parede celular, circundando a membrana plasmática, que envolve um único compartimento contendo o citoplasma e o DNA (ALBERTS et al., 2017). A espessura da membrana é variável e, em geral, constituída por um complexo de proteínas e glicosaminoglicanas, e tem como função a proteção da célula.

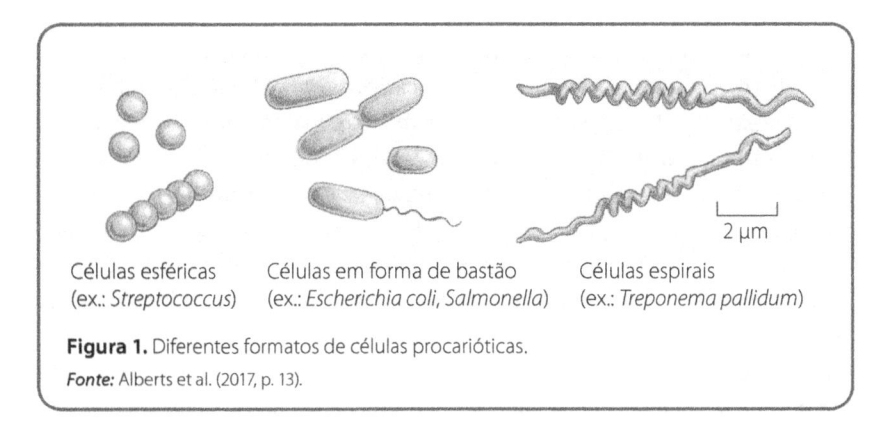

Células esféricas
(ex.: *Streptococcus*)

Células em forma de bastão
(ex.: *Escherichia coli, Salmonella*)

Células espirais
(ex.: *Treponema pallidum*)

Figura 1. Diferentes formatos de células procarióticas.
Fonte: Alberts et al. (2017, p. 13).

O citoplasma possui polirribossomos, que são ribossomos ligados a moléculas de RNA mensageiro. Em geral, encontram-se dois ou mais cromossomos idênticos e circulares alocados na região denominada de nucleoides e que, em algumas situações, se encontram fixados à membrana plasmática. Além disso, o citoplasma das células procarióticas é constituído por apenas uma membrana, que a separa do meio externo e, em alguns casos, podem existir invaginações da membrana plasmática que adentram no citoplasma, se enovelam e formam os mesossomos.

Ao contrário das células eucarióticas, as células procarióticas não têm citoesqueleto. Porém, a principal diferença entre as células eucarióticas e as procarióticas é a pobreza de membranas nas células procarióticas, em que se verifica que o citoplasma não está subdividido em compartimentos. Nas células eucarióticas, há extenso sistema de membranas, o que contribui para a formação de microrregiões que contêm diferentes moléculas com respectivas funções especializadas.

> **Fique atento**
>
> As células procariotas se reproduzem rapidamente, se dividem em duas, e em condições de alimento abundante podem se duplicar em apenas 20 minutos. Portanto, devido à alta velocidade de crescimento e capacidade de trocar porções de material genético, ocorre rápido desenvolvimento de populações de células procarióticas, que adquirem de forma rápida a capacidade de utilizar uma nova fonte de alimento ou resistir à morte induzida por antibióticos (caracterizando um mecanismo de resistência a antibióticos).

As **células eucarióticas**, em geral, são maiores e mais complexas do que as células procarióticas. Todas as células eucarióticas têm um núcleo e inúmeras outras organelas, das quais a maioria é envolta por membrana e comum a todos os organismos eucarióticos. Ou seja, as células eucarióticas são estruturadas em duas partes morfologicamente bem distintas: **núcleo** e **citoplasma**, em que o citoplasma é envolto pela membrana plasmática, e o núcleo pelo envoltório nuclear. O citoplasma possui **organelas**, por exemplo, as mitocôndrias, o retículo endoplasmático, o aparelho de Golgi, os lisossomos e os peroxissomos. Agora, considerando em particular as funções de tais organelas na manutenção da vida de uma célula eucariótica (Figura 2), abordaremos de forma breve algumas das principais organelas encontradas nas células eucarióticas:

- **Núcleo:** uma das principais características da célula eucarionte é a presença do núcleo. É a organela mais proeminente em uma célula eucariótica e constitui o depósito de informações da célula. Ele é envolvido por duas membranas concêntricas que formam o envelope nuclear e contém moléculas de DNA – polímeros extremamente longos que codificam as informações genéticas do organismo.
- **Mitocôndrias:** organelas esféricas ou alongadas cuja função é liberar energias de forma gradual das moléculas de ácidos graxos e glicose, provenientes dos alimentos, produzindo calor e moléculas de ATP (energia usada pelas células para inúmeras atividades, como secreção, mitose, etc.).

- **Retículo endoplasmático:** estrutura formada por uma rede de vesículas achatadas, vesículas esféricas e túbulos que se intercomunicam, formando um sistema contínuo. Existem nas células o retículo endoplasmático rugoso (ou granular) e o retículo endoplasmático liso.
- **Aparelho de Golgi:** organela também conhecida como complexo de Golgi, é constituída por inúmeras vesículas circulares achatadas ou esféricas.
- **Lisssomos:** organelas de tamanho e forma variáveis, cujo interior é ácido e contém enzimas hidrolíticas, que são utilizadas pelas células para digerir moléculas introduzidas por pinocitose, fagocitose, ou até mesmo organelas da própria célula.
- **Peroxissomos:** organelas caracterizadas pela presença de enzimas oxidativas (p. ex., catalase). O conteúdo enzimático dos peroxissomos varia muito de uma célula para outra, e sabe-se que até mesmo em uma mesma célula a composição enzimática é variável. Tais enzimas são produzidas pelo polirribossomos no citosol, e, em muitas situações, como forma de adaptação e defesa para a destruição de moléculas estranhas que penetram na célula, por exemplo, álcool e medicamentos.

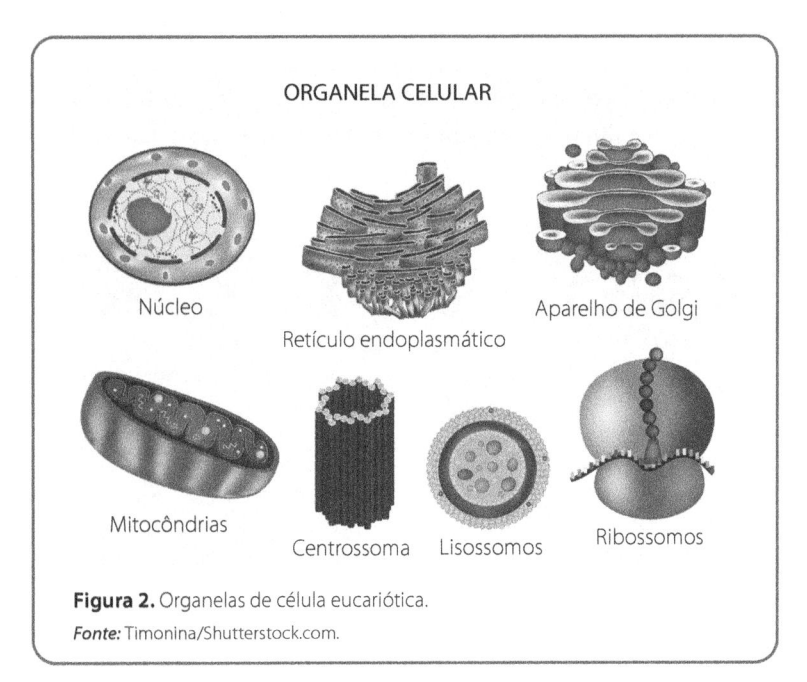

ORGANELA CELULAR

Núcleo
Retículo endoplasmático
Aparelho de Golgi
Mitocôndrias
Centrossoma
Lisossomos
Ribossomos

Figura 2. Organelas de célula eucariótica.
Fonte: Timonina/Shutterstock.com.

Os tipos de células e os diferentes tipos de organismos vivos existentes

Todas as espécies existentes na Terra evoluíram de uma célula ancestral comum. Ou seja, a partir desse ancestral, surgiram dois tipos de células: as procarióticas e as eucarióticas. Existem evidências de que as células eucarióticas teriam evoluído a partir de uma simbiose (organismos que se auxiliam mutuamente), ou seja, bactérias primitivas teriam sido fagocitadas por uma célula eucariótica ancestral, e ambas teriam vivido como colaboradoras.

Você sabia que as bactérias são exemplos típicos de células procarióticas e não contêm núcleo? Os termos "bactéria" e "procarioto" são usados como sinônimos, porém, além das bactérias, existem outros organismos vivos que também são classificados de procariotos, as **arqueias**. De fato, antigamente, havia uma única classificação para os procariotos; apesar disso, estudos moleculares revelaram a existência de dois grupos. Com isso, os procariotos ficaram divididos em dois domínios: *Bacteria* e *Archaea*. As espécies que vivem no solo ou nos causam doenças pertencem ao domínio ***Bacteria***. Por outro lado, os procariotos do domínio ***Archaea*** estão distribuídos pelo solo e também em *habitat* hostis para a maioria da outras células, por exemplo, locais com alta concentração de sal, poluídos com detritos industriais, extremamente quentes (vulcão) ou gelados (Antártica) e também são encontrados em locais anaeróbios.

As células eucarióticas são encontradas em todos os representantes dos reinos vegetal e animal, bem como fungos (leveduras, cogumelos e bolores) e protistas (protozoários).

Exercícios

1. As estruturas fundamentais que devem estar presentes para que uma célula seja definida como tal são:
a) membrana plasmática e núcleo.
b) DNA e núcleo.
c) organelas e DNA.
d) membrana plasmática e organelas.
e) membrana plasmática e DNA.

2. A principal característica que diferencia os eucariotos dos procariotos é a capacidade de compartimentalização intracelular. Essa propriedade dos eucariotos se manifesta na presença dos itens citados, **exceto**:
a) núcleo.
b) alta taxa de divisão celular.
c) complexo de Golgi.
d) mitocôndrias e cloroplastos.
e) complexidade intracelular.

3. Os procariotos incluem células de

dois domínios: *Eubacteria* e *Archaea*. Eles são caracterizados por algumas importantes diferenças estruturais, mas qual propriedade geral costuma diferenciar as arqueobactérias?
a) Alta taxa de proliferação.
b) Possibilidade de habitar ambientes inóspitos.
c) Presença de mitocôndrias e cloroplastos.
d) Possibilidade de especialização celular.
e) Material genético na forma de RNA.

4. São exemplos de procariotos e eucariotos:
a) procariotos são exclusivamente os protozoários, sempre unicelulares. Eucariotos são todos os representantes dos reinos vegetal, animal, fungos e protistas.
b) procariotos são todos os representantes dos reinos vegetal, animal, fungos e protista. Eucariotos são as bactérias, cianobactérias e arqueobactérias.
c) procariotos são exclusivamente as bactérias. Eucariotos são todos os representantes dos reinos vegetal, animal, fungos e protistas.
d) bactérias e arqueobactérias compõem os procariotos. Eucariotos são todos os representantes dos reinos vegetal, animal, fungos e protistas.
e) são classificados como procariotos as bactérias, as cianobactérias e as arqueobactérias. Eucariotos são representantes exclusivamente do reino animal.

5. Assinale a alternativa correta a respeito de eucariotos e procariotos.
a) A ausência de mitocôndrias e cloroplastos em procariotos acarreta na ineficiência dessas células em conduzir processos metabólicos.
b) O surgimento do núcleo contribuiu para a diversificação de mecanismos de regulação da expressão gênica em eucariotos.
c) Apesar das altas taxas metabólicas e de divisão celular, as células procarióticas apresentam baixas taxas de mutação.
d) Procariotos têm variabilidade genética reduzida em função de serem incapazes de realizar reprodução sexuada.
e) Apenas eucariotos são capazes de gerar organismos multicelulares.

Referência

ALBERTS, B. et al. *Biologia molecular da célula*. 6. ed. Porto Alegre: Artmed, 2017.

Leitura recomendada

LODISH, H. et al. *Biologia celular e molecular*. 7. ed. Porto Alegre: Artmed, 2014.

Alterações cromossômicas

Objetivos de aprendizagem

Ao final deste texto, você deve apresentar os seguintes aprendizados:

- Reconhecer as principais causas para a ocorrência de anormalidades nos cromossomos humanos.
- Distinguir, entre as alterações cromossômicas, a origem numérica ou estrutural.
- Relacionar aneuploidias autossômicas e sexuais e suas causas.

Introdução

Você sabia que o número normal de cromossomos humanos é 46 (23 pares)? Os 44 cromossomos (ou 22 pares) são homólogos nos dois sexos e denominados autossomos. Os outros dois cromossomos restantes são os cromossomos sexuais – homólogos na mulher (XX) e diferentes no homem (XY) –, que contêm os genes responsáveis pela determinação do sexo (BORGES-OSÓRIO; ROBINSON, 2013). Em humanos, as anormalidades cromossômicas podem acarretar padrões diferenciáveis de distúrbios do desenvolvimento e são atribuídas a diversas causas, como ambientais ou genéticas.

Principais causas para a ocorrência de anormalidades nos cromossomos humanos

Existem mecanismos que produzem alterações no número e na estrutura dos cromossomos, mas também existem causas genéticas e ambientais que podem desencadear anormalidades no cromossomo humano. Entre as principais causas para a ocorrência de anormalidades nos cromossomos humanos, pode-se citar:

- idade materna avançada;
- predisposição genética para não disjunção;
- exposição a agentes mutagênicos;

- radiação;
- drogas de abuso;
- infecção por vírus.

> **Fique atento**
>
> A frequência de erros de segregação nos gametas humanos é muito alta, principalmente em mulheres, pois a não disjunção ocorre em aproximadamente 10% das meioses dos oócitos humanos, dando origem a óvulos com número errado de cromossomos – essa condição se chama aneuploidia.

A aneuploidia ocorre com menor frequência nos espermatozoides; acredita-se que tal fato está relacionado à ativação de mecanismos de ponto de verificação nos casos em que ocorre falha ou erro durante a meiose.

A idade materna avançada é uma das principais causas de aneuploidias, como observado nas trissomias dos cromossomos 21, 18 e 13, bem como em proles com trissomia do par sexual (47, XXX e 47, XXY).

Também há maior frequência de abortos espontâneos em mulheres com idade acima dos 35 anos (BORGES-OSÓRIO; ROBINSON, 2013). Além disso, tem sido observado que a idade paterna tem relação com as aneuploidias, pois a identificação do cromossomo 21 demonstrou que em cerca de um terço das trissomias, a não disjunção ocorreu no pai, em especial em homens com idade acima de 55 anos.

Os principais agentes mutagênicos físicos são:

- radiações ionizantes;
- radiações ultravioletas.

Os principais mutagênicos químicos são:

- análogos de bases;
- compostos com ação direta;
- agentes alquilantes;
- corantes de acridina.

As mutações são alterações hereditárias do material genético, decorrentes de erros de replicação antes da divisão celular e não causadas por recombinação ou segregação. As mutações gênicas são as modificações hereditárias que ocorrem num lócus gênico específico de ponto ou pontuais, que podem envolver substituição, adição ou perda de uma única base. As mutações cromossômicas, por sua vez, ocorrem quando as modificações são maiores, alterando os cromossomos. As mutações estruturais modificam a estrutura dos cromossomos. Por fim, as mutações numéricas são a alteração do número de cromossomos – são também denominadas alterações ou anomalias cromossômicas (BORGES-OSÓRIO; ROBINSON, 2013).

Alterações cromossômicas numéricas ou estruturais

As alterações cromossômicas podem ser classificadas em **alterações numéricas** e **alterações estruturais**. Saiba, a seguir, como cada uma delas funciona.

Alterações numéricas

Estão relacionadas à perda ou ao acréscimo de um ou mais cromossomos e podem ser de dois tipos: **euploidias** e **aneuploidias** (o termo *ploidia* refere-se ao número de genomas representado no núcleo).

- **Euploidias:** são alterações que envolvem todo o genoma, originando células cujo número de cromossomos é um múltiplo exato do número haploide característico da espécie. Os tipos de euploidias são:
    - Haploidia (n): quando os cromossomos se apresentam em dose simples, como nos gametas, e pode ser um estado normal em alguns organismos, ou considerada anormal quando ocorre nas células somáticas de organismos diploides.
    - Poliploidia: quando os cariótipos são representados por três (triploidia, 3n), quatro (tetraploidia, 4n) ou mais genomas. As poliploidias, embora inexpressivas em animais, são comuns nas plantas, são um mecanismo importante para evolução. Na espécie humana, não há conhecimento de indivíduos que sejam totalmente poliploides (3n ou 4n). Quase todos os casos de triploidia ou tetraploidia são observados em abortos espontâneos.

- **Aneuploidias:** são alterações que envolvem um ou mais cromossomos de cada par, dando origem a múltiplos não exatos do número haploide característico da espécie.

Alterações estruturais

São mudanças na estrutura dos cromossomos, resultantes de uma ou mais quebras em um ou mais cromossomos, com subsequente reunião em uma configuração diferente, formando rearranjos balanceados ou não. Nos **rearranjos balanceados**, o complemento cromossômico é completo, sem perda nem ganho de material genético – portanto, normalmente são inofensivos, exceto nos casos raros em que um dos pontos de quebra danifica um gene funcional importante. Quando um rearranjo cromossômico é **não balanceado**, o complemento cromossômico contém quantidade incorreta de material cromossômico, e os efeitos clínicos costumam ser muito graves. As quebras podem ocorrer de forma espontânea ou pela ação de agentes externos, como radiações, drogas, vírus, entre outros.

As alterações na estrutura dos cromossomos são classificadas em dois tipos:

- **Número de genes:** deleções, duplicações, cromossomos em anel e isocromossomos.
    - Deleções: perdas de segmentos cromossômicos, as quais podem ocorrer como resultado de uma simples quebra, sem reunião das extremidades quebradas "deleção terminal", ou de uma dupla quebra, com perda de um segmento interno, seguida da soldadura dos segmentos quebrados – "deleção intersticial".
    - Duplicações: repetição de um segmento cromossômico, que causa aumento do número de genes.
    - Cromossomos em anel: alteração que ocorre quando um cromossomo apresenta duas deleções terminais, e as suas extremidades, agora sem os telômeros, tendem a se reunir, levando à formação de um cromossomo em anel.
    - Isocromossomos: quando a divisão do centrômero, durante a divisão celular, se dá transversalmente, em vez de longitudinalmente. Como consequência dessa divisão anormal, os dois cromossomos resultantes apresentam-se com braços iguais (metacêntricos), sendo duplicados para um dos braços originais e deficientes para o outro.
- **Mudança na localização dos genes:** inversões e translocações.

- Inversões: mudança de 180° na direção de um segmento cromossômico. Para tal, é necessária uma quebra em dois sítios diferentes do cromossomo, seguida pela reunião do segmento invertido.
- Translocações: ocorre transferência de segmentos de um cromossomo para outro, geralmente não homólogo. As translocações ocorrem quando há quebra em dois cromossomos, seguida de troca dos segmentos quebrados. Podem ser "recíprocas" ou "não recíprocas" e envolvem, geralmente, alterações na ligação entre os genes.

Saiba mais

- Alterações cromossômicas causam infertilidade e abortos recorrentes. Mais de 50% dos embriões abortados espontaneamente, no primeiro trimestre, têm alteração cromossômica.
- A maioria dos bebês cromossomicamente anormais têm genitores normais, mas cerca de 1% dos pais têm alteração cromossômica sutil, que não tem efeito sobre a sua saúde, mas os coloca em alto risco de aborto ou nascimento de bebê com condição anormal.
- As células neoplásicas adquirem, peculiarmente, extensas alterações cromossômicas, não presentes nas células normais do paciente, e muitas alterações específicas têm significância diagnóstica e prognóstica.

Fonte: Borges-Osório e Robinson (2013).

Aneuploidias

As aneuploidias são resultantes da "não disjunção" ou "não separação" de um ou mais cromossomos durante a anáfase I e/ou II da meiose ou na anáfase da(s) mitose(s) do zigoto. A não disjunção ocorre mais frequentemente durante a meiose, podendo ocorrer tanto na primeira como na segunda fase da divisão. Se ela ocorrer na primeira divisão, o gameta com o cromossomo em excesso, em vez de ter apenas um dos cromossomos de determinado par, terá os dois cromossomos do mesmo par, sendo um de origem materna e outro de origem paterna.

Se a não disjunção ocorrer na segunda divisão meiótica, ambos os cromossomos do mesmo par (no gameta que ficou com o excesso de cromossomos) serão de origem idêntica: materna ou paterna. Durante a mitose, a não disjunção pode ocorrer nas primeiras divisões mitóticas, após a formação do zigoto. No entanto, isso poderá resultar na presença de duas ou mais linhagens celulares diferentes no mesmo indivíduo, fenômeno conhecido como "mosaicismo". Já o quimerismo é a ocorrência, em um mesmo indivíduo, de duas ou mais linhagens celulares geneticamente diferentes, derivadas de mais de um zigoto. Em humanos, as quimeras são de dois tipos: quimera dispérmica e quimera sanguínea.

- **Quimera dispérmica:** resultante de dupla fertilização, em que dois espermatozoides diferentes fecundam dois óvulos, formando dois zigotos que se fundem, resultando em um embrião. Se os dois zigotos forem de sexos diferentes, o embrião quimérico pode desenvolver um indivíduo com hermafroditismo verdadeiro e cariótipo XX/XY.
- **Quimera sanguínea:** resulta de uma troca de células, via placenta, entre gêmeos dizigóticos, no útero. Por exemplo, um cogêmeo pode ter grupo sanguíneo B, enquanto o outro cogêmeo pode ter grupo sanguíneo A. Se células do primeiro cogêmeo passarem à circulação sanguínea do segundo, este formará os antígenos A e B, constituindo uma quimera sanguínea (BORGES-OSÓRIO; ROBINSON, 2013).

Outro mecanismo responsável pelas aneuploidias é a perda de um cromossomo, provavelmente devido a um "atraso" na separação de um dos cromossomos durante a anáfase.

As principais aneuploidias são:

- **Nulissomia:** quando ocorre perda dos dois membros de um par cromossômico, que, em geral, é letal.
- **Monossomia:** quando há perda de um dos cromossomos do par. A monossomia completa do cromossomo 21 é rara e poucos casos foram descritos, havendo incerteza no diagnóstico citogenético dos primeiros casos.
- **Trissomia:** quando um mesmo cromossomo se repete três vezes, em vez de duas, como seria normal. As trissomias são as alterações numéricas mais importantes sob o ponto de vista clínico, associadas a malformações congênitas múltiplas e distúrbio mental (p. ex., trissomia do cromossomo 21 ou síndrome de Down).
- **Tetrassomia:** condição rara, na qual um cromossomo está representado quatro vezes (p. ex., síndrome do tetra X (44 + XXXX ou 48, XXXX).
- **Trissomia dupla:** corresponde à trissomia de dois cromossomos pertencentes a pares diferentes (2n+1+1).

Exercícios

1. Sobre as alterações cromossômicas, marque a alternativa **incorreta**.
   a) São responsáveis pela formação de indivíduos física ou psicologicamente anormais, ou mesmo inviáveis.
   b) Podem acarretar padrões diferenciáveis de distúrbio do desenvolvimento, resultado de desvios patológicos do número e da estrutura normais dos cromossomos humanos.
   c) Radiações, drogas e vírus são agentes que podem induzir quebras cromossômicas e, assim, teriam particular importância nas alterações estruturais.
   d) As causas genéticas e ambientais que poderiam originar essas alterações cromossômicas não são totalmente conhecidas.
   e) As principais causas das alterações cromossômicas numéricas na população são provocadas por exposição a agentes, como radiações, drogas e vírus.

2. Sobre as causas das alterações cromossômicas, marque a alternativa **incorreta**.
   a) A idade materna é uma das principais causas ambientais das alterações cromossômicas numéricas.
   b) Estudos demonstraram que a idade paterna também tem influência nas aneuploidias devido a não disjunção meiótica.
   c) A ocorrência de mais de uma criança com aneuploidia em uma irmandade levou à suposição de que tais famílias tenham predisposição genética para a não disjunção meiótica.
   d) A síndrome de Turner é a única causada exclusivamente pelas alterações cromossômicas numéricas, resultado de monossomia do cromossomo X (45, X).
   e) Um efeito da idade materna é observado em aneuploidias, como as trissomias do 21, do 18 e do 13, bem como em proles com trissomia dos cromossomos sexuais (47, XXX ou 47, XXY).

3. Analise a figura e marque a alternativa que melhor representa o esquema.

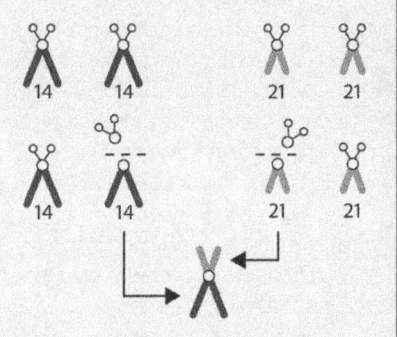

   a) Na figura está representada uma translocação robertsoniana, também conhecida por fusões cêntricas.
   b) Na figura, dois cromossomos acrocêntricos sofrem quebras nas regiões centroméricas, havendo troca de braços cromossômicos inteiros.
   c) Os segmentos dos braços curtos de ambos os cromossomos

podem se perder ou formar um novo cromossomo menor. Esse cromossomo é quase sempre perdido nas divisões subsequentes.

d) Na figura está representada a possível origem de uma translocação robertsoniana entre os cromossomos 14 e 21, com quebras nas regiões centroméricas de ambos, formando um novo cromossomo submetacêntrico maior, constituído pelos braços longos do 14 e do 21.

e) Se a alteração observada ocorrer em um zigoto normal, este dará origem a um indivíduo com 45 cromossomos que, na maioria dos casos, não determina alterações fenotípicas detectáveis clinicamente.

4. Uma mulher possui cariótipo com 45 cromossomos. Seu fenótipo não apresenta alterações clínicas detectáveis. Supondo que essa mulher tenha um filho com um homem normal, quais os possíveis resultados à descendência do casal?

a) A mulher provavelmente é uma portadora balanceada de uma translocação robertsoniana. O casal tem cerca de 33% de chance de ter filhos com síndrome de Down, mas com 46 cromossomos; cerca de 33% de chance de ter filhos normais, mas portadores balanceados da translocação e com 45 cromossomos; cerca de 33% de chance de ter filhos normais com 46 cromossomos.

b) As chances de gerarem zigotos inviáveis não são observadas em casos de genitores portadores balanceados de translocação robertsoniana.

c) A mulher provavelmente é uma portadora balanceada de uma translocação robertsoniana. Ao ter um filho com um homem normal, o casal tem 25% de chance de gerar filhos com síndrome de Down, mas com 46 cromossomos; 25% de chance de ter filhos normais, mas portadores balanceados da translocação, com 45 cromossomos; 25% de chance de ter filhos normais com 46 cromossomos.

d) O casal tem aproximadamente 33% de chance de ter filhos com síndrome de Down, sendo os meninos portadores translocados de um segmento do cromossomo 21 (assim tendo 46 cromossomos) e as meninas portadoras de uma trissomia do 21 livre.

e) O casal, cromossômico e fenotipicamente normal, tem um terço de chance de ter filhos com síndrome de Down, mas com 46 cromossomos; um terço de chance de ter filhos normais, mas portadores balanceados da translocação e com 45 cromossomos; um terço de chance de ter filhos normais com 46 cromossomos.

5. Sobre quimerismo e mosaicismo, marque a opção correta.

a) Quimera dispérmica resulta de dupla fertilização, em que dois espermatozoides iguais fecundam dois óvulos, formando dois zigotos que se fundem,

resultando em um embrião.
b) No quimerismo, há ocorrência, em um mesmo indivíduo, de duas ou mais linhagens celulares geneticamente diferentes, derivadas de mais de um zigoto. Já no mosaicismo, há a presença de dois ou mais cariótipos diferentes, em um mesmo indivíduo ou tecido, devido à existência de duas ou mais linhagens celulares derivadas do mesmo zigoto.
c) No mosaicismo, há ocorrência, em um mesmo indivíduo, de duas ou mais linhagens celulares geneticamente diferentes, derivadas de mais de um zigoto. Já no quimerismo, há a presença de dois ou mais cariótipos diferentes em um mesmo indivíduo ou tecido, devido à existência de duas ou mais linhagens celulares derivadas do mesmo zigoto.
d) Nenhuma alternativa está correta.
e) No mosaicismo, há ocorrência, em um mesmo indivíduo, de uma única linhagem celular, derivadas de um zigoto.

Referência

BORGES-OSÓRIO, M. R.; ROBINSON, W. M. *Genética humana*. 3. ed. Porto Alegre: Artmed, 2013.

Leituras recomendadas

BERTINO JR., J. S. et al. *Pharmacogenomics*: an introduction and clinical perspective. Porto Alegre: McGraw-Hill, 2013.

KLUG, W. S. et al. *Conceitos de genética*. 9. ed. Porto Alegre: Artmed, 2010.

MALUF, S. W.; RIEGEL, M. *Citogenética humana*. Porto Alegre: Artmed, 2011.

PASTERNAK, J. J. *Uma introdução à genética molecular humana*: mecanismos das doenças hereditárias. 2. ed. Rio de Janeiro: Guanabara Koogan, 2007.

READ, A.; DONNAI, D. *Genética clínica*: uma nova abordagem. Porto Alegre: Artmed, 2008.

SCHAEFER, G. B.; THOMPSON, J. N. *Genética médica*: uma abordagem integrada. Porto Alegre: McGraw-Hill, 2015.

STRACHAN, T.; READ, A. *Genética molecular humana*. 4. ed. Porto Alegre: Artmed, 2013.

Alterações moleculares: deleção, inserção, substituição, expansão de bases

Objetivos de aprendizagem

Ao final deste texto, você deve apresentar os seguintes aprendizados:

- Diferenciar os diferentes tipos de mutações e seus efeitos moleculares.
- Reconhecer as principais causas de mutações.
- Identificar as possíveis consequências fenotípicas das mutações.

Introdução

A perpetuação do material genético e a geração de variabilidade genética dependem de taxas basais de mutações no DNA. Tendo origem espontânea ou artificial, essas mutações podem ser neutras ou gerar vantagens adaptativas às espécies; no entanto, elas também podem ter consequências letais.

Neste capítulo, você vai estudar os diferentes tipos, as causas e as consequências das mutações que envolvem a alteração de um pequeno número de bases no DNA, por exemplo, o caso das mutações pontuais, ou até mesmo um número significativo de bases, como é o caso das expansões.

Classificação das mutações

Você sabia que podem ocorrer dois tipos de alterações moleculares no que diz respeito às mutações em um número restrito de bases no DNA? Pois, agora, saiba quais são elas e suas funções: substituição e adição ou deleção de bases.

Substituição de bases

As substituições são mutações pontuais no DNA, ou seja, a alteração de um único par de bases. Como ilustrado na Figura 1, ocorre a troca de um par de bases por outro. Entenda:

- quando essa troca envolve a substituição de uma purina por outra purina (adeninas e guaninas), ou ainda de uma pirimidina por outra pirimidina (citosinas e timinas), temos uma **transição**;
- quando essa troca envolve a substituição de uma purina (adeninas e guaninas) por uma pirimidina (citosinas e timinas), ou vice-versa, temos uma **transversão**.

As alterações que envolvem a substituição de pares de bases têm consequências moleculares diversas. Quando ocorrem na região codificadora dos genes, as substituições podem afetar o RNA mensageiro do gene de diferentes maneiras – e, consequentemente, a síntese proteica.

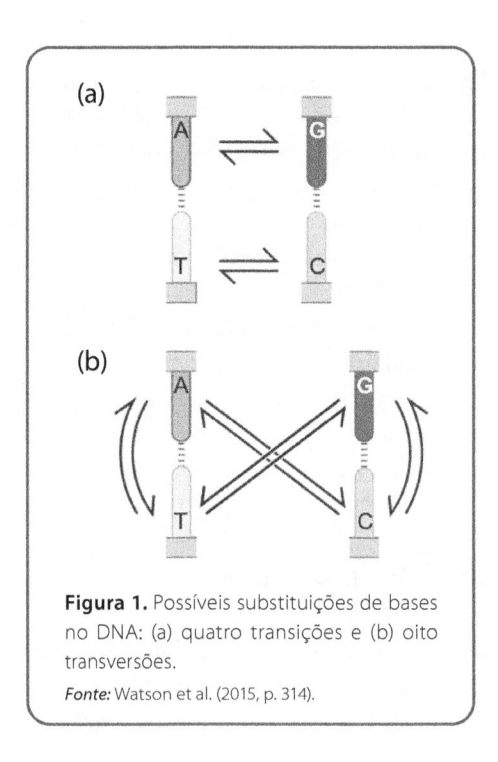

Figura 1. Possíveis substituições de bases no DNA: (a) quatro transições e (b) oito transversões.
Fonte: Watson et al. (2015, p. 314).

Efeitos moleculares das substituições

A troca de um par de nucleotídeos em regiões codificadoras resulta na substituição do códon original por um diferente. Nesse caso, temos as seguintes consequências para a cadeia polipeptídica resultante:

- nas **mutações com sentido trocado** (ou mutação *missense*), o códon alterado configura um aminoácido diferente na tradução proteica, resultando em uma cadeia polipeptídica alterada em um aminoácido;
- nas **mutações silenciosas**, esse códon alterado não resulta em um aminoácido diferente na síntese proteica – considerando que o código genético é degenerado –, e temos então uma mutação sem efeitos para a sequência da cadeia polipeptídica;
- nas **mutações sem sentido** (ou mutações *nonsense*), a alteração no códon ocorre com o surgimento de um códon de terminação de tradução, induzindo a síntese de uma proteína incompleta ou truncada.

As substituições também podem ocorrer em regiões não codificadoras e, mesmo assim, ter consequências moleculares. Trocas de nucleotídeos em regiões regulatórias têm a capacidade de afetar a expressão gênica, além da possibilidade de ser utilizadas como marcadores moleculares no DNA.

Adição ou deleção de bases

Ocorrem também mutações em nucleotídeos que não são substituídos, mas adicionados ou excluídos do DNA. Nesses casos, você vai lidar não com alterações pontuais na sequência de DNA, e sim com modificações que podem ser pequenas ou drásticas no seu número de bases.

- No caso das adições, são inseridas bases na sequência de DNA.
- No caso das deleções, bases são excluídas do DNA.

As consequências dessas alterações variam de acordo com o número de bases alteradas e com a região do genoma em que ocorrem. É possível que essas alterações tenham como consequência a deleção de sequências significativas de regiões codificadoras ou regulatórias, por exemplo, ou que induzam a expansão de regiões do DNA ao longo de sucessivas duplicações.

Efeitos moleculares da adição ou deleção de bases

Uma grave possibilidade nas alterações de adição ou deleção é a ocorrência de **mutações com troca de fase de leitura** (ou mutações *frameshift*) no DNA. A gravidade se deve ao fato de que esse tipo de mutação altera os códons de bases do DNA a partir do sítio mutado, podendo, assim, impactar significativamente a sequência de RNA mensageiro resultante devido à modificação da fase de leitura (Figura 2).

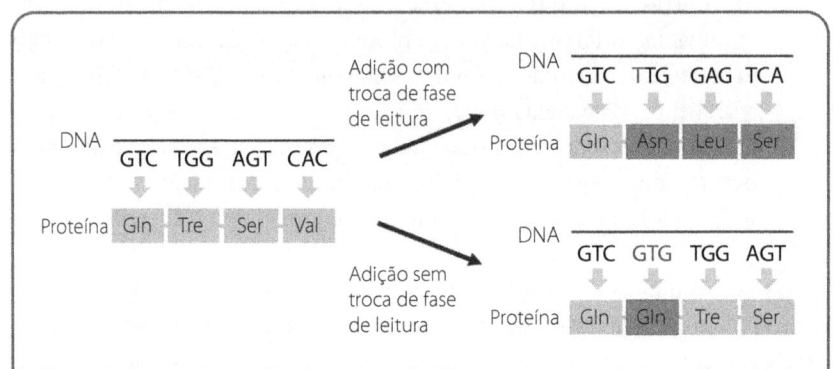

DNA
GTC TGG AGT CAC
Proteína: Gln – Tre – Ser – Val

Adição com troca de fase de leitura →
DNA: GTC TTG GAG TCA
Proteína: Gln – Asn – Leu – Ser

Adição sem troca de fase de leitura →
DNA: GTC GTG TGG AGT
Proteína: Gln – Gln – Tre – Ser

Figura 2. Consequências da adição de nucleotídeos em uma sequência codificadora de DNA. Quando há a adição de uma ou duas bases, ocorre troca de fase de leitura e alteração de toda a sequência proteica a partir do sítio de mutação. Quando ocorre adição de três (ou de um múltiplo de três) bases, não há troca de fase de leitura e há apenas a adição de um códon.

Fique atento

As consequências são menos drásticas quando a adição ou deleção ocorre com múltiplos de três bases, já que os códons são compostos por trincas de bases. Assim, códons podem ser adicionados ou removidos do DNA, mas a fase de leitura é restabelecida, e o restante da sequência é preservado.

Causas das mutações

Diversos são os fenômenos capazes de introduzir as alterações moleculares mencionadas. Os agentes mutagênicos, que podem ser endógenos (mutações espontâneas) ou exógenos (agentes físicos e químicos), são os responsáveis por essas alterações.

Mutações espontâneas

A presença de uma taxa basal de mutações é um fenômeno normal – e até mesmo desejável – em sistemas biológicos. Assim, é de se esperar que, além de agentes mutagênicos exógenos, condições fisiológicas no organismo sejam capazes de gerar mutações.

Erros durante a replicação do DNA podem explicar uma parte significativa das mutações espontâneas que ocorrem nos seres vivos. É comum que o DNA-polimerase insira nucleotídeos incorretos durante a síntese de uma nova fita de DNA e, embora a própria enzima tenha mecanismos para corrigir esses erros, uma fração dessas incorporações errôneas pode persistir após a replicação. O fato de as bases serem passíveis de sofrer modificações tautoméricas (as formas cetônicas mais estáveis da timina e da guanina, assim como as formas amínicas da adenina e da citosina, podem sofrer modificações para, respectivamente, gerar as formas enólicas e imínicas, que são menos estáveis) ocasiona a possibilidade de pareamentos incorretos durante a duplicação, que provocam mutações pontuais no DNA, tanto do tipo transição quanto transversão. Além disso, os deslizes de replicação (quando o DNA-polimerase se desloca de maneira incorreta sobre a fita de DNA) podem acarretar em deleções ou inserções na sequência. Esse fenômeno é particularmente frequente em regiões com sequências repetitivas e provoca, ao longo de vários ciclos de replicação, a expansão dessas regiões.

A oxidação de bases do DNA também pode ocorrer de maneira espontânea. Radicais livres e espécies reativas são formadas como produtos secundários do metabolismo energético celular. Esses produtos são altamente instáveis e reativos, induzindo a oxidação do DNA e causando as mais diversas modificações nas bases que, como consequência, induzem pareamentos incorretos durante a duplicação.

Além disso, a própria água presente do ambiente intracelular pode induzir modificações espontâneas nas bases do DNA, por reações de hidrólise. Lesões hidrolíticas comuns ocorrem com citosinas, guaninas e adeninas, e costumam provocar transições.

> **Saiba mais**
>
> **Marcadores moleculares polimórficos**
> Marcadores moleculares são sequências cuja localização nos cromossomos é conhecida. Marcadores polimórficos, ou seja, que estão presentes na forma de mais de um alelo na população, são de grande utilidade para o estabelecimento de vínculos genéticos entre indivíduos, para a genotipagem de doenças humanas e até mesmo para perícias criminais. Agora, veja alguns desses marcadores:
> - **SNP (*single nucleotide polymorphism*):** são as substituições que ocorrem tanto no interior de regiões codificadoras quanto em regiões intergênicas e que têm localização conhecida. Apesar de pouco polimórficos (quase sempre existem apenas dois nucleotídeos alternativos em cada SNP), eles são extremamente abundantes no genoma.
> - **Microssatélites:** consistem em repetições de pequenas sequências (em geral, de 1 a 5 bases) dispersas pelo genoma. Costumam ser encontradas em regiões não genômicas, mas a ocorrência de microssatélites próximos ou no interior de sequências codificadoras está associada a algumas doenças humanas, como a doença de Huntington. Nessas regiões, há maior chance de ocorrer deslizes de replicação e, assim, o número de repetições dessas sequências se torna uma característica extremamente polimórfica na população.

Mutações por agentes físicos

Você sabia que alguns agentes físicos são capazes de induzir mutações no DNA? Também o princípio dos efeitos mutagênicos desses agentes está no fato de que eles provocam o aumento da reatividade dos átomos da molécula de DNA, o que leva à indução de ligações incorretas e, consequentemente, às mutações. Pode-se dizer que os principais agentes físicos mutagênicos são a radiação ionizante e a radiação ultravioleta (UV).

A **radiação ionizante** é uma radiação de alta energia capaz de penetrar profundamente nos tecidos. Como seu próprio nome diz, essa radiação induz a ionização de componentes celulares, que perdem elétrons e tornam-se extremamente reativos. Esses componentes reativos se combinam ao DNA, podendo causar desde inserções e deleções de bases durante a replicação até o rompimento das fitas de DNA.

A **radiação UV**, por sua vez, não tem energia suficiente para induzir ionização dos componentes celulares ou para penetrar profundamente os tecidos. No entanto, essa radiação tem energia suficiente para excitar os elétrons de orbitais exteriores para os níveis de alta energia em átomos dos componentes celulares, o que também aumenta significativamente sua reatividade. Acredita-se que o principal efeito mutagênico da radiação UV seja devido à alta capacidade das pirimidinas em absorver radiação nesse comprimento de onda específico: excitadas e com maior reatividade, os resíduos de pirimidinas das bases no DNA (especialmente as timinas) reagem com as bases vizinhas, formando hidratos de pirimidinas ou dímeros de pirimidinas, que são incapazes de realizar pareamento de bases. Esse fenômeno altera a dupla-hélice de DNA e interfere na replicação precisa da molécula, levando à incorporação inespecífica de bases. Para mais detalhes, confira a Figura 3.

Dímero formado entre resíduos adjacentes de timina em uma fita de DNA

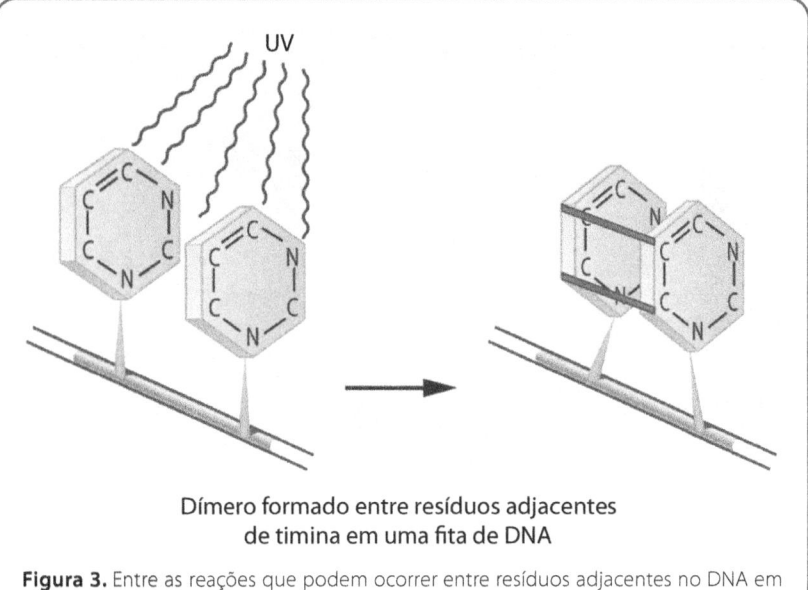

Figura 3. Entre as reações que podem ocorrer entre resíduos adjacentes no DNA em função da exposição à radiação UV, a mais comum é a que resulta em dímeros de timinas.
Fonte: Klug et al. (2010) apud Borges-Osório e Robinson (2013, p. 68).

Mutações por agentes químicos

Diversos agentes químicos são capazes de induzir alterações no DNA e, assim, provocar mutações. Os principais podem ser classificados em análogos de bases, intercalantes de DNA ou agentes com ação direta sobre as bases.

Os **análogos de bases** são substâncias que podem ser incorporadas por acidente à fita crescente de DNA durante a duplicação em função de terem estruturas extremamente semelhantes às bases nitrogenadas. A 5-bromouracila, por exemplo, é um análogo de base que se liga à desoxirribose, formando o nucleosídeo bromodesoxiuridina (BrdU). Esse análogo pode ser incorporado erroneamente no lugar de timidinas e parear com resíduos tanto de adeninas quanto de guaninas, possibilitando a transição de pares G-C para A-T na replicação do DNA.

Os **intercalantes de DNA** são substâncias aromáticas, como o corante de acridina, que se posicionam entre duas bases adjacentes no DNA, distorcendo a dupla-hélice. Tal distorção é provocada durante a duplicação, quando ocorre inserção ou deleção errôneas de um ou mais pares de bases. Veja a Figura 4.

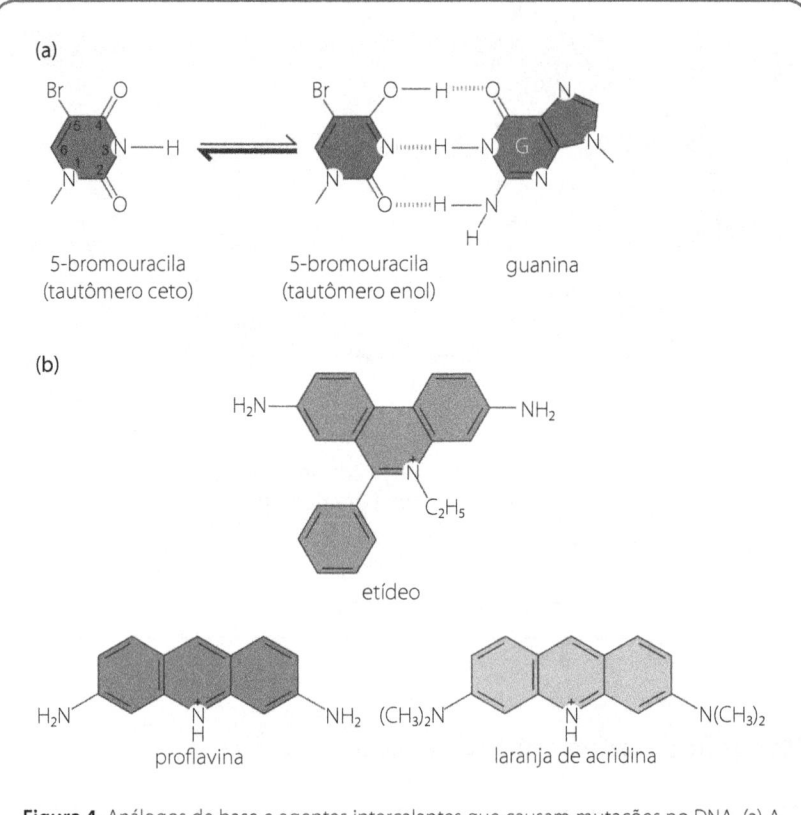

Figura 4. Análogos de base e agentes intercalantes que causam mutações no DNA. (a) A 5-bromouracila, um análogo da timina, que pode parear erroneamente com a guanina quando na forma enólica. (b) Alguns agentes intercalantes de DNA: etídeo, proflavina e laranja de acridina.

Fonte: Watson et al. (2015, p. 324).

Alguns agentes químicos introduzem mutações por reagir diretamente com as bases do DNA. Um desses agentes é o **ácido nitroso**, que atua provocando a desaminação de bases, transformando adenina em hipoxantina, guanina em xantina e citosina em uracila. Essas modificações causadas pelo ácido nitroso provocam transições no DNA. Outro exemplo são os **agentes alquilantes**, que atuam transferindo grupamentos metílico ou etílico para as bases ou para os grupos fosfato do DNA. As alquilações têm efeitos diversos – incluindo prejuízos para a replicação do DNA – mas uma das principais consequências de agentes alquilantes é a conversão de guaninas em O^6-metil-guanina, que tem a capacidade de parear com timinas. Assim, na duplicação do DNA, essa modificação provoca transições de pares G-C para A-T.

Saiba mais

Agentes alquilantes são utilizados como fármacos quimioterápicos

As células neoplásicas apresentam algumas características incomuns em relação às demais células saudáveis: elas têm altas taxas de replicação e são muito sensíveis a danos no DNA. O primeiro quimioterápico utilizado contra o câncer foi, inclusive, um agente alquilante descoberto por acaso. Confira:

Durante as Guerras Mundiais, o gás mostarda foi amplamente utilizado como agente tóxico. No entanto, notou-se que esse gás tóxico tinha também efeito antineoplásico devido à presença das moléculas denominadas **mostardas nitrogenadas**, que, a partir da década de 1940, foram utilizadas em quimioterapia. Apesar de afetarem células neoplásicas com mais intensidade, esses agentes alquilantes também acabam exercendo os efeitos colaterais típicos da quimioterapia e, atualmente, têm sido utilizados em conjunto com outras alternativas farmacológicas.

Efeitos fenotípicos das mutações

Entenda que os efeitos celulares das mutações dependem, basicamente:

- Da localização em que ocorrem no genoma: mutações em regiões codificadoras, ou até mesmo em íntrons, têm a capacidade de afetar diretamente o produto proteico, enquanto mutações em regiões promotoras ou até mesmo em regiões regulatórias mais distantes do gene podem afetar a expressão gênica.

- Do tipo celular em que ocorrem: mutações em células somáticas podem resultar em degeneração ou em neoplasias, por exemplo, enquanto mutações em células germinativas podem não ter consequências para o portador, mas são transmitidas para a próxima geração.
- Do tipo de mutação: diferentes tipos de mutações têm diferentes efeitos moleculares. Seu impacto para a célula não é definido exclusivamente pela extensão da alteração no DNA, já que mesmo mutações pontuais podem levar à perda da função proteica.

Portanto, as mutações podem ser classificadas em **perda de função, ganho de função** ou **neutras**, de acordo com os seus efeitos fenotípicos. Ver mais na Figura 5.

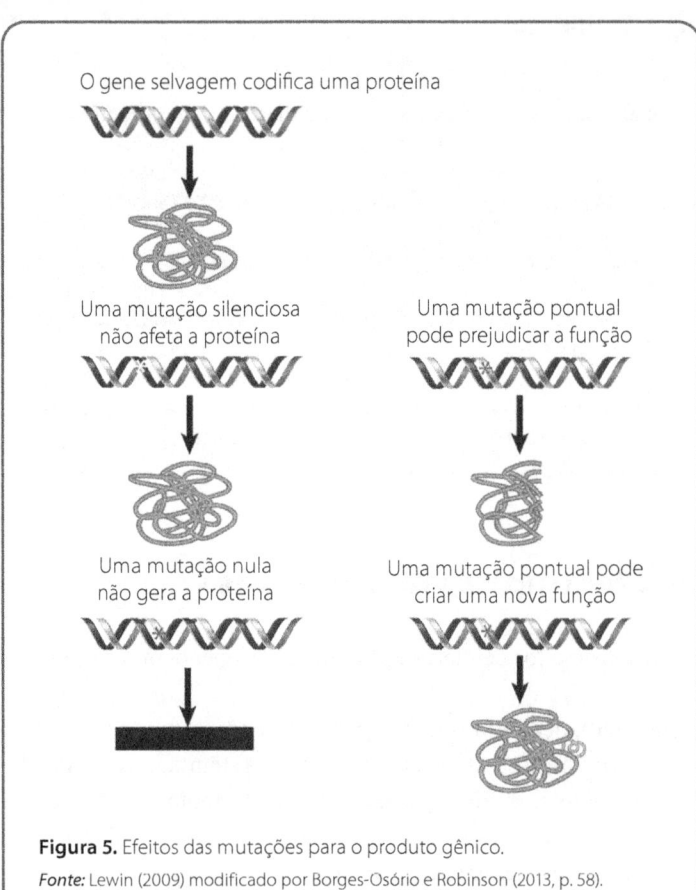

Figura 5. Efeitos das mutações para o produto gênico.
Fonte: Lewin (2009) modificado por Borges-Osório e Robinson (2013, p. 58).

Mutações de perda de função

Elas têm como efeito a redução ou a eliminação da função do produto gênico. Mutações que resultam na perda absoluta da função são chamadas de **mutações nulas**. Algumas dessas mutações afetam processos biológicos tão essenciais que, quando presentes, impedem a sobrevivência do organismo. A elas é dada a denominação de **mutação letal**.

Mutações de ganho de função

Elas têm como resultado um produto gênico com função otimizada ou com nova função. A troca na sequência de aminoácidos de uma proteína, por exemplo, pode resultar em uma nova atividade sem o prejuízo da função original do produto gênico. Além disso, uma mutação na região regulatória do gene pode ter como consequência o aumento da sua expressão ou mesmo a indução da expressão apenas nas condições apropriadas.

Mutações neutras

Considerando que parte significativa do genoma é composta por regiões intergênicas que não codificam produto algum, e que essa característica é especialmente marcante em genomas eucarióticos como o humano, temos que grande parte das mutações ocorrem nessas regiões. Essas mutações – que não afetam produtos gênicos e que, quando não ocorrem em regiões regulatórias, costumam também não afetar a expressão gênica – são denominadas mutações neutras.

Exercícios

1. Relacione corretamente as mutações 1, 2 e 3 na sequência original.

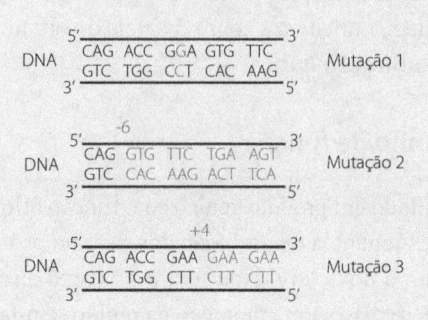

DNA 5' CAG ACC GGA GTG TTC 3' / 3' GTC TGG CCT CAC AAG 5'   Mutação 1

DNA 5' CAG GTG TTC TGA AGT 3' / 3' GTC CAC AAG ACT TCA 5' (−6) Mutação 2

DNA 5' CAG ACC GAA GAA GAA 3' / 3' GTC TGG CTT CTT CTT 5' (+4) Mutação 3

a) Transição de bases, adição de 6 pares de bases, adição de 4 pares de bases.
b) Transição de bases, deleção de 6 pares de bases, expansão de 4 pares de bases.
c) Transversão de bases, adição de 6 pares de bases, deleção de 4 pares de bases.
d) Transversão de bases, deleção de 6 pares de bases, adição de 4 pares de bases.
e) Substituição de bases, deleção de 6 pares de bases, deleção de 4 pares de bases.

2. A imagem a seguir é a sequência original e as sequências alteradas (I, II, III e IV) de DNA, com suas respectivas sequências de RNA mensageiro e de resíduos de aminoácidos na proteína. As bases alteradas constam nos quadros pretos. Conhecendo as sequências originais do DNA, do RNA e da cadeia polipeptídica, avalie as alterações I, II, III e IV.

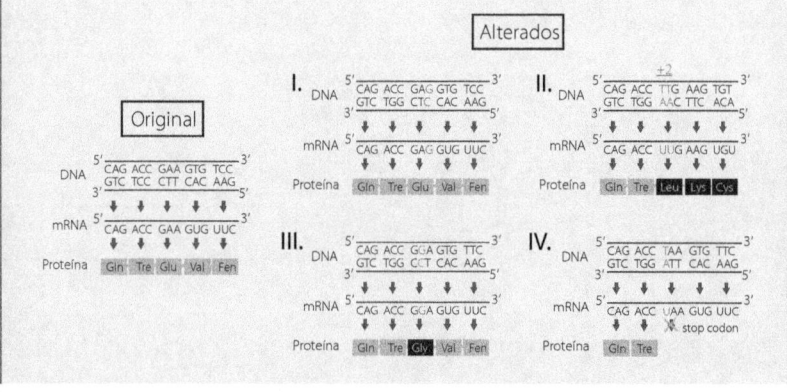

Original
DNA 5' CAG ACC GAA GTG TCC 3' / 3' GTC TGG CTT CAC AAG 5'
mRNA 5' CAG ACC GAA GUG UUC 3'
Proteína: Gln Tre Glu Val Fen

Alterados

I. DNA 5' CAG ACC GAG GTG TCC 3' / 3' GTC TGG CTC CAC AAG 5'
mRNA 5' CAG ACC GAG GUG UUC 3'
Proteína: Gln Tre Glu Val Fen

II. DNA 5' CAG ACC TTG AAG TGT 3' / 3' GTC TGG AAC TTC ACA 5' (+2)
mRNA 5' CAG ACC UUG AAG UGU 3'
Proteína: Gln Tre Leu Lys Cys

III. DNA 5' CAG ACC GGA GTG TTC 3' / 3' GTC TGG CCT CAC AAG 5'
mRNA 5' CAG ACC GGA GUG UUC 3'
Proteína: Gln Tre Gly Val Fen

IV. DNA 5' CAG ACC TAA GTG TTC 3' / 3' GTC TGG ATT CAC AAG 5'
mRNA 5' CAG ACC UAA GUG UUC 3' ✗ stop codon
Proteína: Gln Tre

a) Na alteração I, ocorre mutação *frameshift*, com troca de fase de leitura da sequência do DNA.
b) Na alteração II, ocorre mutação *nonsense*.
c) Nas alterações III e IV, ocorre uma mutação *missense*.
d) Nas alterações II e IV, ocorre modificação em vários resíduos de aminoácidos na proteína.
e) Nas alterações III e IV, ocorre modificação de apenas um resíduo de aminoácido na proteína resultante.

3. A instabilidade gênica provocada por agentes endógenos se deve, por exemplo:
a) à presença de radiação ionizante e aos radicais livres do metabolismo energético celular.
b) aos radicais livres do metabolismo celular e a deslizes do DNA-polimerase na replicação do DNA.
c) aos radicais livres provenientes da incidência de radiação ionizante e aos erros durante a replicação do DNA em função da presença de tautômeros de bases.
d) à incidência de radiação UV e aos erros de replicação do DNA-polimerase.
e) à incidência de radiação UV e à presença dos análogos de bases que induzem erros na replicação do DNA.

4. Marque a opção correta em relação aos agentes mutagênicos.
a) Os agentes mutagênicos físicos não alteram mutações nas bases do DNA e são responsáveis apenas pela indução de quebras nas fitas.
b) Os análogos de bases, como o BrdU, são incorporados de maneira errônea na síntese de DNA e induzem transversões.
c) Intercalantes de DNA, como o corante de acridina, atuam induzindo modificações químicas nas bases do DNA.
d) O ácido nitroso é um agente químico que provoca deleções no DNA.
e) Os agentes alquilantes têm a capacidade de induzir transições no DNA.

5. Considere as seguintes mutações:
I. Inserções em regiões codificadoras.
II. Deleções em regiões promotoras.
III. Substituições em íntrons.
Em relação às mutações, qual afirmativa está correta?
a) Apenas inserções em regiões codificadoras podem provocar mutações nulas.
b) Nenhuma das alterações citadas pode acarretar em ganho de função.
c) Deleções em regiões promotoras sempre provocam prejuízo para a função gênica.
d) Todas as alterações citadas podem acarretar em mutações nulas.
e) Apenas substituições em íntrons podem ser mutações neutras.

Referências

BORGES-OSÓRIO, M. R.; ROBINSON, W. M. *Genética humana*. 3. ed. Porto Alegre: Artmed, 2013.

WATSON, J. D. et al. *Biologia molecular do gene*. 7. ed. Porto Alegre: Artmed, 2015.

Leituras recomendadas

FERDINANDI, D. M.; FERREIRA, A. A. Agentes alquilantes: reações adversas e complicações hematológicas. *AC&T Científica*, [2010?]. Disponível em: <http://www.ciencianews.com.br/arquivos/ACET/IMAGENS/revista_virtual/hematologia/artdamiana2.pdf>. Acesso em: 12 jan. 2018.

STRACHAN, T.; READ, A. *Genética molecular humana*. 4. ed. Porto Alegre: Artmed, 2013.

ZAHA, A. et al. (Org.). *Biologia molecular básica*. 5. ed. Porto Alegre: Artmed, 2014.

Microscopia óptica

Objetivos de aprendizagem

Ao final deste texto, você deve apresentar os seguintes aprendizados:

- Descrever o princípio e os componentes dos microscópios ópticos.
- Identificar as principais propriedades dos sistemas ópticos.
- Distinguir os tipos de microscópios ópticos.

Introdução

Você sabia que o estudo de estruturas cuja dimensão é tão pequena que não pode ser observada pelo olho humano sempre representou um desafio nas ciências biológicas? E sabia que a microscopia foi um advento fundamental para a compreensão de como células, tecidos e organismos como um todo são formados?

Neste capítulo, você vai aprofundar os fundamentos da microscopia óptica, amplamente difundida na área biomédica desde a pesquisa básica até o diagnóstico clínico. Vai saber que ela permite a observação de estruturas na faixa dos micrômetros: tecidos, células de mamíferos e até mesmo bactérias e organelas celulares.

Microscópio óptico: princípios e componentes

O microscópio óptico, também conhecido por microscópio de luz, fotônico ou de campo claro, utiliza a radiação na faixa da luz visível para a ampliação de amostras. Ele é formado por um sistema óptico, que permite a visualização da amostra por meio de um conjunto de lentes, e os componentes mecânicos, que são sustentação ao sistema óptico.

Veja na Figura 1 os principais componentes do microscópio óptico.

Figura 1. Representação de um microscópio óptico com os componentes dos sistemas mecânico e óptico.
Fonte: Eynard, Valentich e Rovasio (2010, p. 57).

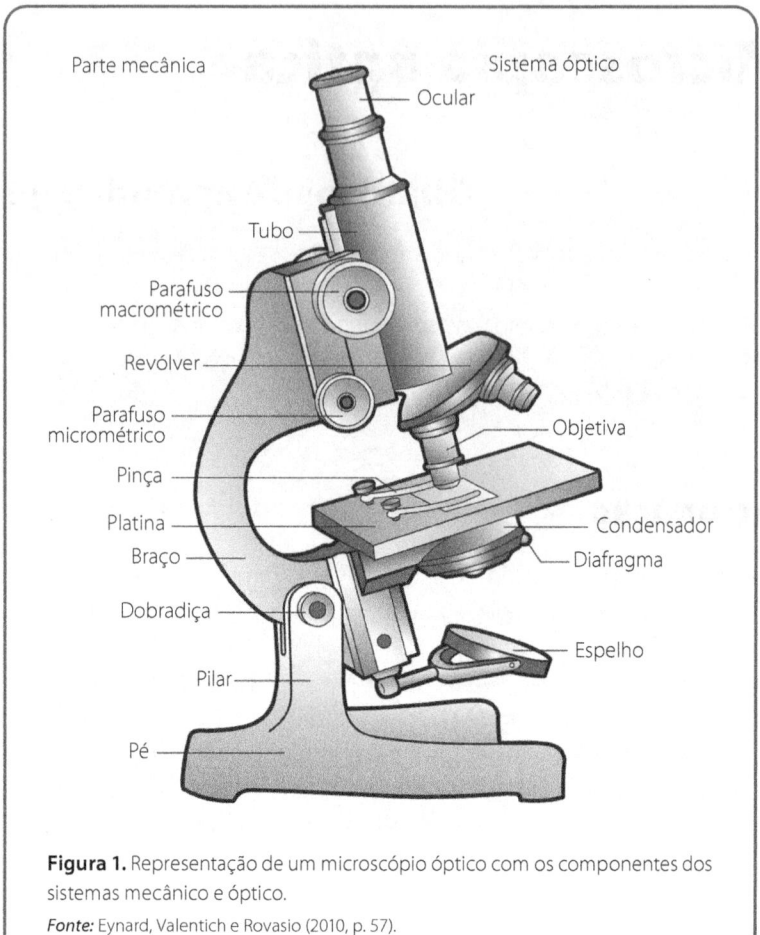

Sistema óptico

A simples utilização de uma única lente de vidro já é capaz de ampliar a imagem de um objeto. Os sistemas ópticos, basicamente, amplificam esse aumento pela combinação de mais de uma lente que, quando dispostas da maneira correta, possibilitam obtenção de imagens em grandes aumentos. Por esse motivo, os microscópios ópticos são também denominados microscópios compostos.

Agora, saiba como a luz percorre a amostra e os componentes do sistema óptico, dando origem à imagem ampliada que é percebida pelo observador. Para mais detalhes, observe a Figura 2.

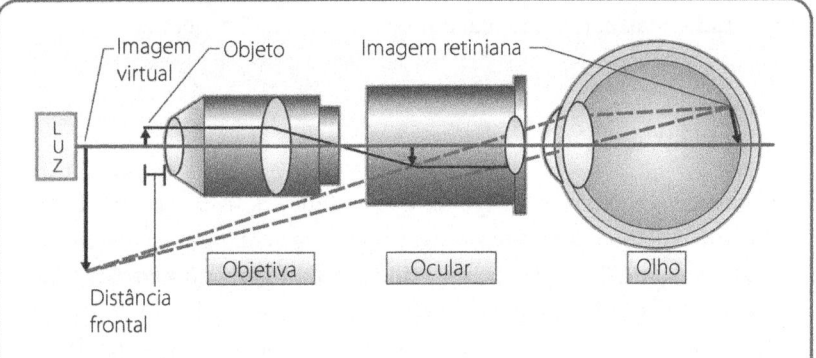

Figura 2. Caminho do feixe de luz da fonte até a retina do observador, com as imagens formadas ao longo do sistema. Os componentes ópticos do microscópio estão representados, com exceção do condensador e do diafragma.
Fonte: Eynard, Valentich e Rovasio (2010, p. 58).

Fonte luminosa

Os microscópios possuem uma fonte de radiação que, no caso dos sistemas ópticos, é uma fonte de luz visível. Essa fonte pode ser desde um espelho que reflita a luz natural, ou uma lâmpada embutida no equipamento que emita luz artificial. Os microscópios utilizados atualmente contam com uma lâmpada como fonte luminosa.

Condensador e diafragma

A luz emitida da fonte luminosa passa por esses componentes antes de atingir a amostra. O condensador é um conjunto de lentes empregadas para redistribuir a luz vinda da fonte, formando um cone de luz bem definido que incide especificamente sobre a amostra. O diafragma, por sua vez, regula a intensidade de luz que incide no campo de visão do microscópio.

Lente objetiva

Após passar pelo condensador e pelo diafragma, a luz incide sobre a amostra e, em seguida, é direcionada para a lente objetiva. Essa lente realiza o primeiro aumento do sistema, projetando uma **imagem primária real, invertida e aumentada** no denominado plano intermediário da imagem.

Lente ocular

As lentes oculares realizam a segunda e última ampliação da imagem: a imagem projetada no plano intermediário é recebida nas oculares e dá origem a uma **imagem secundária virtual, invertida e ainda mais aumentada**, que é a imagem captada pela retina do observador.

É importante saber que, para que o sistema óptico consiga ampliar e resolver sua estrutura, as amostras observadas em microscopia óptica devem cumprir alguns pré-requisitos: a amostra deve possuir **contraste**, para que suas estruturas sejam distinguidas na imagem, e ser **transparente** (mesmo que corada), para que a luz possa atravessar sua estrutura. Só assim é possível distinguir seus diferentes componentes.

> **Saiba mais**
>
> **Microscópio invertido**
> A orientação original dos componentes do sistema óptico, denominada de direta, é caracterizada pela fonte luminosa e o condensador com diafragma inferiores à amostra e pelas lentes objetiva e ocular superiores. O microscópio invertido possui exatamente os mesmos componentes, mas com orientação invertida: a fonte luminosa e o condensador com diafragma superiores à amostra, e as lentes objetiva e ocular inferiores.

Componentes mecânicos

A função primordial da parte mecânica do microscópio é fornecer suporte ao seu sistema óptico. Veja novamente a Figura 1 e confira, aqui, alguns importantes componentes mecânicos:

- **Platina:** é a plataforma de suporte da amostra. Possui pinças que posicionam e fixam a amostra sobre uma abertura central que permite a incidência da luz.
- **Parafusos micrométrio e macrométrio:** responsáveis pela movimentação da platina para cima e para baixo, permitindo o ajuste grosso (no caso do macrométrio) e fino (no caso do micrométrio) do foco do instrumento.
- **Revólver:** responsável pelo suporte das diferentes lentes objetivas do microscópio. É uma estrutura giratória que possibilita sua movimentação e a utilização de diferentes aumentos da objetiva no mesmo microscópio.
- **Tubo:** suporta as duas lentes oculares na sua extremidade superior do microscópio.

Propriedades dos sistemas ópticos

O sistema óptico dos microscópios de luz é útil para a visualização de objetos em uma determinada escala de tamanho. Essa escala de tamanho costuma incluir objetos de 200 nm a 1 mm (Figura 3), possibilitando a observação de cortes histológicos, células eucarióticas únicas e até mesmo bactérias ou organelas intracelulares.

O que define essa escala para a utilização dos microscópios são determinadas propriedades dos seus sistemas ópticos. Essas propriedades incluem, basicamente, a capacidade de **resolver** e **amplificar** a imagem das amostras observadas.

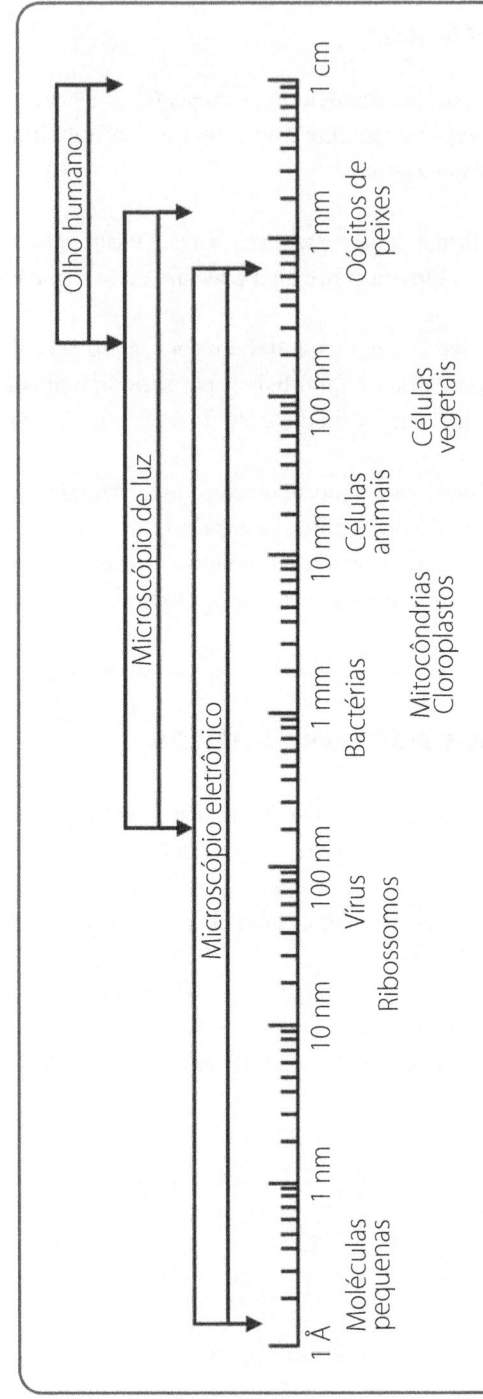

Figura 3. Escala e tamanho de objetos que podem ser visualizados com diferentes perspectivas. Note que o microscópio de luz (óptico) é utilizado para a observação de bactérias e organelas a grandes células eucarióticas. Objetos maiores que esses podem ser vistos a olho nu, e a observação de objetos menores que esses (100 nm ou menos) depende da utilização de microscópios eletrônicos.

Fonte: Eynard, Valentich e Rovasio (2010, p. 59).

Resolução

Poder de resolução

É a capacidade de distinção dos pequenos detalhes da amostra observada por meio do microscópio. Mais especificamente, é a capacidade de gerar imagens nítidas (e distintas) de dois pontos muito próximos entre si na amostra.

O poder de resolução é diretamente proporcional à **abertura numérica da lente objetiva**. Essa abertura pode ser definida como a capacidade da lente em receber luz e resolver a imagem da amostra a uma determinada distância, indicando a capacidade de resolução da lente objetiva. Quanto maior a abertura numérica da objetiva, maior o poder de resolução.

O poder de resolução é inversamente proporcional ao **comprimento de onda da luz emitida**. Quanto menor o comprimento de onda, maior o poder de resolução do microscópio. Em geral, a radiação emitida não tem capacidade de resolver estruturas menores que o seu próprio comprimento de onda.

Limite de resolução

É o menor objeto que pode ser visualizado por meio do microscópio. Em outras palavras, é a distância mínima que separa dois pontos na amostra para que eles possam ser discriminados um do outro. É inversamente proporcional ao poder de resolução: quanto menor o limite de resolução, maior o poder de resolução.

No caso dos microscópios ópticos, o limite de resolução é de 200 nm (lembre-se que a luz visível vai de 400 a 700 nm). Assim, bactérias e organelas grandes são as menores estruturas que podem ser visualizadas nitidamente neste tipo de microscópio, e distâncias menores do que essas dependem da utilização de radiação com menor comprimento de onda (Figura 3).

> **Fique atento**
>
> **Determinação matemática da resolução dos microscópios ópticos**
> O poder de resolução (PR) e o limite de resolução (LR) são medidas relacionadas, sendo que uma é o inverso da outra:
>
> $$PR = \frac{1}{LR}$$
>
> Ambas as medidas podem ser obtidas pela abertura numérica da objetiva (AN) e pelo comprimento de onda da luz incidente (λ):
>
> $$PR = \frac{1}{LR} = \frac{AN}{0{,}61 \times \lambda}$$

Ampliação

O poder de ampliação do microscópio é obtido pela combinação do poder de amplificação de todas as lentes que compõem o sistema óptico. É diretamente proporcional à abertura numérica da objetiva e pode ser aproximado matematicamente pela multiplicação do poder das lentes do sistema, que, em geral, se resumem às lentes objetiva e ocular.

Aumento final = aumento da objetiva × aumento da ocular

Lentes objetivas

As lentes objetivas são as mais próximas da amostra. As **objetivas secas** são lentes utilizadas com a interposição de ar entre a amostra e a objetiva, sem o uso de imersão. Essas lentes conseguem aumentos menores, da ordem de 4×, 10×, 20× ou 40×. Já as **objetivas de imersão** são utilizadas com a interposição de uma camada de óleo entre a amostra e a objetiva, com o objetivo de conseguir valores maiores de abertura numérica para a lente. Essas lentes conseguem maior poder de ampliação, da ordem de 40×, 60× ou 100×.

Lentes oculares

As oculares são as lentes mais próximas do observado, e seu principal objetivo é ampliar a imagem fornecida pela objetiva. Sua capacidade de ampliação costuma estar na faixa de 10×.

Variedade de microscópios ópticos

Diferentes amostras biológicas apresentam desafios para a visualização da sua estrutura nos microscópios ópticos. Assim, diferentes adaptações no instrumento foram desenvolvidas para contornar esses desafios e gerar imagens úteis ao observador.

A **microscopia de campo claro** é a mais comumente utilizada, que emprega o sistema óptico básico já descrito para visualizar amostras. É muito empregada para a análise histológica de fatias coradas de tecidos, por exemplo. Uma modificação nesse sistema deu origem ao **microscópio de campo escuro**, que é bastante útil para a visualização de estruturas muito pequenas, com tamanhos menores que o limite de resolução do microscópio.

Além disso, as amostras precisam ser suficientemente transparentes para permitir a passagem da luz, mas isso dificulta a distinção de suas estruturas. Por esse motivo, a utilização de amostras coradas é uma alternativa para a obtenção de contraste; no entanto, no caso de amostras que não podem ser coradas (como células em cultura), a falta de contraste representa uma dificuldade para sua visualização. Adaptações no sistema óptico deram origem, assim, ao **microscópio de contraste de fase** e ao **microscópio de interferência diferencial**, que ajudam a solucionar esse problema.

Você sabia que a popularização das técnicas de imunofluorescência em conjunto com corantes fluorescentes tornou os **microscópios de fluorescência** amplamente utilizados? Utilizam-se da capacidade de componentes celulares (ou de fluoróforos utilizados para marcar especificamente esses componentes) em absorver e emitir a luz em determinados comprimentos de onda e são de grande utilidade para verificar a localização e a quantidade desde organelas celulares até proteínas e ácidos nucleicos, por exemplo.

Microscópio de campo escuro

Os microscópios ópticos são denominados de campo claro porque o feixe luminoso incide diretamente sobre a amostra e gera imagens com fundo claro. Já o microscópio de campo escuro utiliza um condensador que só permite que a luz atinja a amostra de maneira oblíqua, fazendo que apenas a luz que foi dispersada ou refratada pelas estruturas da amostra alcance a lente. Como resultado, as estruturas surgem brilhantes na imagem sob um fundo escuro.

Ainda que não permita visualizar os detalhes estruturais, essa técnica é muito útil para estruturas que estão abaixo do limite de resolução do microscópio, além de auxiliar a visualização de amostras com pouco contraste. É bastante utilizada para a visualização de cristais e de alguns microrganismos. Para mais detalhes, veja a Figura 4.

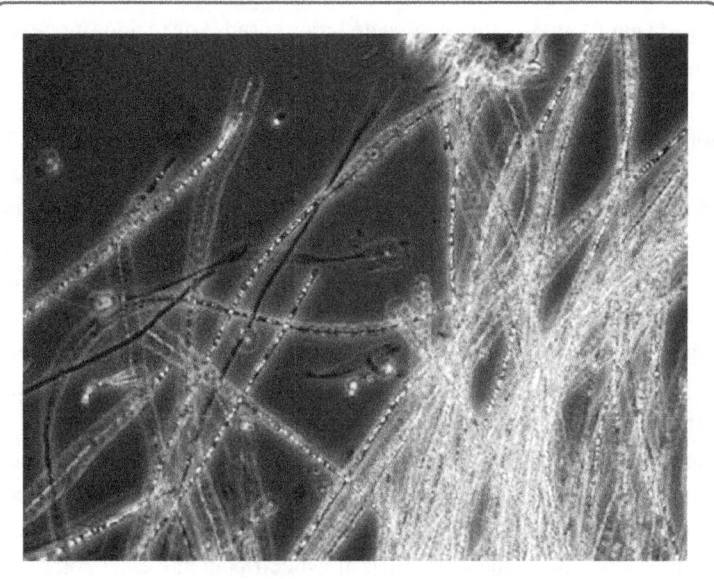

Figura 4. Microscopia de campo escuro da bactéria do gênero *Beggiatoa*.
Fonte: Microscope Genius (c2018).

Microscópio de contraste de fase

O microscópio de contraste de fase se aproveita do fato de que as estruturas das amostras biológicas, mesmo não diferindo na sua coloração, costumam apresentar diferenças de densidade e, portanto, diferentes índices de refração da luz. Basicamente, a presença de diafragmas anulares nos sistemas ópticos da objetiva e do condensador permite a conversão dessas diferenças no índice de refração – que não são visíveis – em diferenças de amplitude luminosa, ou seja, de intensidade de luz, na imagem projetada da amostra. Confira a Figura 5.

Microscópio de interferência diferencial

O microscópio de contraste por interferência diferencial é uma adaptação do microscópio de contraste de fase que, além de eliminar os halos luminosos formados, proporciona a visualização da estrutura tridimensional da amostra (Figura 5). Sabe como isso é possível? Pela presença de um jogo de prismas e de um polarizador: a luz polarizada passa pelos prismas e é dividida em dois feixes de luz, cujos trajetos e índices de refração são distintos. Quando combinados novamente por outro prisma, esses feixes interferem e proporcionam uma imagem com aspecto tridimensional que reflete as diferenças na densidade óptica da amostra e, portanto, de massa das diferentes estruturas. Além disso, a técnica permite quantificar as mudanças de índices de refração.

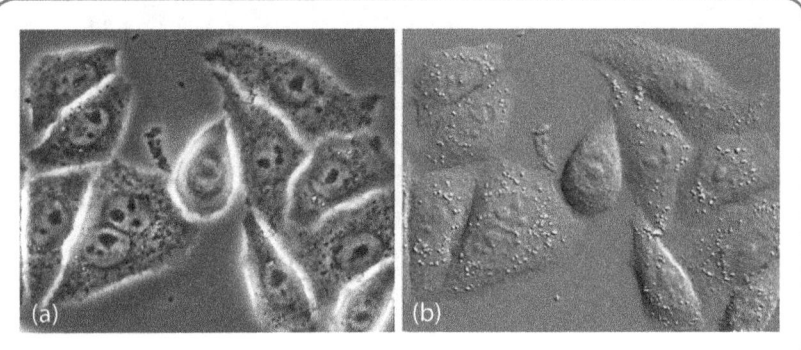

Figura 5. (a) Comparação das microscopias de contraste de fase e (b) interferência diferencial do mesmo campo com a linhagem celular HeLa em cultura.
Fonte: Nikon Instruments (c2017a).

Microscópio de fluorescência

Com os componentes mecânicos e o sistema óptico básico dos microscópios de luz comum, o microscópio de fluorescência utiliza, em vez da luz branca, luz ultravioleta e filtros que produzem a excitação de fluorocromos em certos comprimentos de onda, que dependem dos componentes da amostra ou dos corantes fluorescentes utilizados (Figura 6). Esses equipamentos são amplamente utilizados principalmente em ensaios de imunofluorescência, em que proteínas celulares são marcadas com anticorpos específicos acoplados a fluoróforos.

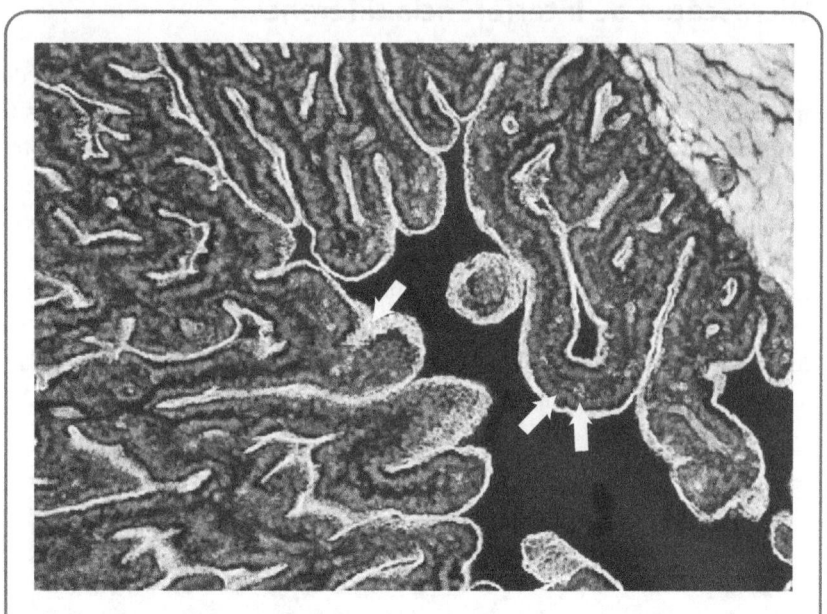

Figura 6. Microscopia de fluorescência de corte histológico da vesícula seminal de rato. (*Seta simples*) Citoesqueleto de actina das células, que foi ligado à faloidina conjugada ao fluoróforo. (*Seta dupla*) Núcleos das células, em que o DNA se encontra ligado ao fluoróforo de Hoechst.
Fonte: Nikon Instruments (c2017b).

Exercícios

1. Sobre o sistema óptico dos microscópios de luz, considere a seguinte afirmação: "A fonte luminosa emite feixes de luz que atingem o primeiro componente de lentes, o condensador. Em seguida, a luz incide sobre a amostra. Consecutivamente, a imagem do objeto de estudo é projetada para as lentes objetivas e, por fim, para as lentes oculares. A imagem resultante dos aumentos é então visualizada pelo observador." Qual a afirmação correta a respeito dos componentes ópticos desse sistema?
   a) A fonte luminosa deve emitir na faixa do infravermelho.
   b) Apenas as lentes objetivas realizam aumentos na imagem.
   c) As lentes oculares são empregadas na focalização do feixe de luz sobre a amostra.
   d) O condensador é empregado para focalizar o feixe de luz sobre a amostra.
   e) Todas as lentes do sistema realizam aumentos na imagem.

2. Para conseguir aumento final de 1000× em um microscópio óptico, é desejável:
   a) utilizar lentes objetivas de imersão de 100×.
   b) utilizar lentes objetivas de imersão de 1000×.
   c) utilizar lentes objetivas secas de 100×.
   d) utilizar lentes objetivas secas de 1000×.
   e) utilizar lentes oculares de 1000×.

3. Considere que, para visualizar adequadamente determinada amostra, é necessário aumentar o poder de resolução do microscópio óptico. Qual a alternativa para conseguir esse efeito?
   a) Aumentar o poder de ampliação do microscópio.
   b) Aumentar a abertura numérica da objetiva.
   c) Aumentar a abertura numérica da ocular.
   d) Aumentar o comprimento de onda da luz incidente.
   e) Aumentar o limite de resolução.

4. Qual é o limite de resolução (LR) do microscópio óptico?
   a) Maior que o LR do olho humano.
   b) Menor que o LR de um microscópio de campo claro.
   c) Igual ao LR de um microscópio de campo claro.
   d) Igual ao LR de um microscópio eletrônico.
   e) Menor que o LR de um microscópio eletrônico.

5. Considere esta afirmação: "As diferenças no índice de refração das estruturas, que refletem diferenças na sua densidade, podem ser percebidas na imagem final." A quais tipos de microscopia óptica tal afirmação se aplica?
   a) Microscopias de campo claro e de campo escuro.
   b) Microscopias de campo claro e de fluorescência.
   c) Microscopias de campo escuro e de contraste de fase.
   d) Microscopias de contraste de fase e de interferência diferencial.
   e) Apenas a microscopia de fluorescência.

Referências

EYNARD, A. R.; VALENTICH, M. A.; ROVASIO, R. A. *Histologia e embriologia humanas*: bases celulares e moleculares 4. ed. Porto Alegre: Artmed, 2010.

MICROSCOPE GENIUS. *Microscope 101*: what is darkfield microscopy? [S.l.]: Microcospe Genius, c2018. Disponível em: <http://microscopegenius.com/what-is-darkfield-microscopy/>. Acesso em: 15 jan. 2017.

NIKON INSTRUMENTS. *HeLa cell culture*. [S.l.]: Nikon Instrumensts, c2017a. Disponível em: <https://www.microscopyu.com/gallery-images/hela-cell-culture>. Acesso em: 15 jan. 2018.

NIKON INSTRUMENTS. *Rat seminal vesicle tissue section*. [S.l.]: Nikon Instrumensts, c2017b. Disponível em: <https://www.microscopyu.com/gallery-images/rat-seminal-vesicle-tissue-section>. Acesso em: 15 jan. 2018.

Leituras recomendadas

HÖFLING, J. F.; GONÇALVES, R. B. *Microscopia de luz em*: morfologia bacteriana e fúngica. Porto Alegre: Artmed, 2008.

KASVI. *Microscópio*: conheça as diversas técnicas de microscopia. São José do Pinhais: KASVI, 2017. Disponível em: <http://www.kasvi.com.br/microscopio-tecnicas-microscopia/>. Acesso em: 15 jan. 2018.

MICROSCOPE GENIUS. *Microscope basics*. [S.l.]: Microcospe Genius, c2018. Disponível em: <http://microscopegenius.com/microscope-basics/>. Acesso em: 15 jan. 2017.

NIKON INSTRUMENTS. *Microscopy U*. [S.l.]: Nikon Instrumensts, c2017. Disponível em: <https://www.microscopyu.com/galleries>. Acesso em: 15 jan. 2018.

OLIVEIRA, C. *Microscopia*. Florianópolis: IFSC, [2010?]. Disponível em: <http://docente.ifsc.edu.br/cristiane.oliveira/MaterialDidatico/Citologia/Materiais%20extras/MICROSCOPIA%20DE%20LUZ.pdf>. Acesso em: 15 jan. 2018.

Métodos de estudo das células e tecidos

Objetivos de aprendizagem

Ao final deste texto, você deve apresentar os seguintes aprendizados:

- Enumerar as etapas e os procedimentos necessários na montagem de uma lâmina histológica.
- Reconhecer os procedimentos utilizados no isolamento de células a partir de tecidos e as condições necessárias à cultura de células.
- Descrever as técnicas de isolamento de estruturas intracelulares e de marcação de conteúdo intracelular por anticorpos fluorescentes e isótopos radioativos.

Introdução

Após a invenção do primeiro microscópio, em 1590, a dimensão biológica composta pelas células e pelos tecidos tornou-se acessível à ciência. Desde então, uma série de métodos e tecnologias de observação e estudo foi desenvolvida. Células podem ser estudadas separadamente, quando se quer, por exemplo, entender a biologia de um tipo celular em específico, ou podem ser analisadas em conjunto, sob a forma de tecidos. Além disso, a atenção do pesquisador pode estar voltada para uma estrutura intracelular específica. Conhecer as ferramentas que possibilitam essas diferentes abordagens é essencial para a compreensão adequada da estrutura e do funcionamento não só das células, mas também dos tecidos e dos órgãos.

Neste capítulo, você vai aprender como se realiza a preparação de uma lâmina histológica para posterior estudo de tecidos por microscopia, as técnicas utilizadas para isolar e manter em cultura tipos celulares específicos e as metodologias voltadas ao estudo do conteúdo intracelular.

Técnicas de estudo de tecidos

Os tecidos são agrupamentos organizados de células e desempenham diferentes funções. As células que formam os tecidos não são apenas pequenas (uma célula animal típica tem 10-20 micrômetros de diâmetro), mas também incolores e translúcidas. Além disso os tecidos são espessos e impossibilitam a passagem da luz.

> **Fique atento**
>
> Lembre-se: 1 micrômetro (1 µm) equivale a 10^{-6} metros; e 1 nanômetro (1nm) equivale a 10^{-9} metros.

Veja na Tabela 1 que diferentes tipos celulares apresentam diferentes tamanhos. A seguir, você pode conferir os tamanhos de algumas células. Há também o tamanho de uma partícula viral, como comparativo.

Tabela 1. Tipos celulares e seus tamanhos.

Célula	Dimensões
Bacteriófago λ (vírus)	50 nm (apenas a cabeça)
E. coli (bactéria)	3 µ
S. cerevisiae (levedura)	5 µ
Hemácia	6-8 µ
Monócito	14-17 µ
Oócito humano	100 µ
Célula vegetal	10-100 µ

> **Link**
>
> Neste link, você pode assistir a um vídeo e aprofundar seus conhecimentos sobre as dimensões dos diferentes tipos celulares.
>
> https://goo.gl/DbwLyU

Em razão desses fatores, os tecidos necessitam ser finamente seccionados e corados para permitir a passagem de luz ou elétrons e a visualização das suas estruturas e células. A visualização, por sua vez, depende de equipamentos que promovam ampliação de imagens, os microscópios.

O procedimento mais utilizado para o estudo de tecidos em microscópios ópticos consiste na preparação de cortes histológicos, os quais são imobilizados em lâminas de vidro. O processo de confecção de uma lâmina histológica passa por quatro etapas: fixação, inclusão, secção ou corte e coloração. A seguir, você vai ver em detalhes como são os procedimentos para cada uma delas.

Fixação

A etapa da fixação tem como objetivos preservar o tecido em sua estrutura e composição e endurecê-lo. Pode ser feita por meio de métodos químicos ou físicos.

Para a fixação química são utilizadas soluções denominadas soluções fixadoras, que são compostas de substâncias desnaturantes ou que estabilizam as moléculas que compõem o tecido. O fixador deve se difundir completamente pelo tecido a ser fixado e isso pode ser conseguido por imersão ou perfusão. No processo de imersão, mergulham-se pequenos fragmentos do tecido no fixador; na perfusão, o fixador é distribuído no tecido através dos vasos sanguíneos.

Para a microscopia óptica, os fixadores mais utilizados são o glutaraldeído ou o formaldeído, este último em solução a 4%. No caso do microscópio eletrônico, é necessária uma fixação dupla, com uma solução de glutaraldeído seguida por um tratamento com tetróxido de ósmio.

> **Saiba mais**
>
> O formaldeído e o glutaraldeído atuam sobre as proteínas celulares, agindo sobre seus grupos de amina (NH_2).

A fixação física, por sua vez, pode ser feita submetendo o tecido a um congelamento rápido, o que permite preservá-lo e, em seguida, já seccioná-lo, sem passar pela etapa de inclusão. Por ser um método mais rápido, a fixação por congelamento é muito usada em hospitais, onde as análises precisam feitas em poucos minutos.

Inclusão

A etapa da inclusão tem como objetivo tornar o tecido rígido para que ele possa ser seccionado posteriormente. Para isso, o tecido é infiltrado com parafina, no caso de lâminas para microscopia óptica, ou com resinas plásticas, em caso de preparados para microscopia eletrônica.

Para o procedimento de inclusão em parafina, o fragmento de tecido precisa passar por etapas prévias de desidratação e clareamento. A desidratação é feita pela embebição do tecido em soluções de concentrações crescentes de etanol, iniciando com soluções a 70% até soluções 100%. Em seguida, o etanol é substituído por um solvente orgânico, que torna os tecidos transparentes. Os solventes comumente utilizados nessa etapa são o xilol e o toluol.

A última etapa consiste em colocar o tecido em parafina derretida, que promove a evaporação dos solventes orgânicos e ocupa os espaços no interior do tecido. Depois de a parafina secar, o fragmento torna-se rígido e está pronto para a próxima etapa.

Secção ou corte

O equipamento utilizado para cortar os blocos de parafina é denominado micrótomo (Figura 1). Os cortes são feitos por uma lâmina de aço ou de vidro e têm de 1 a 10 micrômetros de espessura. As finíssimas secções de parafina são colocadas para flutuar sobre água aquecida e puxadas para cima de lâminas de vidro, onde são aderidas. Após a lâmina estar pronta, procede-se a última etapa, que é a coloração do tecido.

No caso de tecidos que são enrijecidos por congelamento, os cortes são feitos por um equipamento apropriado, denominado criostato ou criomicrótomo.

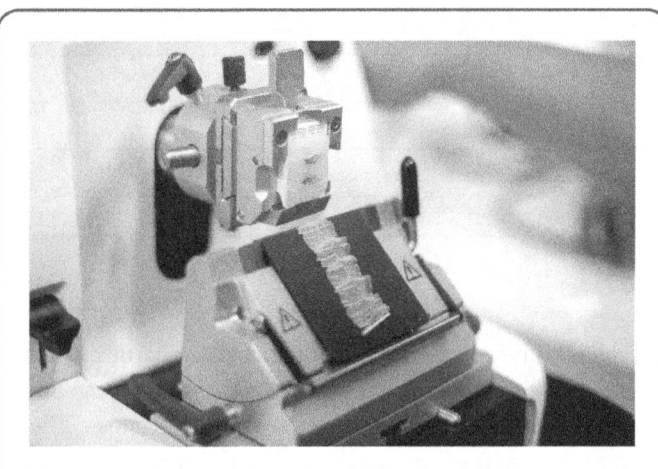

Figura 1. Micrótomo seccionando um bloco de parafina.
Fonte: Choksawatdikorn/Shutterstock.com.

Coloração

Como comentado anteriormente, os tecidos, em sua maioria, são incolores e necessitam, por isso, ser tratados com corantes para que possam ser visualizados e estudados em microscópio.

Os corantes utilizados em histologia se fixam às células por terem afinidade pelas moléculas que as constituem. Conforme o tipo de afinidade, os corantes podem ser classificados em ácidos, pois reagem com componentes celulares básicos (também denominados acidófilos), e básicos, pois reagem com componentes celulares ácidos (ou basófilos).

Veja no Quadro 1 os tipos de corantes mais comumente utilizados para coloração de lâminas histológicas e sua classificação conforme o seu caráter ácido ou básico.

Quadro 1. Tipos de corantes e suas classificações.

Corante	Classificação
Azul de toluidina	Básico
Azul de metileno	Básico
Eosina	Ácido
Fucsina ácida	Ácido
Hematoxilina	Básico
Orange G	Ácido

Os corantes ácidos reagem com componentes acidófilos, como mitocôndrias, grânulos de secreção, proteínas citoplasmáticas e colágeno. Já os corantes básicos reagem com ácidos nucleicos, glicosaminoglicanos e glicoproteínas ácidas. Dentre os corantes empregados em histologia, os mais utilizados são a eosina e a hematoxilina. A primeira cora o citoplasma e as fibras de colágeno em rosa; a segunda cora de violeta o núcleo da célula.

Fique atento

Glicosaminoglicanos são polímeros formados por dissacarídeos. Um dos açúcares do dissacarídeo é a N-acetilglicosamina ou a N-acetilgalactosamina e o outro é, geralmente, o ácido urônico. Já as glicoproteínas são proteínas cuja molécula sofreu a adição de um resíduo de açúcar.

Técnicas de estudos de células isoladas

Em certas ocasiões, é necessário estudar um tipo celular isoladamente. Nas seções a seguir, você vai conhecer as técnicas utilizadas para isolar e cultivar tipos celulares específicos.

Isolamento de células a partir de tecidos

Os tecidos são formados basicamente por células e quantidades variáveis de matriz extracelular. Quando necessita-se isolar um tipo celular específico, o primeiro passo é isolar essa célula das demais. Para isso, é necessário desfazer a matriz extracelular e as junções celulares, as quais mantêm as células do tecido unidas.

Para romper a matriz extracelular, procede-se a digestão das proteínas que a compõem por meio de enzimas proteolíticas, como a tripsina e a colagenase. No caso das junções celulares, são utilizadas substâncias que sequestram cálcio, como o ácido etilenodiaminotetracético (EDTA). A adesão célula-célula depende desse elemento e deixa de se formar na sua ausência. Em resumo, essas substâncias desfazem os componentes que mantêm a matriz e as junções celulares íntegras, liberando as células que compõem o tecido.

O tratamento com essas substâncias não permite, no entanto, isolar um tipo celular específico e apenas libera as células da formação tecidual. Uma das formas de proceder o isolamento é utilizando um equipamento denominado *cell sorter*, ou "separador de células" (Figura 2). Antes de passar pelo equipamento, as células são misturadas a um anticorpo marcado com um corante fluorescente. Esse anticorpo reconhece apenas um tipo celular específico. Após essa etapa, a mistura de células é passada pelo equipamento, onde as células aderidas aos anticorpos são separadas das não aderidas.

A separação se faz passando a mistura celular por um fino canal que permite a passagem de apenas uma célula por vez. Na saída desse canal, cada célula é irradiada por um feixe de *laser* e é feita a medição da fluorescência emitida. A célula é então armazenada em uma gotícula, a qual recebe cargas positivas ou negativas, dependendo da sua fluorescência. As gotículas carregadas são atraídas por campos elétricos e então separadas conforme a sua carga. Assim, as gotículas contendo células marcadas com anticorpo fluorescente vão receber carga e serão separadas das gotículas contendo células não ligadas a anticorpos.

Ao final do processo, as células obtidas podem ser diretamente utilizadas para análises bioquímicas ou podem ser mantidas e proliferadas em cultura celular.

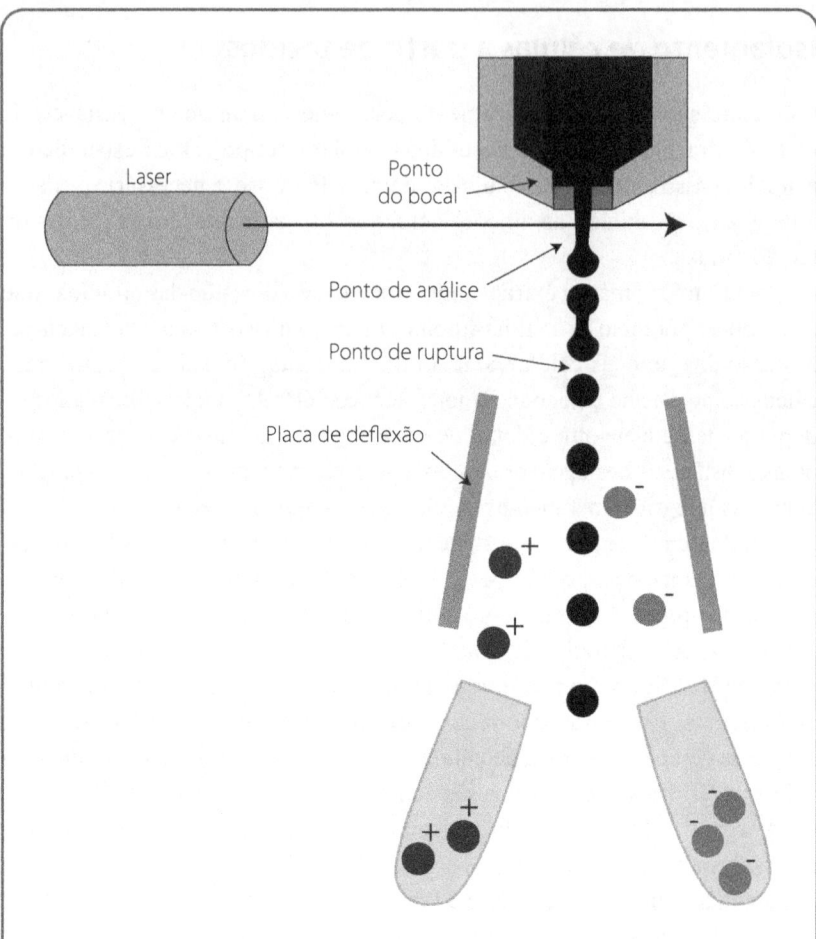

Figura 2. Esquema representando a separação de células em um equipamento do tipo *cell sorter*.
Fonte: ABCAM (c2018).

Cultura de células

Uma das formas de se estudar um tipo celular específico é por meio da sua manutenção em cultura celular. Por meio da cultura celular é possível obter um número de células suficiente para a realização de análises bioquímicas e moleculares e para a execução de experimentos que não poderiam ser feitos em um organismo vivo. Também é possível estudar o efeito de certas substâncias sobre as células, como a eficácia de novas drogas no tratamento de câncer e a toxicidade de compostos empregados em produtos de uso humano. Dessa forma, a cultura celular permite a obtenção de um conjunto de células homogêneo e prático para a manipulação em laboratório.

Culturas podem ser estabelecidas com células bacterianas, vegetais e animais. Nessa seção, será dada ênfase à cultura de células animais. Nesse sentido, quando as células são isoladas diretamente dos tecidos, utilizando as técnicas mencionadas anteriormente, a cultura é denominada de **cultura primária**. Em muitos casos, as células da cultura primária se proliferam e necessitam ser repetidamente remanejadas para outros recipientes de cultura ou serem parcialmente removidas para que haja novo espaço de crescimento para as células remanescentes. O ato de remanejar ou remover parte das células de um recipiente de cultura é denominado de *passagem*. Após sofrer uma passagem, a cultura primária passa a ser denominada de **cultura secundária**.

Também é possível comprar células de companhias especializadas em manter o que chamamos de **linhagens celulares**. Muitas das linhagens celulares comercializadas são imortalizadas, ou seja, são capazes de proliferar indefinidamente em cultura, diferentemente das células isoladas de tecidos, as quais são capazes de se dividir em um número finito de vezes.

Veja na Tabela 2 as linhagens celulares mais empregadas em pesquisas científicas.

Tabela 2. Algumas linhagens celulares comumente empregadas em pesquisa científica.

Linhagem celular	Tipo celular	Origem
3T3	Fibroblasto	Camundongo
293	Rim	Humana
CHO	Ovário	*Hamster* chinês
COS	Rim	Macaco
DT40	Linfoma	Galinha
HeLa	Célula epitelial	Humana
H1, H9	Célula-tronco embrionária	Humana
Saos-2	Sarcoma ósseo primário	Humana
Sf9	Ovário	Inseto

Para estabelecer uma cultura celular, é necessário criar artificialmente as condições para que as células permaneçam vivas e ativas. Para tanto, as células são mantidas em condições de temperatura e umidade adequadas e acondicionadas em recipientes próprios para a cultura celular, imersas em meio de cultura.

O meio de cultura é um líquido que contém sais, aminoácidos, vitaminas e também componentes do soro. Por conter esses componentes, o meio de cultura permite que as células obtenham os nutrientes necessários para a sua manutenção, o seu crescimento e a sua divisão.

Link

No link a seguir, você encontra informações mais detalhadas sobre os tipos de meios de cultura e seus constituintes.

https://goo.gl/q0Nq5t

Técnicas de estudo de componentes celulares

Muitos estudos têm interesse em analisar moléculas ou estruturas presentes dentro da célula. Existe, por isso, uma série de metodologias e técnicas voltadas ao estudo do conteúdo intracelular. A seguir, você vai aprender a respeito de algumas delas.

Separação dos componentes celulares

Uma das formas de se estudar os componentes intracelulares é por meio do seu isolamento, ou seja, sua separação do restante do conteúdo celular. O primeiro passo para isolar componentes intracelulares é proceder o rompimento da célula e a liberação do seu conteúdo interno. As células podem ser rompidas por choque osmótico, vibração ultrassônica, sua passagem forçada através de um pequeno orifício ou sua maceração em equipamento específico. Todas as técnicas têm em comum o fato de ocasionarem o rompimento da membrana plasmática, também denominado de **lise celular**.

Após o rompimento da célula, se obtém o extrato celular, que é constituído pelas organelas, pelo conteúdo citoplasmático e pelos fragmentos de membrana. A partir desse extrato, é possível isolar os componentes celulares os quais se quer estudar.

Para o estudo de organelas, por exemplo, é necessário separá-las do restante do conteúdo do extrato. A separação é feita por meio de centrifugação em ultracentrífugas, as quais são capazes de atingir as altas velocidades de rotação necessárias à separação. Esse tratamento irá separar as organelas de acordo com o seu tamanho e a sua densidade: partículas maiores e mais densas irão depositar-se no fundo do tubo mais rapidamente. Conforme a velocidade e o tempo de centrifugação empregados, diferentes componentes celulares serão separados.

Veja na Tabela 3 as velocidades e os tempos em que os diferentes componentes celulares podem ser separados. A velocidade é dada em g (gravidade); 1 g equivale a aproximadamente 10 m/s^2.

Tabela 3. Velocidades e tempos em que os componentes celulares podem ser separados.

Velocidade	Tempo	Componente celular
1.000 g	20 minutos	Núcleo celular
10.000 g	20 minutos	Mitocôndrias e lisossomos
105.000 g	120 minutos	Microssomos

Após a lise celular, é possível isolar também moléculas presentes no interior das células, como ácidos nucleicos (RNA e DNA) e proteínas, que podem ser utilizados, por exemplo, para análises bioquímicas ou de expressão gênica.

Identificação de componentes celulares por meio de marcação fluorescente ou autorradiográfica

Em certas ocasiões, há necessidade de estudar os componentes celulares em sua atuação dentro das células, monitorando, por exemplo, a sua concentração e a sua localização celular. Para isso, há metodologias que possibilitam "marcar" esses componentes para que possam ser visualizados e estudados através de microscopia.

As moléculas celulares podem ser marcadas por meio de anticorpos acoplados a corantes fluorescentes ou de radioisótopos. No primeiro caso, são produzidos, inicialmente, anticorpos contra uma determinada molécula – ou estrutura celular – pela introdução desta em cobaias, como coelhos, ratos ou ovelhas. Em seguida, os anticorpos são purificados e acoplados a substâncias que, ao serem irradiadas com certo comprimento de onda, emitem fluorescência (Figura 3a).

As células, por sua vez, ao serem expostas a esses anticorpos, terão os seus componentes – contra os quais foram gerados os anticorpos – marcados por meio do acoplamento ao anticorpo. Ao serem expostos ao comprimento de onda adequado em um microscópio de fluorescência, os componentes celulares marcados irão adquirir cor, podendo ser facilmente visualizados e estudados (Figura 3b).

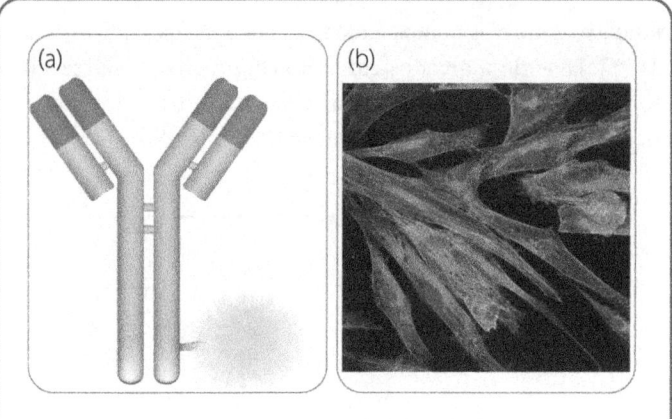

Figura 3. Marcação de componentes celulares com anticorpos acoplados a substâncias fluorescentes. (a) Esquema de um anticorpo associado a uma molécula capaz de emitir fluorescência. (b) Estruturas celulares (núcleo e elementos do citoesqueleto) que foram marcadas com anticorpos fluorescentes.
Fonte: extender_01/Shutterstock.com e Vshivkova/Shutterstcok.com.

Como dito anteriormente, os radioisótopos ou isótopos radioativos podem ser utilizados para marcar moléculas celulares. Essa técnica é denominada de autorradiografia. Para a sua realização, é fornecido às células ainda vivas, por um breve período, um suprimento de átomos ou de precursores radioativos. Esses elementos serão incorporados pelas células e irão formar a molécula a ser investigada, a qual se tornará marcada radioativamente.

Fique atento

Isótopos são átomos do mesmo elemento químico, mas que diferem quanto à massa do seu núcleo. Os isótopos cujo núcleo é instável e sofre desintegração, emitindo radiação ou elétrons, são denominados radioisótopos ou isótopos radioativos.

Em seguida, as células – tecidos também podem ser submetidos a esta técnica – são fixadas e processadas para serem observadas no microscópio. De forma geral, a preparação fixada é imersa em uma emulsão fotográfica e mantida no escuro por alguns dias. Durante esse tempo, os radioisótopos vão emitir radioatividade e os pontos onde as moléculas marcadas se encontrarem dentro da célula serão marcados em preto (Figura 4). A marcação em preto ocorre por causa da deposição da prata oriunda do nitrato de prata da emulsão fotográfica, em razão da ação da radiação dos isótopos.

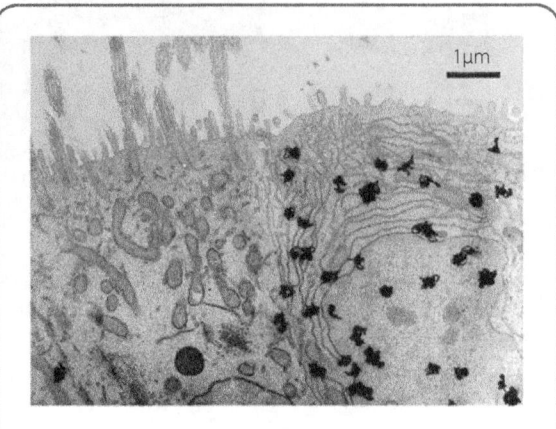

Figura 4. Fotografia de células marcadas pela técnica de autorradiografia, a qual utiliza isótopos radioativos para detectar elementos intracelulares. Os pontos pretos são as regiões onde ocorreu a deposição de prata.
Fonte: MRC Toxicology Unit (2018).

Exercícios

1. A preparação de lâminas histológicas envolve uma série de passos importantes. Nesse sentido, qual a sequência correta de procedimentos necessária para a produção de uma lâmina?
a) Fixação, corte, lavagem com etanol e coloração.
b) Inclusão, corte, coloração e congelamento.
c) Fixação, inclusão, corte e coloração.
d) Inclusão, corte, coloração e fixação.
e) Corte, coloração, fixação em lâmina e congelamento.

2. Para o isolamento de células a partir de um tecido, é necessário romper a malha que mantém as células unidas. Quais os reagentes necessários e qual a sua função na realização desse procedimento?
a) Enzimas proteolíticas para romper as células e corantes para

torná-las visíveis ao microscópio.
  b) Enzimas proteolíticas para isolar as células e meio de cultura adequado.
  c) EDTA para degradar a matriz extracelular e enzimas proteolíticas para sequestrar o cálcio e desfazer as junções celulares.
  d) Enzimas proteolíticas para degradar a matriz extracelular e EDTA para sequestrar o cálcio e desfazer as junções celulares.
  e) Anticorpos marcados com um corante fluorescente e um equipamento do tipo *cell sorter*.

3. Em cultura, a célula é mantida fora do seu ambiente natural e, por isso, é necessário manter artificialmente as condições para a sua sobrevivência. Assinale a alternativa que apresenta itens importantes para a manutenção de células em cultura celular.
  a) Meio de cultura e temperatura adequados para a célula a ser cultivada.
  b) Meio de cultura e umidade adequados para a célula a ser cultivada.
  c) Recipiente e meio de cultura adequados para a célula a ser cultivada.
  d) Recipiente, meio de cultura, temperatura, umidade e pressão adequados para a célula a ser cultivada.
  e) Recipiente, meio de cultura, temperatura e umidade adequados para a célula a ser cultivada.

4. A ultracentrifugação é uma técnica que pode ser utilizada para isolar organelas ou estruturas intracelulares. O que determina a separação de uma dada organela durante a centrifugação?
  a) Velocidade e tempo de centrifugação; tamanho e densidade da organela.
  b) Velocidade de centrifugação; tamanho e densidade da organela.
  c) Tempo de centrifugação; tamanho e densidade da organela.
  d) Apenas a velocidade e o tempo de centrifugação.
  e) Apenas o tamanho e a densidade da organela.

5. É possível visualizar moléculas intracelulares por meio de marcação fluorescente ou por autorradiografia. Quais são, respectivamente, os reagentes utilizados na marcação celular por essas duas técnicas?
  a) Corantes básicos e isótopos radioativos.
  b) Anticorpos fluorescentes e anticorpos radioativos.
  c) Anticorpos marcados com moléculas fluorescentes e radioisótopos.
  d) Corantes fluorescentes e corantes radioativos.
  e) Anticorpos marcados com radioisótopos e corantes radioativos.

Referências

ABCAM. *Fluorescence activated cell sorting of live cells*: a description of fluorescence activated cell sorting of live cell populations. [S.l.]: abcam, c2018. Disponível em: <http://www.abcam.com/protocols/fluorescence-activated-cell-sorting-of-live-cells>. Acesso em: 25 dez. 2017.

MRC TOXICOLOGY UNIT. *Autoradiography*. Leicester: MRC, 2018. Disponível em: <http://tox.mrc.ac.uk/facilities/em/autoradiography/>. Acesso em: 28 dez. 2017.

Leituras recomendadas

ALBERTS, B. *Molecular biology of the cell*. 5th ed. New York: Garland Science, 2008.

ARORA, M. Cell culture media: a review. *Mater Methods*, v. 3, p. 175, 2013. Disponível em: <https://www.labome.com/method/Cell-Culture-Media-A-Review.html>. Acesso em: 26 dez. 2017.

JUNQUEIRA, L. C.; CARNEIRO, J. *Biologia celular e molecular*. 9. ed. Rio de Janeiro: Guanabara Koogan, 2012.

JUNQUEIRA, L. C.; CARNEIRO, J. *Histologia básica l*. 12. ed. Rio de Janeiro: Guanabara Koogan, 2013.

KHAN ACADEMY. *Tamanho da célula, estrutura celular, biologia*. [S.l.]: Khan Academy, 2016. Disponível em: <https://www.youtube.com/watch?v=RYLAjjDnVUc>. Acesso em: 25 dez. 2017.

PERES, C. M.; CURI, R. *Como cultivar células*. Rio de Janeiro: Guanabara Koogan, 2005.

UNIDADE 3

Tecido epitelial de revestimento

Objetivos de aprendizagem

Ao final deste texto, você deve apresentar os seguintes aprendizados:

- Diferenciar os epitélios de revestimento.
- Classificar os tipos de tecidos epiteliais de revestimento.
- Identificar os locais onde são encontrados cada um dos epitélios de revestimento no corpo humano.

Introdução

Neste capítulo, você vai estudar o tecido epitelial de revestimento e sua função de revestir e proteger todas as estruturas do corpo, interna ou externamente. Para exemplo, você estudará a epiderme – tecido que reveste todo o corpo humano.

Epitélios de revestimento

Os epitélios são formados por tipos celulares de diferentes origens embrionárias, com características morfofuncionais específicas por cobrirem a superfície externa do corpo, como a epiderme e por revestirem as cavidades e dutos dos diversos sistemas, como:

- cardiovascular;
- digestório;
- ventilatório;
- geniturinário.

Os epitélios revestem as grandes cavidades do corpo quando compõem as serosas, que são membranas que revestem essas cavidades. As células do epitélio de revestimento estão arranjadas em íntima aposição (muito unidas). Em geral, são encontradas nas chamadas superfícies livres do corpo. Todos os epitélios estão sobre uma malha de proteínas, a lâmina basal, que está integrada ao tecido conjuntivo subjacente e que proporciona nutrientes e energia para o epitélio por meio de uma rede de capilares sanguíneos.

Exemplo

A pleura (serosa) reveste os pulmões, o pericárdio (que envolve o coração) e o peritônio, que reveste internamente a cavidade abdominal. Nessas serosas, o epitélio está disposto em uma camada fina, chamada de mesotélio.

Funções do epitélio de revestimento

A distribuição bastante ampla do epitélio está relacionada com as funções básicas de:

- lubrificação;
- proteção;
- secreção de hormônios e substâncias;
- regulação da passagem de todas as substâncias que são transportadas para dentro e para fora do organismo.

Saiba que a função de proteção dos epitélios depende da integridade das junções entre as células. Nos órgãos ocos, como esôfago, estômago, bexiga e traqueia, o epitélio forma, junto com o tecido conjuntivo subjacente e uma camada basal entre eles, a chamada camada **mucosa**.

Em alguns epitélios, a presença de células caliciformes, especializadas na síntese e na secreção de glicoconjugados, contribuem para a função de proteção pela lubrificação da superfície pelo muco. Nesse caso, você deve lembrar que o estômago secreta muco para proteger suas paredes contra o suco gástrico extremamente ácido. Em outros órgãos, a proteção é obtida pela superposição de múltiplas camadas de células epiteliais, como na epiderme e nas mucosas do esôfago ou da vagina.

Também é frequente a presença de linfócitos T migratórios (fazem parte do mecanismo de vigilância do sistema imune), na defesa imunológica nos epitélios e nas mucosas ventilatória, digestória e geniturinária.

> **Fique atento**
>
> Do epitélio fazem parte ou derivam os receptores sensoriais, altamente especializados na percepção de estímulos. Por exemplo, os corpúsculos gustatórios da cavidade oral e as células sensoriais do órgão de Corti da orelha interna.

Cada epitélio sempre tem características morfofisiológicas distintas. Se por um lado o epitélio de revestimento do estômago tem função predominante de proteção de barreira física, os epitélios glandulares são especializados em sintetizar grande variedade de moléculas com atividade fisiológica diferente em cada órgão. Os órgãos com epitélio glandular são, por exemplo, os dos sistemas **digestório**, **ventilatório** e **geniturinário**.

Revestindo os vasos sanguíneos, por exemplo, o epitélio apresenta alta especialização em mecanismos de passagem, pois é necessário o transporte de diferentes tipos de moléculas, macromoléculas e de gases através da difusão simples, difusão facilitada e canais iônicos.

Tipos de tecidos epiteliais de revestimento

A classificação dos epitélios é feita por critérios morfológicos das células mais superficiais e conforme o número de camadas que o constituem. Se as células se organizam em uma camada simples, formam **epitélio simples**; se estão presentes em camadas múltiplas, formam um **epitélio estratificado**.

Em geral, a forma das células é descrita como:

- Pavimentosa: quando a largura é maior que sua altura.
- Cúbica: quando a altura e largura apresentam aproximadamente a mesma dimensão.
- Cilíndrica: quando a célula for mais alta do que larga (ROSS; PAWLINA; BARNASH, 2012).

O epitélio é composto pela seguinte classificação: epitélio simples, pseudoestratificado, estratificado e de transição. Aprenda cada um deles:

Epitélio simples

A forma de suas células é pavimentosa, cúbica e cilíndrica.

Epitélio simples pavimentoso

Composto por uma camada de células achatadas muito unidas entre si e com substância intercelular escassa. É encontrado revestindo o interior dos vasos sanguíneos e nas cavidades do coração (endotélio); nas membranas serosas, pericárdio, pleura e peritônio (mesotélios); nos alvéolos pulmonares e alguns dutos dos rins. O direcionamento funcional é o transporte rápido de gases, água e íons.

Epitélio simples cúbico

Formado por uma camada de células em forma de cubos, reveste certos segmentos dos túbulos renais. Encontrado também nos plexos coróideos, na superfície dos ovários e na membrana que forma o saco que envolve o embrião, o âmnio. Tem função principal de transportar ativamente diferentes tipos de moléculas e de excreção.

Epitélio simples cilíndrico

Camada de células cilíndricas de diferentes alturas dependentes das diferentes necessidades funcionais. Pode ser **homogêneo**, quando todas as células pertencem à mesma população, ou **heterogêneo**, como no intestino delgado, quando as células cilíndricas com microvilosidades superficiais se intercalam com células caliciformes e outros tipos celulares. Presente nas glândulas: **próstata**, em que a morfologia depende do nível de testosterona, e nas **tubas uterinas**, apresenta-se heterogêneo, com células ciliadas e células produtoras de muco.

Epitélio pseudoestratificado

Disposto em várias camadas ou estratos, todas as células estão aderidas à membrana basal, mas têm diferentes alturas e seus núcleos têm diferentes posições. Assim, as células aparentam uma formação estratificada, pois os núcleos parecem estar em mais de uma camada. Além disso, os limites celulares podem não ser evidentes, tornando difícil a distinção entre os epitélios pseudoestratificado e estratificado.

A superfície livre das células pode possuir cílios, como é característico do revestimento das vias respiratórias e das tubas uterinas. Um epitélio pseudoestratificado sem cílios reveste o canal deferente, a uretra masculina e os dutos excretores de algumas glândulas exócrinas, na tuba auditiva, na cavidade timpânica, no saco lacrimal.

Epitélio estratificado

O número de camadas de células e a espessura desse epitélio variam consideravelmente de acordo com as várias regiões do corpo em que se encontram. A epiderme, por exemplo, tem o maior número de camadas de células, podendo alcançar uma espessura de aproximadamente 1,5 mm. Já em muitos locais ocorrem somente duas camadas de células, por exemplo, nos menores ductos das glândulas exócrinas.

As células podem ser **pavimentosas**, **cúbicas** ou **cilíndricas**. No caso da epiderme, as células mais próximas à membrana basal são cúbicas e aquelas próximas à superfície, pavimentosas. Então, a epiderme é descrita como **epitélio estratificado pavimentoso**. Classificado em dois tipos: epitélio pavimentoso estratificado **não queratinizado** e **queratinizado**.

Epitélio pavimentoso estratificado não queratinizado

Esse tipo de epitélio reveste cavidades úmidas, como cavidade oral, vagina e esôfago.

É importante saber que a pele tem a superfície seca e revestida por um epitélio pavimentoso estratificado queratinizado. Saiba que esses dois tipos de epitélio têm células formando várias camadas, sendo as cúbicas as mais próximas do tecido conjuntivo. A medida que se afastam desse tecido adquirem forma irregular até chegar à superfície, se tornando bastante achatadas.

No epitélio não queratinizado, as células permanecem com seus núcleos e boa parte das organelas. No epitélio queratinizado, essas células morrem, perdem as organelas e o citoplasma é substituído por queratina.

> **Saiba mais**
>
> O epitélio pavimentoso estratificado das mucosas da cavidade oral, do esôfago, da vagina e do canal anal possui menor espessura e permite, por transparência, a visualização da cor rosada, característica da circulação sanguínea da lâmina própria. Essas mucosas mencionadas possuem um epitélio pavimentoso estratificado, sem escamas córneas, mesmo que o epitélio possa ter pequeno conteúdo de querato-hialina e atingir graus variáveis de queratinização, se a proteção para a ação mecânica for necessária.

Epitélio de transição

O epitélio de transição é encontrado revestindo órgãos que são submetidos a graus de distensão (vias urinárias: cálices menores e maiores do rins, pelve renal, ureteres, bexiga urinária e uretra prostática). Quando a bexiga se distende pelo volume de urina acumulado, as células cúbicas adquirem formato pavimentoso. Além disso, o número de camadas parece diminuir, já que as células deslizam umas sobre as outras para se adaptarem à expansão, enquanto as células da camada superficial se achatam. Suas células, principalmente, as mais superficiais, tendem a se desprender ou esfoliar e passar para a urina. Isso permite que você realize estudos de citologia esfoliativa para o diagnóstico precoce de tumores.

Epitélios de revestimento no corpo

Agora, conheça algumas características histológicas dos diferentes tipos de epitélio e sua localização em órgãos e estruturas do corpo.

Epitélio simples pavimentoso e cúbico

Observe as Figuras 1 e 2. A primeira mostra o epitélio pavimentoso simples de um rim humano. A segunda mostra o epitélio simples cúbico do pâncreas.

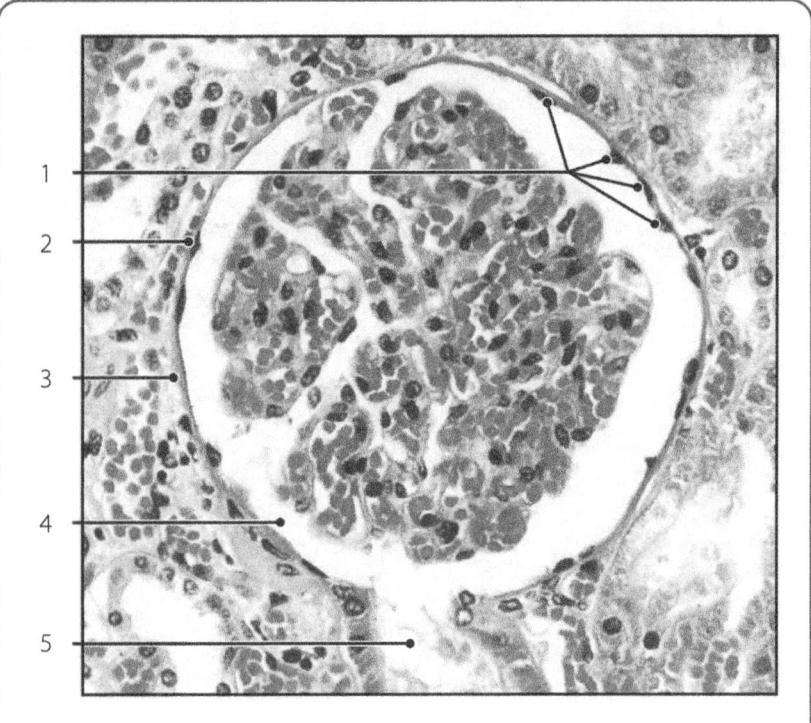

Figura 1. Epitélio pavimentoso simples, rim, ser humano, H&E, 350×. Essa amostra apresenta um corpúsculo de um fragmento de rim. A parede do corpúsculo renal, conhecida como membrana parietal da cápsula de Bowman, é uma estrutura esférica que consiste em epitélio pavimentoso simples (2). O interior do corpúsculo renal contém uma rede de capilares por onde o fluido é filtrado para o espaço urinário (4) e deste, para o túbulo contorcido proximal (5). Os núcleos (1) das células pavimentosas da membrana parietal da cápsula de Bowman têm forma discoide e parecem se projetar ligeiramente em direção ao espaço urinário. Sua distribuição irregular é um reflexo da probabilidade de secção do núcleo de qualquer célula. A superfície livre deste epitélio simples pavimentoso está voltada para o espaço urinário, enquanto a superfície basal das células epiteliais repousa sobre uma fina lâmina basal, ligada ao tecido conjuntivo (3).
Fonte: Ross, Pawlina e Barnash (2012, p. 2-3).

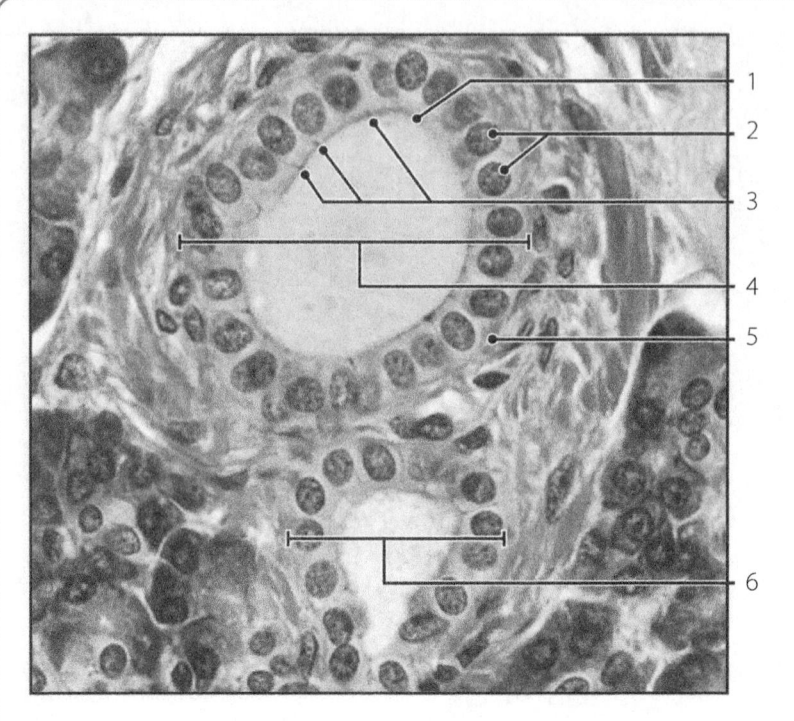

Figura 2. Epitélio simples cúbico, pâncreas, ser humano, H&E, 700×. O fragmento apresenta dois ductos pancreáticos (4) revestidos por um epitélio simples cúbico. Os núcleos celulares dos ductos (2) tendem a ser esféricos, uma característica condizente com a forma cúbica da célula. A superfície livre das células epiteliais (1) está voltada para o lúmen do ducto, e a superfície basal repousa sobre o tecido conjuntivo (5). Um exame minucioso da superfície livre das células epiteliais revela algumas barras terminais (3) entre as células adjacentes.
Fonte: Ross, Pawlina e Barnash (2012, p. 2-3).

Epitélio simples cilíndrico e pseudoestratificado

A Figura 3 apresenta o epitélio simples cilíndrico do jejuno, e a Figura 4 mostra o epitélio pseudoestratificado do ducto deferente.

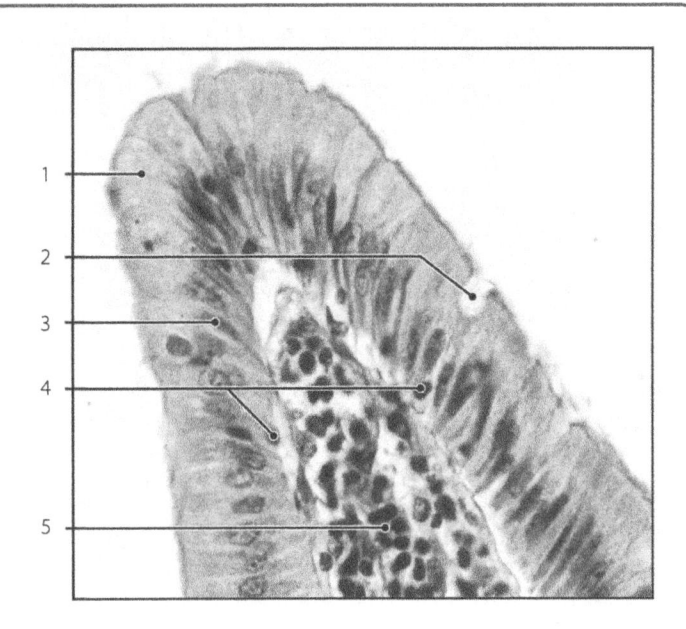

Figura 3. Epitélio simples cilíndrico, jejuno, ser humano, H&E, 525×. A fotomicrografia mostra a extremidade de uma vilosidade intestinal com a superfície coberta por um epitélio simples cilíndrico. O epitélio é formado por dois tipos de células – as células absortivas intestinais, ou enterócitos (1), e, em menor número, as células caliciformes mucossecretoras (2). Ambos os tipos celulares são altos, por isso a denominação cilíndrica, e estão arranjados em uma camada simples, sendo, portanto, um epitélio simples. Os núcleos (3) de ambas as células são alongados, característica condizente com o formato das células. Note que os grânulos de secreção das células caliciformes não se coram com H&E, aparentando estarem vazias. Vários linfócitos (4), que migraram ao epitélio a partir do tecido conjuntivo (5) da vilosidade, podem ser identificados por seus núcleos densos e arredondados. Eles não são células epiteliais e estão presentes transitoriamente no compartimento epitelial.
Fonte: Ross, Pawlina e Barnash (2012, p. 4-5).

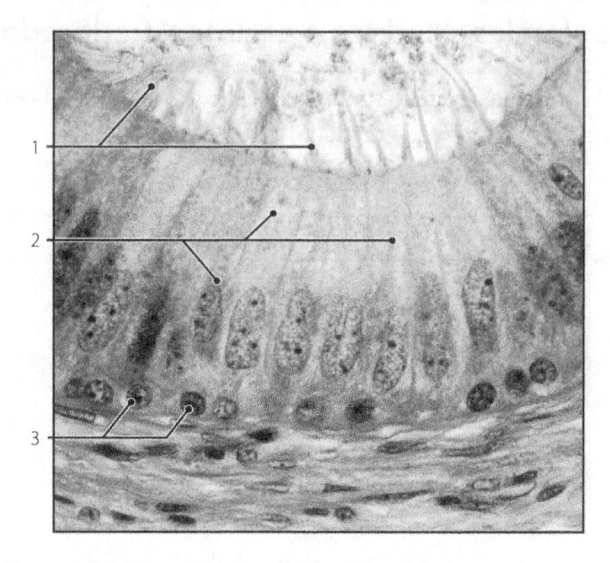

Figura 4. Epitélio pseudoestratificado, ducto deferente, ser humano, H&E, 700×. As células altas apresentadas neste fragmento são as células principais (2) que revestem o ducto deferente. Note seus núcleos altos e alongados e os estereocílios (1) (na verdade, microvilosidades longas) na superfície celular apical. Também estão presentes pequenas células basais (3). Os núcleos pequenos e arredondados das células basais são circundados por uma fina margem de citoplasma. Estas células pequenas se diferenciam e substituem as células principais. Tanto as células principais como as células basais repousam sobre a membrana basal. Embora sua aparência possa sugerir duas camadas de células, este é, na verdade, um epitélio simples; dessa forma, ele é designado como epitélio pseudoestratificado.

Fonte: Ross, Pawlina e Barnash (2012, p. 4-5).

Epitélio estratificado

Observe a Figura 5, que traz a porção terminal de um ducto excretor de um mamilo feminino.

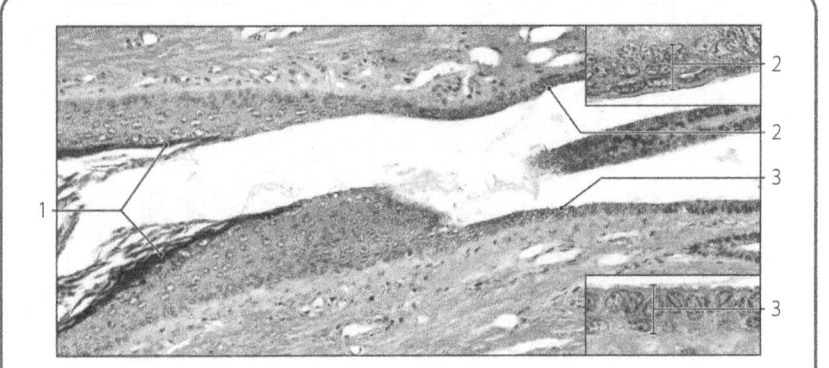

Figura 5. Epitélios estratificados pavimentoso e cúbico, glândula mamária, ser humano, Mallory, 120×; figura menor, 350×. A fotomicrografia mostra a porção terminal de um ducto excretor de um mamilo feminino. A porção mais distal do ducto tem um epitélio estratificado pavimentoso queratinizado (1). À direita, onde dois ductos pequenos se unem para formar um ducto maior, vê-se um epitélio estratificado cúbico (3) em um dos ductos e um epitélio estratificado pavimentoso (2) no outro. A ampliação da figura menor inferior revela o epitélio estratificado cúbico do ducto menor. Observe que há duas camadas de células, sendo a camada superficial composta de células cúbicas. Na figura menor superior, que exibe o epitélio estratificado pavimentoso, observe que há uma camada de células basais cúbicas, e, por cima, uma ou duas camadas de células pavimentosas, evidenciadas pela forma de seus núcleos. Como as células superficiais são claramente pavimentosas, este epitélio é classificado como estratificado pavimentoso.
Fonte: Ross, Pawlina e Barnash (2012, p. 6-7).

Epitélio de transição

A Figura 6 mostra um epitélio de transição da bexiga urinária humana.

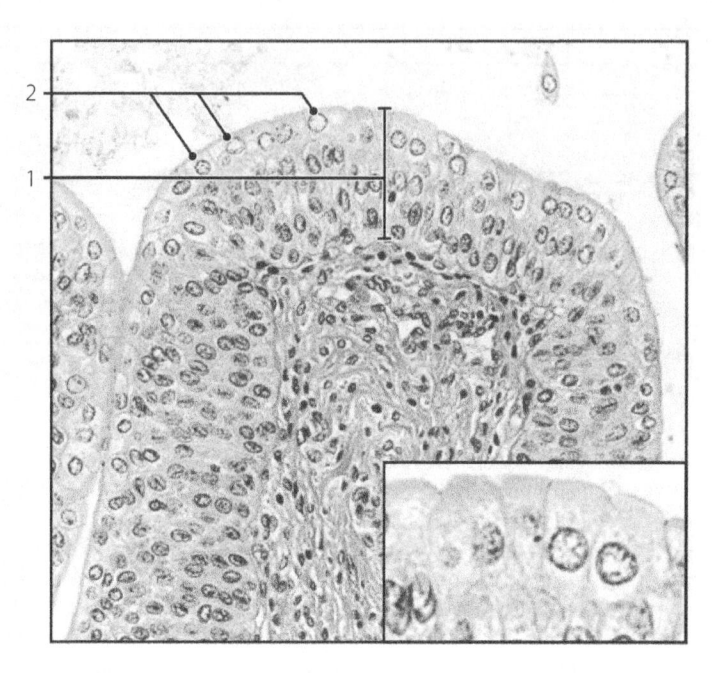

Figura 6. Epitélio de transição, bexiga urinária, ser humano, H&E, 140×. A fotomicrografia apresenta epitélio de transição (1) de uma bexiga urinária contraída, formado por quatro ou cinco camadas de células epiteliais. As células superficiais (2), exibidas também na figura menor, são relativamente grandes e muitas vezes apresentam uma superfície ligeiramente arredondada ou em forma de cúpula. As células em contato com a membrana basal são menores, e aquelas entre as células basais e as células superficiais tendem a ter um tamanho intermediário. Quando a bexiga está relaxada, as células mais superficiais são esticadas, apresentando a aparência de célula pavimentosa. Neste estado, o epitélio parece ter uma espessura menor, de aproximadamente três células.

Fonte: Ross, Pawlina e Barnash (2012, p. 8-9).

Exercícios

1. O tecido epitelial de revestimento é classificado de acordo com critérios, como número de camadas celulares e forma das células. Considerando esse tipo de classificação, analise as alternativas e assinale a correta.
   a) Revestimento ovariano – simples prismático.
   b) Revestimento interno da bexiga – estratificado pavimentoso.
   c) Canal deferente – simples cúbico.
   d) Endotélio – simples pavimentoso.
   e) Vagina – transição.

2. Os epitélios de revestimento podem ser classificados em relação ao número de camadas celulares e à forma das células presentes. Existem epitélios que apresentam apenas uma simples camada de células, mas elas estão dispostas em diferentes alturas, conferindo ao tecido a impressão de que se trata de um epitélio formado por mais de uma camada de células. Qual o nome desse tipo de tecido epitelial?
   a) Tecido epitelial simples estratificado.
   b) Tecido epitelial cúbico.
   c) Tecido epitelial de transição.
   d) Tecido epitelial pseudoestratificado.
   e) Tecido epitelial estratificado.

3. O tecido epitelial precisa de oxigenação e nutrição. Qual alternativa indica como essa demanda ocorre nos tecidos?
   a) A nutrição e oxigenação ocorrem através de capilares sanguíneos presentes no próprio tecido epitelial.
   b) A nutrição e oxigenação são realizadas através de capilares presentes no tecido muscular próximo aos tecidos epiteliais.
   c) A nutrição e oxigenação ocorrem através de capilares presentes no tecido conjuntivo adjacente por difusão ao tecido epitelial.
   d) A nutrição e oxigenação nos tecidos epiteliais são garantidas através da presença de vasos linfáticos.
   e) A nutrição e oxigenação ocorrem por osmose.

4. Suponha que após o corpo mumificado ser encontrado em uma cidade brasileira, seus órgãos tenham sido encaminhados para análise. Realizou-se, então, um estudo histológico que revelou a existência de certo tecido caracterizado por células prismáticas organizadas em pseudoestratificação com cílios na região apical. Considere a hipótese de terem sido utilizados os conhecimentos sobre a classificação e localização dos tecidos nos humanos para se interpretar o resultado do estudo histológico mencionado. Nesse caso, o tecido analisado poderia ser:
   a) o tecido epitelial da traqueia.
   b) o tecido epitelial da pele.
   c) o tecido epitelial da mucosa intestinal.
   d) o tecido epitelial do coração.
   e) o tecido epitelial dos túbulos renais.

5. Os tecidos epiteliais de revestimento têm em comum o fato de estarem apoiados em tecido conjuntivo e apresentarem espessura reduzida,

mesmo nos epitélios estratificados, constituídos por várias camadas de células. Qual alternativa está correta?
a) Presença de queratina que impermeabiliza as células, ficando o tecido conjuntivo responsável pela sustentação do epitélio.
b) Ausência de vasos sanguíneos, que resulta em nutrição obrigatória por difusão a partir do tecido conjuntivo subjacente.
c) Como a função desses epitélios é meramente revestidora, não há razão para que sejam muito espessos.
d) Como servem a funções do tipo impermeabilização e absorção, grandes espessuras seriam desvantajosas.
e) A rede de vasos capilares que irriga abundantemente esses epitélios torna desnecessárias grandes espessuras, abastecendo ainda, por difusão, o tecido conjuntivo subjacente.

Referência

ROSS, M. H.; PAWLINA, W.; BARNASH, T. A. *Atlas de histologia descritiva*. Porto Alegre: Artmed, 2012.

Leituras recomendadas

EYNARD, A. R.; VALENTICH, M. A.; ROVASIO, R. A. *Histologia e embriologia humanas*: bases celulares e moleculares. 4. ed. Porto Alegre: Artmed, 2010.

KÜHNEL, W. *Histologia*: texto e atlas. 12. ed. Porto Alegre: Artmed, 2010.

TORTORA, G. J.; DERRIKSON, B. *Corpo humano*: fundamentos de anatomia e fisiologia. 8. ed. Porto Alegre: Artmed, 2012.

Especializações de membrana

Objetivos de aprendizagem

Ao final deste texto, você deve apresentar os seguintes aprendizados:

- Demonstrar a influência do tipo na especialidade da membrana plasmática.
- Identificar a função de cada especialidade de membrana.
- Relacionar a especialização de membrana, como as microvilosidades, com a função celular dentro de um sistema e/ou órgão.

Introdução

Você sabia que os organismos unicelulares e pluricelulares têm membrana plasmática com diversas especializações? As especializações de membrana são diversificadas, assim como os tipos celulares, isto é, as modificações da membrana estão diretamente ligadas à especialização e à função da célula.

Neste capítulo, você vai aprender sobre as principais especializações de membrana, que são as microvilosidades, as invaginações de base, os desmossomos, as interdigitações, as cutículas e os cimentos intercelulares.

O que são as especializações de membrana e tipo celular?

As especializações de membrana (EM) são prolongamentos da própria membrana que buscam aumentar a eficiência de suas interações com a superfície ou meio extracelular e outras células. Saiba que organismos unicelulares e pluricelulares têm membrana plasmática com diversas especializações. As EM são diversificadas, assim como os tipos celulares, ou seja, as modificações da membrana estão diretamente associadas ao tipo e função da célula.

Veja as principais especializações de membrana:

- microvilosidades;
- interdigitações;
- junções comunicantes ou *gap*;
- junções de oclusão;
- junções de adesão;
- desmossomos;
- hemidesmossomos;
- estereocílios;
- cílios;
- flagelos.

Interações celulares são necessárias? Sim, entre células do mesmo e de diferentes tipos, pois são importantes para o cumprimento de funções coletivas e coordenadas em um órgão. Para tanto, estruturas como as interdigitações e as zônulas de comunicação permitem o contato físico e a troca de moléculas entre as células.

A mucosa do intestino delgado é revestida pelo epitélio simples colunar com três tipos celulares, entre eles as células absortivas chamadas de enterócitos, que apresentam grande quantidade de microvilosidades responsáveis por aumentar a área de absorção celular.

Estruturas capazes de aumentar a área de absorção são essenciais em um órgão cuja principal atividade é a absorção de nutrientes provenientes da dieta. A traqueia e os pulmões são formados por epitélio pseudoestratificado ciliado, ou seja, essas células apresentam cílios. São os cílios que conduzem muco e partículas irritantes para fora, uma participação importante em órgãos que estão sempre expostos a partículas carreadas pelo ar.

Fique atento

É muito importante que a integridade das especialidades de membrana esteja intacta. Algumas doenças graves, como colite ulcerosa, epidermólises bolhosas e outras enfermidades esfoliativas da pele, são decorrentes de defeitos na formação e na função dos desmossomos, afinal, essa é uma importante estrutura que garante total aderência celular à lâmina basal.

Quais as funções das diferentes especialidades de membrana e onde podem ser encontradas?

A maior parte das células que formam os tecidos do corpo humano apresenta diversas especializações que, além de locais de adesão, também atuam vedando o fluxo de partículas pelo espaço intercelular, e ainda podem oferecer canais para a comunicação entre células adjacentes. Então, quando você pensar em estruturas que permitem a comunicação entre as células, lembre-se delas:

- junções de adesão (zônulas de adesão);
- hemidesmossomos;
- desmossomos;
- interdigitações;
- junções de oclusão;
- junções de comunicação ou *gap*.

Além de especializações que conferem comunicação entre as células e a lâmina basal, existem especializações responsáveis pelo aumento da área de absorção e motilidade das células:

- microvilosidades;
- cílios;
- estereocílios;
- flagelos.

Agora, aprenda com mais detalhes cada uma dessas estruturas, seus formatos e as regiões em que se encontram.

Junções ou zônulas de oclusão

São mais comuns em regiões apicais das células, próximas as zôn. O termo "zônula de oclusão" se refere ao seu formato de cinturão que circunda a célula completamente e promove a adesão entre as membranas, vedando o espaço intercelular. As **junções de oclusão**, assim como as de adesão, podem ser encontradas em células que apresentam microvilosidades, como as do intestino delgado, conforme a Figura 1.

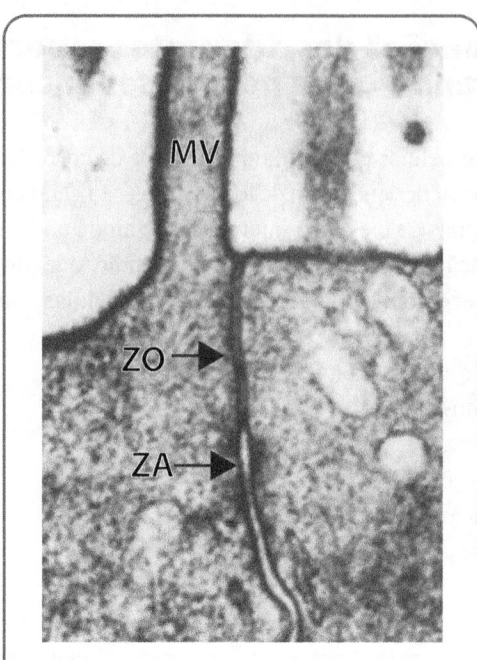

Figura 1. Eletromicrografia de células do revestimento epitelial do intestino delgado mostrando a zônula de oclusão (ZO) e zônula de adesão (ZA), além de uma microvilosidade (MV) visível na superfície apical da célula (80.000×).
Fonte: Junqueira e Carneiro (2013).

Zônula de adesão

Encontradas próximas à zônula de oclusão. Elas são responsáveis pela união ou ancoragem entre as células vizinhas por meio de substâncias intercelulares. Isso aumenta a aderência sem a necessidade de contato direto entre as membranas plasmáticas. Na face citoplasmática, essas moléculas se unem a numerosos filamentos de actina. Esses filamentos de actina fazem parte de uma trama terminal, como filamentos intermediários e espectrina existentes no citoplasma apical de células epiteliais, como você pode observar na Figura 1.

Desmossomo ou mácula de adesão

As regiões em que se encontram os demossomos representam fortes pontos de união mecânica entre as células. Por isso, elas são abundantes nas membranas de células expostas a fortes trações, como o epitélio pavimentoso estratificado da pele e células musculares cardíacas. Sua forma lembra botões de roupas. Encontra-se na superfície da célula adjacente (Figura 2). As membranas nessa região são planas e paralelas e separadas por uma distância maior que a habitual (20 nm). Por exemplo, na face interna, ou seja, na região citoplasmática, o desmossomo de cada uma das células apresenta uma placa circular composta por 12 proteínas, chamada de placa de ancoragem. Nas células epiteliais, filamentos de queratina, encontrados no citoplasma, se inserem nessas placas de ancoragem ou formam filamentos que retornam ao citoplasma. Atenção! Os filamentos de queratina do citoesqueleto que se formam são extremamente fortes e, assim, os desmossomos promovem uma adesão bastante rígida entre as células.

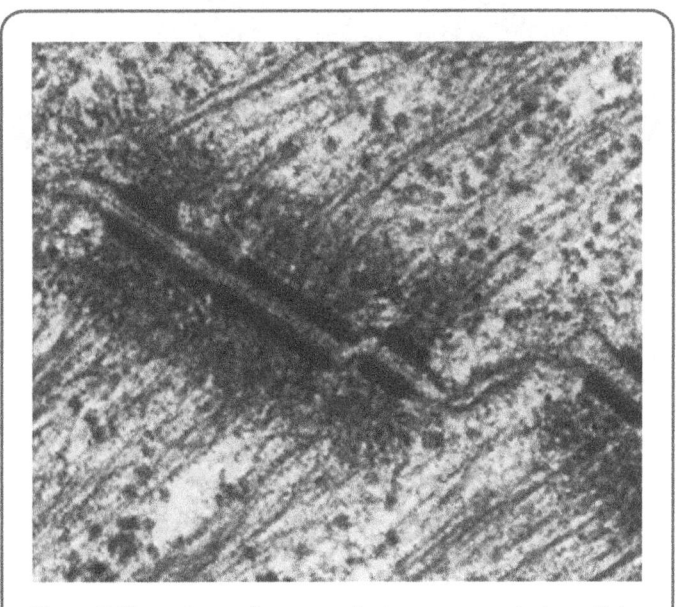

Figura 2. Eletromicrografia mostrando desmossomos de duas células epiteliais de revestimento. Aumento: 100.000×.
Fonte: Junqueira (2012, p. 98).

Hemidesmossomo

Encontrados em regiões de contato entre alguns tipos de células epiteliais e na sua lâmina basal (Figura 3). Sua forma lembra a metade de um desmossomo, pois prendem a célula epitelial à superfície da lâmina basal. Saiba que a adesão gerada pelos componentes do citoesqueleto e por proteínas de transmembrana da célula epitelial se equivale ao do desmossomo, com a participação de moléculas de membrana da família das integrinas, que podem interagir com receptores de macromoléculas da matriz extracelular, como a laminina e o colágeno tipo IV.

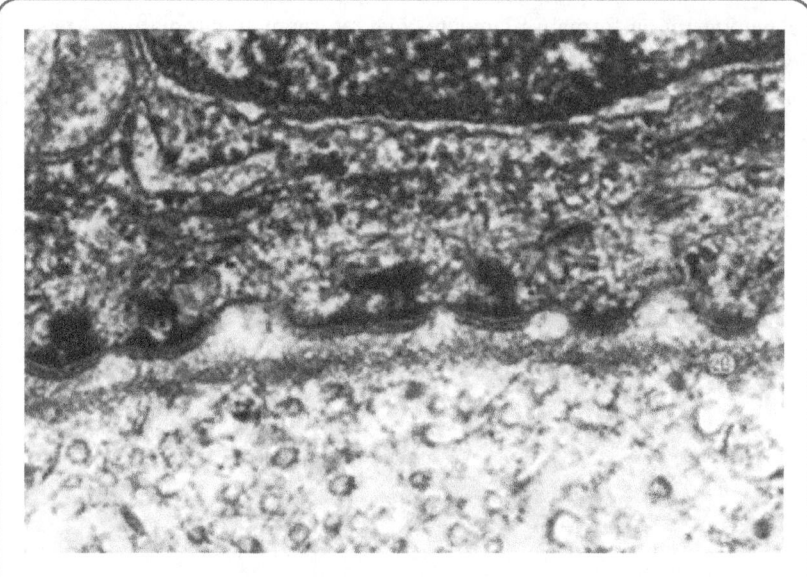

Figura 3. Eletromicrografia da parte basal de uma célula epitelial de revestimento, em contato com o tecido conjuntivo. Em destaque, aparecem diversos hemidesmossomos unindo a célula ao tecido conjuntivo, por meio da lâmina basal. Pele de camundongo. Aumento: 80.000×.
Fonte: Junqueira (2012, p. 99).

Interdigitações

São encontradas nas membranas plasmáticas laterais de praticamente todas as células, principalmente em órgãos homogêneos, como o fígado. Essas estruturas são evaginações e invaginações complementares para o interior das células. Além disso, essa especialização de membrana serve como *link* entre as especializações focadas em adesão celular e troca de íons, e também em especializações com função de aumentar a área da superfície de absorção. É muito comum encontrar outras junções na região de membranas interdigitadas.

Junção comunicante ou junções *gap*

Encontradas em qualquer região das membranas laterais de células epiteliais (Figura 4). Ao mesmo tempo em que é uma estrutura de união intercelular, também é uma estrutura de comunicação entre as células, pois permite trocas entre elas. Essas junções se caracterizam pela grande proximidade (2 nm) das membranas. É formada por seis subunidades transmembranosas distribuídas como hexágonos cilíndricos ocos, chamados de conéxons, integrados pela proteína conexina. Esses agrupamentos moleculares formam uma estrutura que participa na interação iônica entre as células vizinhas. Sabe por quê? Pois formam canais hidrófilos que facilitam a passagem de íons e de moléculas pequenas.

Você sabia que a abertura e o fechamento dos conéxons são modulados por sinais que podem envolver modificações no pH do meio, mudanças elétricas, ação de hormônios ou de neurotransmissores? Veja o exemplo do funcionamento dessas uniões:

- **Acoplamento elétrico:** determina a contração coordenada das células musculares do coração ou a regulação que permite a utilização de diferentes receptores da retina em relação com a escassa ou a abundante luz que recebem.

174 | Especializações de membrana

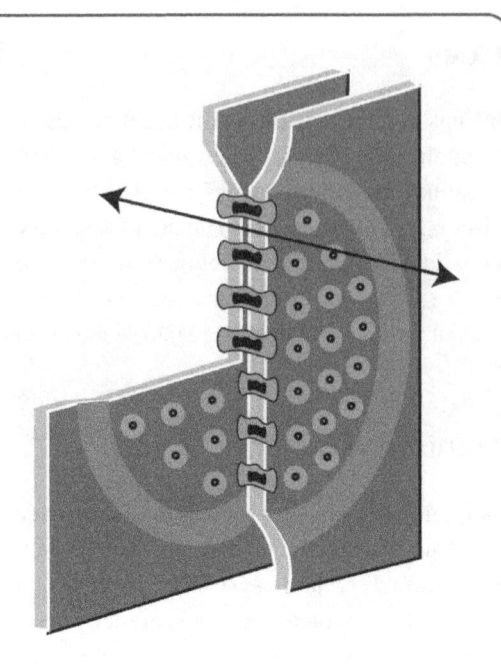

Figura 4. O esquema mostra porções de membranas de duas células formando uma junção comunicante. A junção é formada por pares de partículas: uma partícula de cada par está presente em cada célula; a partícula é composta de seis subunidades proteicas que atravessam a membrana da célula. Essas partículas formariam "túneis" (seta) com diâmetro aproximado de 1,5 nm, que possibilitam a passagem de substâncias de uma célula para a outra.
Fonte: adaptada de Junqueira e Carneiro (2013).

Saiba mais

Existe um número ideal de junções de oclusão?

O número de zônulas ou junções de oclusão depende do tipo, da localização e da permeabilidade do epitélio. Epitélios com poucos locais de fusão, como os túbulos do rim, são mais permeáveis à água e a solutos do que epitélios com muitos locais de fusão, como a bexiga. Dessa forma, a zônula de oclusão impossibilita a transição de partículas entre as células epiteliais.

Microvilosidades

São projeções digiformes da membrana plasmática. Sua forma lembra dedos de luvas (Figura 5). Elas são estáveis ou permanentes na superfície das células, por meio de um citoesqueleto polimerizado por microfilamentos de actina. Normalmente, são encontradas em regiões apicais das células epiteliais, mas podem, raramente, aparecer em regiões laterais de células polarizadas. Além disso, elas aumentam sua eficiência nas trocas com a cavidade ou meio extracelular. Saiba que a superfície dos enterócitos que revestem o tubo digestório forma a chamada borda estriada. Importante! Nessa região foram encontradas enzimas hidrolíticas, como aminopeptidases, fosfatase alcalina e dissacaridases, entre outras, que começam a digestão das substâncias que logo serão absorvidas pelo epitélio intestinal, o que tem muita importância na maturação dos lactantes. No rim, na superfície das células que revestem os túbulos proximais do néfron, é formada a chamada borda em escova, em que as enzimas participam na recuperação de pequenos peptídeos e aminoácidos, para evitar sua perda pela urina.

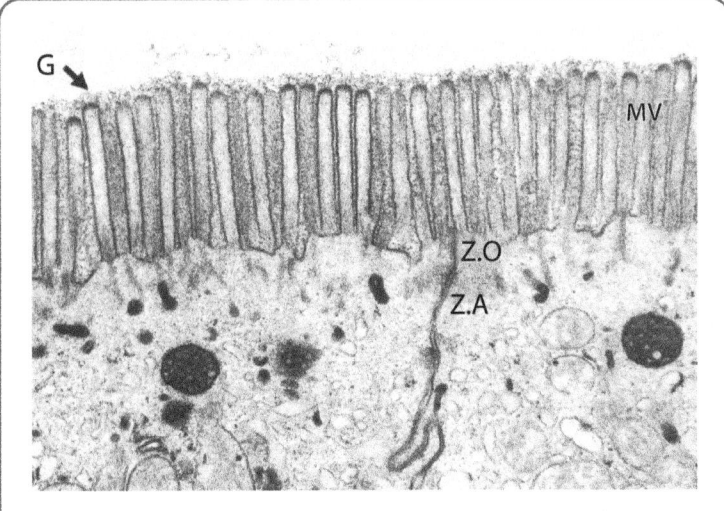

Figura 5. Eletromicrografia da borda estriada de duas células do intestino delgado com microvilosidades (MV) em corte longitudinal; zônula de oclusão (ZO), zônula de adesão (ZA) e glicocálix (G). Aumento: 10.000×.
Fonte: adaptada de Eynard, Valentich e Rovasio (2011, p. 220).

Estereocílios

São microvilosidades muito longas, dilatadas e onduladas. Têm o formato de penachos, localizadas na superfície apical do epitélio do epidídimo e no canal deferente, nos órgãos do trato genital masculino. Os estereocílios não aumentam em muito a área de superfície celular e atuam nos processos de absorção e secreção que ocorrem no lúmen do epidídimo. Além disso, têm função sensorial, como nas células pilosas do epitélio dos canais semicirculares e da cóclea na orelha interna, em que podem se mostrar em associação com os cílios sensoriais (quinocílios). Diferente dos cílios, não realizam movimentos ritmados e por isso são chamados de "falsos cílios" ou estereocílios (Figura 6).

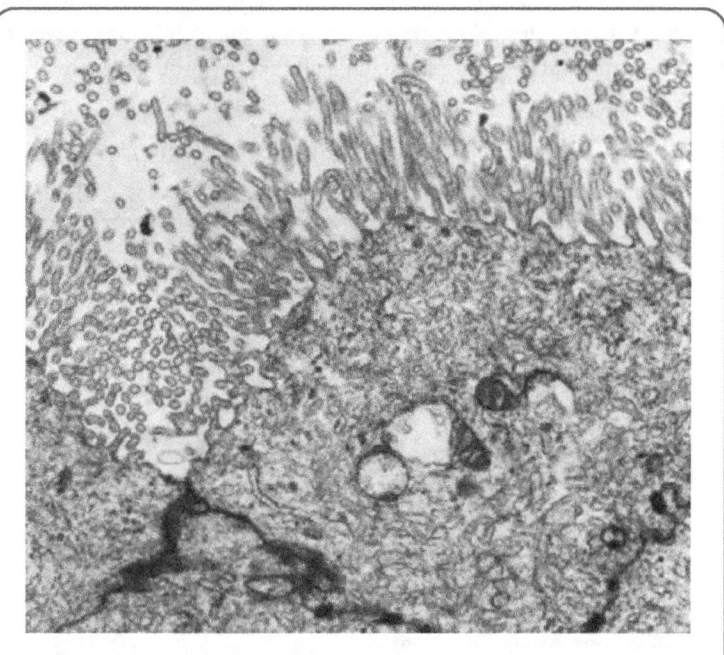

Figura 6. Eletromicrografia de estereocílios em células epiteliais do epidídimo. Observe que os estereocílios são flexuosos e aparecem principalmente em cortes oblíquos. Aumento: 12.000×.
Fonte: Junqueira (2012, p. 97).

Cílios

Estruturas prolongadas dotadas de motilidade. Encontrados na superfície de algumas células epiteliais, os cílios são envolvidos pela membrana plasmática e são formados por dois microtúbulos centrais e nove pares de microtúbulos periféricos. Essa organização resulta no rápido movimento de vaivém. Esse movimento dos cílios é coordenado, com intuito de possibilitar o carreamento de partículas ao longo da superfície do epitélio.

> **Exemplo**
>
> Na traqueia e pulmões, eles têm a função de conduzir para fora o muco, as partículas irritantes e as bactérias que se aderem à sua superfície. Daí sua importância no processo de depuração de partículas estranhas, como fuligem e outras que são inaladas.

São diferentes das microvilosidades por terem tamanho maior, estrutura complexa e por derivar do corpúsculo basal ou centríolo.

Flagelos

Responsáveis pela mobilidade do *Trypanosoma cruzi,* causador da doença de Chagas. No corpo humano, são encontrados somente em espermatozoides. Seu formato é parecido com o dos cílios (Figura 7), porém, os flagelos são mais longos e limitados a um ou no máximo dois por célula.

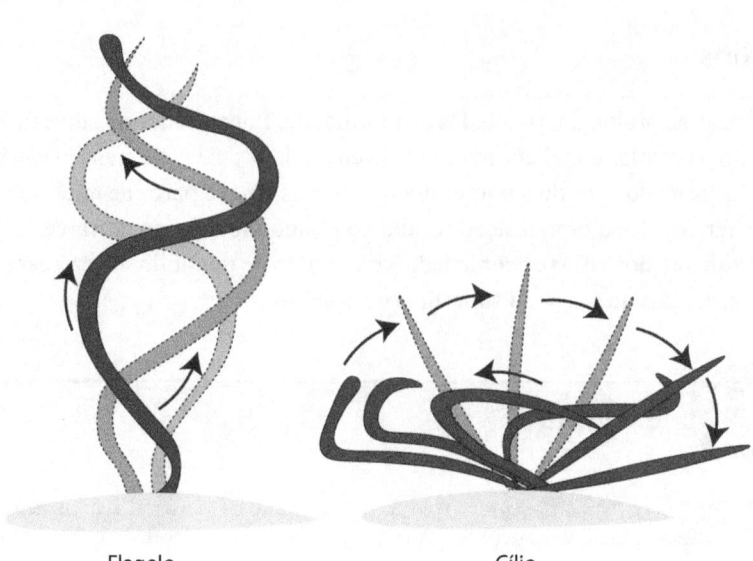

Especializações de membrana

Figura 7. O esquema mostra o movimento de flagelos e cílios. O flagelo se movimenta por uma contração que se inicia na base e se transmite ao longo do flagelo. Na parte ativa do movimento ciliar, que movimenta partículas ou a própria célula, o cílio permanece rígido (esquerda para a direita). Após, o cílio fica flexível e volta à posição inicial, para iniciar novo ciclo. Em células fixas, o movimento dos cílios carreia partículas em uma direção determinada. Nas células livres (protozoários), o batimento ciliar e flagelar movimenta a célula.
Fonte: Junqueira (2012, p. 137).

Link

Saiba mais sobre as doenças causadas na membrana plasmática.

https://goo.gl/fT1mHY

Exemplo

Nos vertebrados, a junção comunicante (também chamada de *gap*) é uma junção que apresenta formas e tamanhos variados, pois pode ser construída e desfeita por concentração ou dispersão de proteínas conexinas em qualquer ponto de aproximação entre as membranas de células vizinhas. Nos invertebrados, a junção é formada por proteínas similares, denominadas inexinas. Seu objetivo é a sinalização celular por meio de íons ou por meio de pequenos peptídeos sinalizadores que atravessam do citoplasma de uma célula diretamente para o citoplasma da célula vizinha, sem passar pelo meio extracelular. A passagem da molécula ou íon sinalizador se dá pelo interior do poro formado pela união das extremidades de duas conexinas, cada uma na membrana de uma das células em junção. Esse trânsito é muito rápido, fazendo com que essa especialização juncional seja uma das mais eficientes formas de comunicação entre as células animais. A *gap* é o tipo de junção mais frequente entre as células; entre neurônios, é denominada sinapse elétrica.

Exercícios

1. São especializações de membrana relacionadas à adesão entre as células:
   a) zônula de adesão, zônula de oclusão e microvilosidades.
   b) desmossomos, hemidesmossomos e junções *gap*.
   c) desmossomos, zônula de adesão e de oclusão.
   d) flagelos, cílios e desmossomos.
   e) hemidesmossomos, flagelos e microvilosidades.

2. Qual é a grande contribuição das microvilosidades intestinais com relação à absorção de nutrientes pelas células das paredes internas do intestino?
   a) Diminuir a velocidade de absorção.
   b) Manter o volume de absorção.
   c) Manter a seletividade na absorção.
   d) Aumentar a superfície de absorção.
   e) Aumentar o tempo de absorção.

3. Nos desmossomos das células epiteliais, existem filamentos de _____ que se inserem nas _____ e retornam ao citoplasma, provendo uma adesão bastante rígida entre as células. Assinale a alternativa que preenche corretamente as lacunas.
   a) queratina - placas de ancoragem.
   b) citocalasina - placas de ancoragem.
   c) queratina - placa de aterrizagem.
   d) vimentina - placa de rolagem.
   e) dineína - placa de rolagem.

4. Em qual epitélio os estereocílios podem ser encontrados?
   a) Túbulos renais.

- b) Pulmão.
- c) Traqueia.
- d) Epidídimo.
- e) Intestino.
5. Em relação às zônulas de adesão, assinale a alternativa correta.
    - a) São responsáveis pela motilidade.
    - b) São responsáveis pelas sinapses.
    - c) São responsáveis pela união ou ancoragem entre as células vizinhas.
    - d) Fazem o carreamento de micropartículas.
    - e) São formadas quando as membranas das células estão tão próximas que formam canais.

Referências

EYNARD, A. R.; VALENTICH, M. A.; ROVASIO, R. A. *Histologia e embriologia humanas*: bases celulares e moleculares. 4. ed. Porto Alegre: Artmed, 2011.

JUNQUEIRA, L. *Biologia celular e molecular*. 9th ed. Rio de Janeiro: Guanabara Koogan, 2012.

JUNQUEIRA, L.; CARNEIRO, J. *Histologia básica*. 12. ed. Rio de Janeiro: Guanabara Koogan, 2013.

Leituras recomendadas

AMABIS, J. M.; MARTHO, G. R. *Biologia das células*. Porto Alegre: Moderna, 2004.

CHANDAR, N.; VISELLI, S. *Biologia celular e molecular ilustrada*. Porto Alegre: Artmed, 2015.

DE ROBERTIS, E.; HIB, J. *Bases da biologia celular e molecular*. 4. ed. Rio de Janeiro: Guanabara Koogan, 2006.

Tecido conjuntivo

Objetivos de aprendizagem

Ao final deste texto, você deve apresentar os seguintes aprendizados:

- Diferenciar os tipos de tecido conjuntivo no corpo humano.
- Identificar as funções do tecido conjuntivo.
- Caracterizar os componentes estruturais do tecido conjuntivo.

Introdução

Você sabia que o tecido conjuntivo é responsável pela manutenção da forma e estrutura do corpo? O corpo humano é constituído por diferentes tipos de tecidos conjuntivos, e cada tipo apresenta características e funções específicas, sendo diferenciados principalmente pela composição da matriz extracelular e do tipo de células presentes. A função dos diversos tipos de tecido conjuntivo é exercida pelas células e matriz extracelular. Como é um tecido extremamente importante, existem diversos tipos, e cada tecido conjuntivo apresenta uma especialidade.

Neste capítulo, você vai acompanhar a descrição dos principais tipos de tecidos conjuntivos, as funções exercidas por eles no organismo e as diferentes constituições celulares.

Tipos de tecidos conjuntivos

O corpo humano é composto por diversos tipos de tecidos conjuntivos, sendo que cada tipo apresenta características e funções específicas. Sua diferenciação se dá, principalmente, pela composição da matriz extracelular e do tipo de células presentes. Os principais tipos de tecido conjuntivo são:

- tecido conjuntivo propriamente dito (denso e frouxo);
- tecido conjuntivo de propriedades especiais (adiposo, elástico, reticular e mucoso);
- tecido conjuntivo de suporte (cartilaginoso e ósseo).

Para mais detalhes, observe a Figura 1.

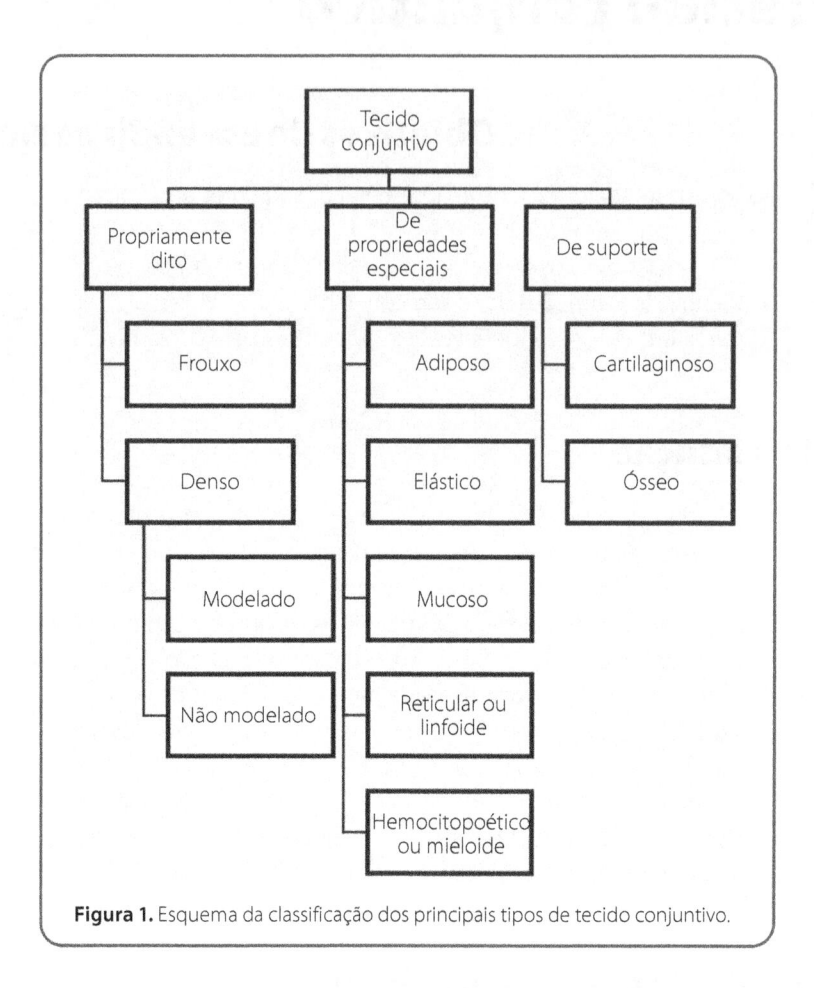

```
                        Tecido
                       conjuntivo
          ┌───────────────┼───────────────┐
   Propriamente      De propriedades    De suporte
      dito              especiais
      │                    │                │
    Frouxo              Adiposo         Cartilaginoso
      │                    │                │
    Denso               Elástico           Ósseo
      │
   Modelado             Mucoso
      │
  Não modelado      Reticular ou
                      linfoide

                    Hemocitopoético
                      ou mieloide
```

Figura 1. Esquema da classificação dos principais tipos de tecido conjuntivo.

Tecido conjuntivo propriamente dito

O tecido conjuntivo propriamente dito é um tecido de ligação e atua na sustentação e no preenchimento dos tecidos, conferindo estruturação aos órgãos. É constituído por uma matriz extracelular abundante formada pelo polissacarídeo hialuronato e três tipos de fibras proteicas: colágenas, elásticas e reticulares. O tecido conjuntivo propriamente dito é subdividido em frouxo e denso, de acordo com a quantidade de matriz extracelular presente.

Tecido conjuntivo propriamente dito frouxo

Apresenta rica matriz extracelular e fibras, com abundância em células. As fibras colágenas e elásticas dispõem-se frouxamente, conferindo flexibilidade ao tecido e pouca resistência a trações. Tem todos os tipos de células do tecido conjuntivo, mas, principalmente, apresenta fibroblastos e macrófagos. Não há predominância de qualquer dos componentes celulares ou de matriz. É distribuído por todo o corpo, servindo de apoio ao epitélio; preenche os espaços entre os órgãos e células musculares, tecidos e glândulas e forma camadas em torno dos vasos sanguíneos. A Figura 2 traz um exemplo de tecido conjuntivo propriamente dito frouxo.

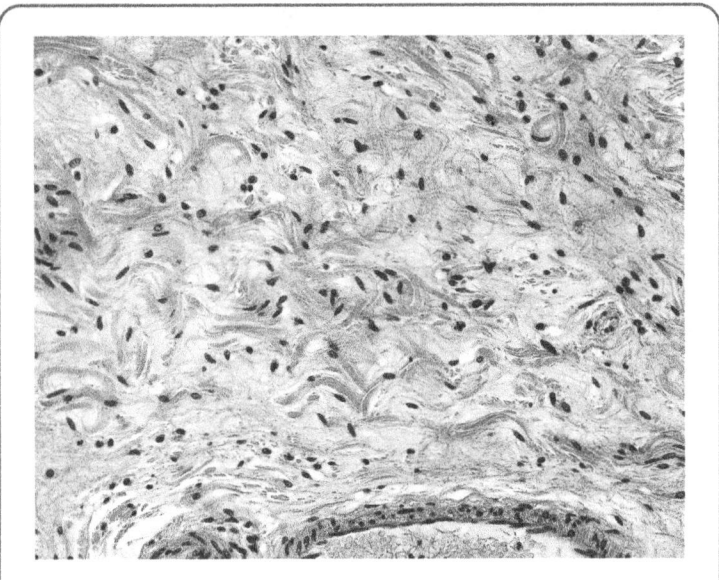

Figura 2. Imagem histoquímica do tecido conjuntivo propriamente dito frouxo.
Fonte: Jose Luis Calvo/Shutterstock.com.

Tecido conjuntivo propriamente dito denso

Tem grande quantidade de fibras colágenas e menor quantidade de matriz extracelular; é adaptado para conferir resistência e proteção aos tecidos. Sua constituição é similar ao tecido conjuntivo frouxo, mas há menos células e predominância de fibras colágenas. Confere mais resistência às trações devido à grande quantidade de fibras e menor flexibilidade. Pode ser denominado **não modelado**, quando as fibras são organizadas em feixes sem orientação definida, e **modelado**, quando as fibras de colágeno são paralelas umas às outras e alinhadas com os fibroblastos. É encontrado na derme profunda e em tendões, conectando os músculos aos ossos (Figura 3).

Figura 3. Imagem histoquímica do tecido conjuntivo denso.
Fonte: Kateryna Kon/Shutterstock.com.

Tecido conjuntivo de propriedades especiais

Tecido adiposo

É composto predominantemente pelas células adiposas. Podem ser encontradas isoladas ou em pequenos grupos no tecido conjuntivo frouxo; no entanto, a maioria dessas células é encontrada em grandes agregados, constituindo o tecido adiposo. São esféricas quando isoladas, tornando-se poliédricas pela compressão recíproca. As várias gotículas lipídicas coalescem em uma grande vesícula que comprime o núcleo contra a periferia da célula. O tecido adiposo é o maior depósito corporal de energia, sob forma de triglicerídios. As células adiposas internalizam os lipídios provenientes da alimentação e que são trazidos pela corrente sanguínea. Quando necessário, os triglicerídios são hidrolisados em ácidos graxos e glicerol, os quais são liberados para a corrente sanguínea. Além de reserva energética, o tecido adiposo é responsável pelo modelamento da superfície, por estar localizado sob a pele. Também proporciona absorção de impactos e contribui para o isolamento térmico do organismo. O tecido adiposo preenche espaços entre outros tecidos e tem atividade secretora, sintetizando diversos tipos de moléculas.

Saiba que existem duas variedades de tecido adiposo, que diferem em distribuição no corpo, estrutura e fisiologia. O **tecido adiposo comum**, amarelo ou unilocular, tem células com uma gotícula de gordura que ocupa quase todo citoplasma. O **tecido adiposo pardo** ou multilocular é formado por células que contêm muitas gotículas lipídicas e diversas mitocôndrias.

Praticamente todo tecido adiposo encontrado em humanos é do tipo unilocular. Ele forma, sob a pele, uma camada denominada panículo adiposo. Por exemplo, no corpo do recém-nascido, essa camada é de espessura uniforme, e sua disposição é alterada pelo corpo com a idade. O tecido unilocular apresenta nervos e abundante vascularização. Ele é secretor e libera moléculas como a leptina e a lipase lipoproteica. Observe na Figura 4 o tecido adiposo.

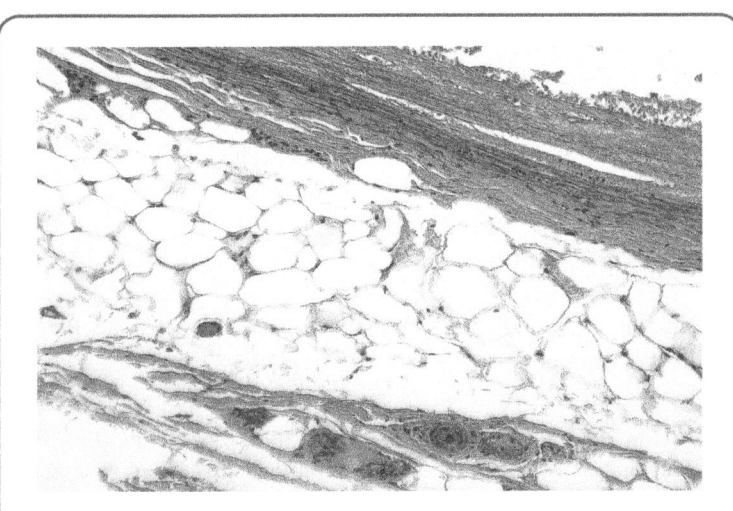

Figura 4. Imagem histoquímica do tecido conjuntivo adiposo. O tecido adiposo contém gotas de gordura que permanecem sem coloração.
Fonte: Kateryna Kon/Shutterstock.com.

> **Saiba mais**
>
> O tecido adiposo multilocular possui vascularização abundante e numerosas mitocôndrias. As células são menores que as do tecido unilocular e possuem forma poligonal. O citoplasma é carregado de gotículas de gordura de diversos tamanhos e contém numerosas mitocôndrias. A principal função do tecido multilocular é a produção de calor, tendo função auxiliar na termorregulação. Saiba que esse tecido apresenta localização bem determinada no feto humano e no recém-nascido. Como não cresce, sua quantidade no adulto é bastante reduzida.

Tecido elástico

É composto por fibras elásticas dispostas em feixes espessos e paralelos, preenchidos com fibras delgadas de colágeno e fibrócitos. Como ele tem abundância em fibras elásticas, apresenta cor amarela típica e grande elasticidade. O tecido elástico não é muito encontrado no organismo, e está presente nos ligamentos amarelos da coluna vertebral e em pequenas lâminas nas cordas vocais.

Tecido mucoso

Apresenta consistência gelatinosa devido ao predomínio da substância fundamental, especialmente de ácido hialurônico. Tem poucas fibras, e as principais células encontradas são os fibroblastos. É o principal componente do cordão umbilical e também é encontrado na polpa jovem dos dentes.

Tecido reticular ou linfoide

Tem grande quantidade de fibras reticulares, sintetizadas pelos fibroblastos especializados denominados de células reticulares. O tecido reticular possui um arranjo frouxo de fibras reticulares, que forma uma rede tridimensional de suporte para as células de alguns órgãos, como fígado, gânglios linfáticos e baço. Permite a circulação de células e fluidos pelos espaços, constituindo uma estrutura arquitetônica especial para órgãos linfoides e hematopoiéticos (medula óssea, linfonodos e baço). Há presença de células de defesa, como macrófagos, linfócitos e plasmócitos, que funcionam monitorando o fluxo de materiais que passam pelos espaços, eliminando organismos invasores por fagocitose.

Hemocitopoético ou mieloide

É responsável pela produção dos precursores das células sanguíneas, sendo localizado na medula óssea. No recém-nascido, a medula é vermelha e ativa na produção de células do sangue, e vai pouco a pouco sendo infiltrada por tecido adiposo, tornando-se amarela com redução na atividade hematógena. As células encontradas são células mesenquimais, fibroblastos, células reticulares, adiposas, macrófagos, plasmócitos e mastócitos, classificadas como mieloides. As células hematopoéticas derivam das células sanguíneas, como eritrócitos, leucócitos e plaquetas. Para mais detalhes, observe a Figura 5.

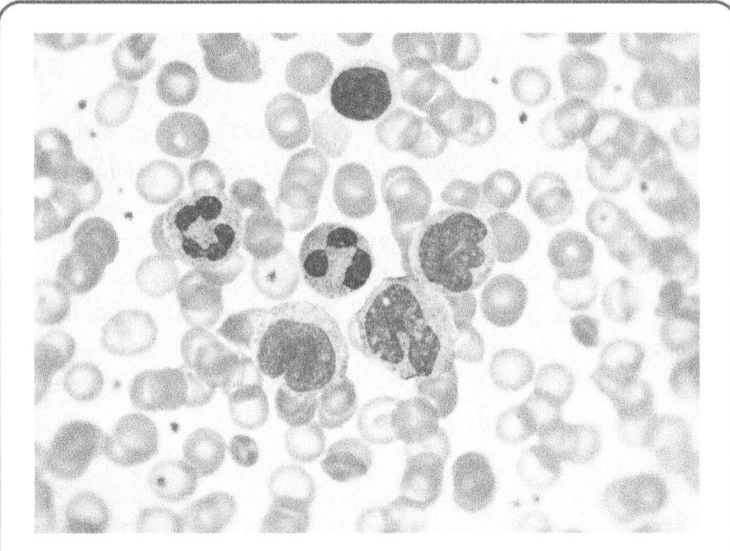

Figura 5. Análise microscópica das células de sangue periférico. As hemácias são as células menores, em grande quantidade, formato bicôncavo e sem núcleo. Os leucócitos são as células maiores e com núcleo definido.
Fonte: Jarun Ontakrai/Shutterstock.com.

Tecido conjuntivo de suporte

Tecido cartilaginoso

O tecido cartilaginoso apresenta consistência rígida. As células presentes são os condrócitos e possuem abundante matriz extracelular. Os condrócitos ocupam lacunas da matriz extracelular, e uma coluna pode conter uma ou mais células. A cartilagem é essencial para a formação e o crescimento dos ossos longos durante o desenvolvimento e também na vida intrauterina. É um importante tecido de suporte de tecidos moles; reveste superfícies articulares, absorvendo choques, e facilita o deslizamento dos ossos nas articulações. A constituição das cartilagens varia de acordo com a função desempenhada e com a composição da matriz extracelular. A matriz é composta por colágeno, ou colágeno mais elastina, associadas com macromoléculas de proteoglicanos, ácido hialurônico e diversas glicoproteínas.

A consistência firme das cartilagens ocorre devido às ligações eletrostáticas entre os glicosaminoglicanos sulfatados e o colágeno, e a grande quantidade de água que confere turgidez à matriz. As cartilagens recebem nutrientes através de capilares do tecido conjuntivo – o pericôndrio. Cartilagens sem pericôndrio – por exemplo, as que revestem os ossos nas articulações móveis – recebem nutrientes pelo líquido sinovial das cavidades articulares. Você deve saber que, no corpo humano, existem três tipos de tecido cartilaginoso: cartilagem hialina, cartilagem elástica e cartilagem fibrosa. Observe mais detalhes sobre o tecido cartilaginoso na Figura 6.

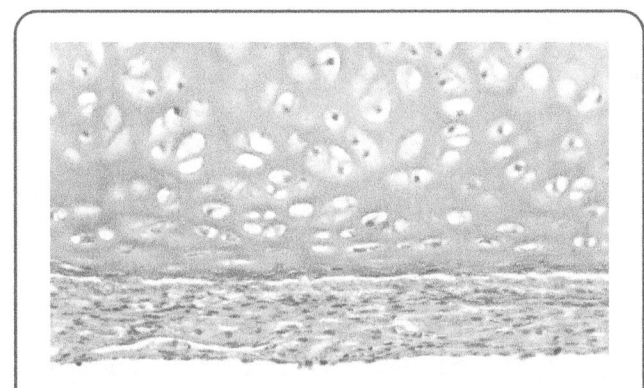

Figura 6. Amostra histológica de tecido cartilaginoso.
Fonte: Anna Jurkovska/Shutterstock.com.

Tecido ósseo

O tecido ósseo é formado por células, osteócitos, osteoblastos, osteoclastos e material extracelular calcificado, a matriz óssea. Os osteócitos se situam em cavidades ou lacunas no interior da matriz; os osteoblastos sintetizam a parte orgânica da matriz, e os osteoclastos reabsorvem o tecido ósseo em processos de remodelação dos ossos. A nutrição dos osteócitos ocorre através de canalículos existentes na matriz. Neles, há a troca de moléculas e íons entre os capilares sanguíneos e os osteócitos. Os ossos são revestidos interna e externamente por membranas conjuntivas que contêm o periósteo e o endósteo, as células osteogênicas. Nos ossos longos, as extremidades ou epífises são formadas por osso esponjoso, enquanto que a parte cilíndrica, ou diástese, é formada por osso compacto. Nos ossos curtos, a periferia é composta por tecido compacto e o centro por tecido esponjoso. A medula óssea é encontrada na cavidade esponjosa e no canal medular dos ossos longos. Entenda que, inicialmente, todos os ossos possuem uma formação óssea primária ou imatura que será substituída por tecido ósseo secundário ou maduro.

O tecido ósseo serve de suporte para os tecidos moles, além de ser o principal constituinte do esqueleto e proteger órgãos vitais contidos na caixa torácica e craniana. Os ossos também protegem a medula óssea, fornecem apoio aos músculos esqueléticos, funcionam como depósito de cálcio, fosfato e outros íons e absorvem toxinas e metais pesados, minimizando os efeitos adversos em outros tecidos.

As articulações são estruturas formadas por tecido conjuntivo que se unem aos ossos para constituir o esqueleto. Apresentam grande mobilidade, normalmente presentes em ossos longos, e possuem uma cápsula que liga as extremidades ósseas, constituindo a cavidade articular. Na cavidade encontra-se o líquido sinovial, que serve como um meio de transporte entre substâncias da cartilagem e o sangue dos capilares de membrana sinovial. Confira a Figura 7.

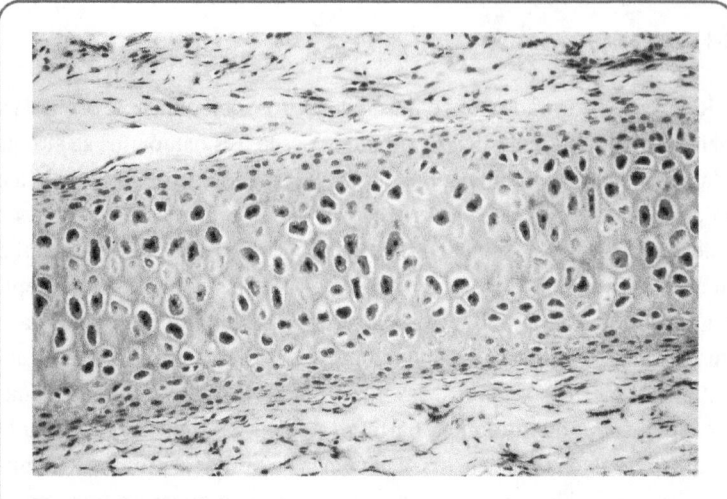

Figura 7. Microfotografia do tecido ósseo, utilizando a coloração de hematoxilina e eosina.
Fonte: Kateryna Kon/Shutterstock.com.

Fique atento

Você sabe o que é anafilaxia?

A anafilaxia é uma reação de hipersensibilidade aguda do organismo a alguma substância com a qual já esteve em contato. Podem existir estes tipos de respostas: local (como urticária, rinite alérgica e asma brônquica) ou sistêmica (como o choque anafilático, que pode ser fatal). Essas reações ocorrem poucos minutos após a penetração do antígeno em indivíduos previamente sensibilizados, e podem ser causadas, por exemplo, por medicamentos, alimentos, picadas de insetos, ácaros ou pólen. Os componentes dessas substâncias podem atuar como antígenos e desencadear a produção de anticorpo IgE pelos plasmócitos. Esses anticorpos se aderem a receptores na membrana plasmática dos mastócitos do tecido conjuntivo e basófilos do sangue. Os grânulos de mastócitos possuem, entre outras substâncias, a histamina, que, quando liberada, aumenta a permeabilidade vascular, resultando em edema e induzindo a contração do músculo liso, principalmente dos bronquíolos. A perda de líquidos generalizada dos vasos provoca queda na pressão sanguínea, o que diminui a oxigenação dos tecidos. Se a quantidade de sangue bombeado é insuficiente, pode ocorrer choque hipovolêmico.

> **Saiba mais**
>
> **Hérnia do disco intervertebral**
> Cada disco intervertebral é formado por um anel fibroso e uma parte central, o núcleo pulposo. O anel fibroso contém uma porção periférica de tecido conjuntivo denso, porém, em sua maior extensão, é constituído por fibrocartilagem. Na parte central, o núcleo é formado por células arredondadas e dispersas em um líquido rico em ácido hialurônico, com pequena quantidade de colágeno tipo II. Nos jovens, esse núcleo é relativamente maior e vai parcialmente sendo substituído por fibrocartilagem. Os discos intervertebrais funcionam como coxins lubrificados, pois evitam o desgaste do osso das vértebras durante os movimentos da coluna espinal. A ruptura do anel fibroso causa a expulsão do núcleo pulposo e o achatamento do disco, que pode se deslocar de sua posição normal, comprimir nervos e provocar fortes dores e distúrbios neurológicos.
>
> **Artrite reumatoide**
> É uma doença crônica autoimune que pode afetar várias articulações. Ela causa deformidade e destruição das estruturas articulares, cartilagens, ossos, tendões e ligamentos. É caracterizada por um processo inflamatório crônico iniciado na membrana sinovial. Com a progressão da doença, os pacientes podem desenvolver incapacidade de executar atividades profissionais e diárias.

Funções do tecido conjuntivo

Os diferentes tipos de tecido conjuntivo são encontrados por todo corpo humano. Eles se relacionam de forma contínua, ou seja, as fibras e a substância fundamental de tecidos contíguos se prolongam sem interrupção, indicando que todos são uma variedade do mesmo tecido, adaptados para as funções que desempenham. Além de servir de conexão, unindo tecidos, gerando sustentação e preenchimento, o tecido conjuntivo também possui diversas atividades indutoras da morfologia, da diferenciação e da arquitetura dos diversos órgãos. Assim, a função que o tecido conjuntivo desempenha está intimamente relacionada com sua estrutura e componentes presentes.

Os tecidos conjuntivos de preenchimento formam o estroma de todos os sistemas orgânicos, conferindo armação estrutural ao corpo. De acordo com a quantidade de fibras presentes, confere mais resistência às trações.

Os tipos especializados de tecido conjuntivo apresentam grande variedade de funções, não sendo somente importantes para o desenvolvimento e funcionamento normal dos sistemas, mas também intervêm nos processos de defesa e reparação tecidual. A ampla variedade de funções também determina variedade de formas, e, por isso, o tecido conjuntivo também é denominado "conetivo-vascular", principalmente pela importância dos vasos sanguíneos, que transportam células em defesa tecidual frente a uma lesão física, química ou biológica. O tecido conjuntivo também pode ser especializado em armazenar gordura, sendo responsável pelo modelamento da superfície corporal, absorvendo impactos e contribuindo para o isolamento térmico do organismo.

Você sabia que as variedades mais resistentes de tecido conjuntivo constituem os chamados órgãos de sustentação, como ossos, cartilagens e articulações? Elas desempenham importante função de suporte para os tecidos moles, absorvendo choques e protegendo órgãos vitais. Os ossos ainda apresentam a medula óssea, responsável pela produção de células sanguíneas.

Saiba mais

O tecido conjuntivo se destaca por realizar a comunicação entre diferentes células, tecidos e órgãos. Essa comunicação explica o motivo pelo qual muitos processos patológicos não se limitam a uma variedade de tecido conjuntivo, mas que pode se estender ao próximo.

Caracterização dos componentes estruturais do tecido conjuntivo

O tecido conjuntivo é composto por células, fibras e matriz extracelular. As células encontradas variam de acordo com a função do tecido, e podem estar presentes em um ou mais tipos celulares em cada tipo de tecido conjuntivo. As principais células encontradas nos tecidos conjuntivos são: fibroblastos, condroblastos, condrócitos, osteoblastos, osteócitos, osteoclastos, células adiposas, plasmócitos macrófagos, mastócitos, leucócitos, células mesenquimais e células hematopoiéticas.

Os fibroblastos são as células mais encontradas no tecido conjuntivo propriamente dito, e são responsáveis pela secreção de colágeno. Condroblastos e condrócitos constituem as cartilagens, enquanto que osteoblastos, osteócitos e osteoclastos são as células formadoras do tecido ósseo. As células adiposas possuem papel fundamental no armazenamento energético, e também têm efeitos sobre a regulação térmica corporal.

Os plasmócitos, macrófagos, mastócitos e leucócitos desempenham importante papel na defesa do organismo. Os macrófagos são monócitos que migraram do sangue para o tecido conjuntivo, e têm capacidade de fagocitar e digerir bactérias, restos celulares e substâncias estranhas. Os plasmócitos e mastócitos participam de processos inflamatórios e alérgicos, e estão envolvidos no desencadeamento de reações de sensibilidade imediata ou anafiláticas.

Fique atento

As células hematopoiéticas derivam das células sanguíneas. As células que compõem o sangue são eritrócitos ou hemácias, plaquetas e diversos tipos de leucócitos ou glóbulos brancos. Os eritrócitos têm a hemoglobina, responsável pelo transporte de oxigênio e dióxido de carbono entre os tecidos. As plaquetas estão envolvidas na coagulação sanguínea, e os leucócitos têm papel fundamental na defesa do organismo. A produção dessas células ocorre na medula óssea, cujo estroma é formado por células mesenquimais, fibroblastos e células reticulares. As células mesenquimais são células-tronco não hematopoiéticas; os fibroblastos produzem as fibras colágenas que sustentam os vasos sanguíneos; e as células reticulares sintetizam as fibras reticulares que formam uma rede de sustentação para as células hematopoiéticas.

As fibras do tecido conjuntivo são formadas por polímeros de proteínas que formam estruturas alongadas. As principais fibras encontradas são as fibras colágenas, formadas pela proteína colágeno, e as elásticas, formadas pela proteína elastina. A distribuição das fibras nos diferentes tipos de tecidos conjuntivos varia, e sua presença caracteriza os tecidos morfológica e funcionalmente. Existem dois tipos de sistemas de fibras, o colágeno e o elástico. O sistema colágeno, composto por fibras colágenas e reticulares, e o sistema elástico, constituído por fibras elásticas, elaunínicas e oxitalânicas.

A composição da matriz extracelular difere de acordo com o tecido e as células presentes. Sua constituição costuma ser de uma parte fibrilar, com fibras colágenas, reticulares e/ou fibras elásticas, e de uma parte não fibrilar, isto é, a substância fundamental, constituída por glicosaminoglicanos, proteoglicanos e glicoproteínas. A substância fundamental preenche os espaços entre as células e fibras do tecido conjuntivo, atuando como lubrificante e como barreira à penetração de microrganismos invasores. As propriedades da matriz extracelular conferem a cada tipo de tecido conjuntivo as características funcionais, além de regular o comportamento das células como proliferação, diferenciação, migração, morfologia, função e sobrevivência.

Exercícios

1. A reação alérgica anafilática é causada pela liberação de que substância e por qual célula?
   a) Ácido hialurônico e fibroblastos.
   b) Hemoglobina e hemácias.
   c) Colágeno e condrócitos.
   d) Sinóvia e osteoclastos.
   e) Histamina e mastócitos.

2. Entre os diferentes tipos de tecido conjuntivo, qual apresenta subdivisão quanto à orientação dos feixes de fibras?
   a) Reticular.
   b) Cartilaginoso.
   c) Propriamente dito denso.
   d) Elástico.
   e) Propriamente dito frouxo.

3. A produção de células sanguíneas ocorre em que parte do tecido ósseo?
   a) Epífise.
   b) Células osteogênicas.
   c) Medula.
   d) Diástase.
   e) Osteoclastos.

4. Há um tecido conjuntivo distribuído por todo o corpo, que serve de apoio ao epitélio, preenche os espaços entre os órgãos e células musculares, tecidos e glândulas e forma camadas em torno dos vasos sanguíneos. Que tecido é esse?
   a) Tecido conjuntivo frouxo.
   b) Tecido mucoso.
   c) Tecido elástico.
   d) Tecido adiposo.
   e) Tecido cartilaginoso.

5. Complete a frase com o tecido conjuntivo correspondente: o tecido conjuntivo _____ é um tipo de tecido especializado com células arredondadas que assumem formato poliédrico quando comprimidas, além de ter grande vesícula citoplasmática que comprime o núcleo na periferia.
   a) propriamente dito denso.
   b) ósseo.
   c) adiposo.
   d) cartilaginoso.
   e) reticular.

Leituras recomendadas

ALBERTS, B. et al. *Biologia molecular da célula*. 6. ed. Porto Alegre: Artmed, 2017.

EYNARD, A. R.; VALENTICH, M. A.; ROVASIO, R. A. *Histologia e embriologia humanas*: bases celulares e moleculares. 4. ed. Porto Alegre: Artmed, 2010.

JUNQUEIRA, L. C.; CARNEIRO, J. *Histologia básica l*. 12. ed. Rio de Janeiro: Guanabara Koogan, 2013.

ROSS, M. H.; PAWLINA, W.; BARNASH, T. A. *Atlas de histologia descritiva*. Porto Alegre: Artmed, 2012.

Sistema tegumentar: pele e anexos

Objetivos de aprendizagem

Ao final deste texto, você deve apresentar os seguintes aprendizados:

- Identificar as funções da pele.
- Diferenciar histologicamente a epiderme, a derme e a hipoderme da pele delgada e da pele espessa.
- Caracterizar os anexos da pele: glândulas sudoríparas (pele espessa e delgada), glândulas sebáceas (pele delgada), pelos (pele delgada) e unhas (pele delgada).

Introdução

Neste capítulo, você vai estudar sobre a pele e suas funções, como proteção mecânica contra as radiações, barreira hídrica, regulação da temperatura corporal, defesa contra microrganismos, excreção de sais, síntese de vitamina D, entre outros. Por ser o maior órgão do corpo humano, a pele isola as vísceras do exterior e mantém um complexo sensorial que leva ao sistema nervoso central (SNC) informações sobre variáveis fisiológicas e ambientais (temperatura, pressão, tato, dor).

A pele e suas funções

A pele é o maior órgão do corpo humano e integra o sistema tegumentar, junto com seus anexos, que são:

- as glândulas sudoríparas;
- as glândulas sebáceas;
- os pelos e as unhas.

Por estar constantemente exposta ao meio externo, a pele pode ser vulnerável a infecções, doenças e lesões. Esse órgão reflete as condições de equilíbrio ou desequilíbrio homeostático, podendo alterar sua cor, textura e muitos outros aspectos. A área que estuda o sistema tegumentar é a Dermatologia.

Você sabia que a pele tem funções essenciais para garantir a sobrevivência do indivíduo? Para entender melhor o conteúdo, vamos conhecer tais funções.

Função protetora em relação ao meio externo

A pele é uma barreira física que protege o organismo contra microrganismos, substâncias químicas, lesões por traumas físicos e contra o ressecamento por perda de água.

Além dessa proteção física, existe a proteção imunológica, oferecida pelas células epiteliais, que representam a primeira linha de defesa via sistema imune. A pele também protege o corpo contra a radiação ultravioleta ou raios ultravioletas (UV) do espectro luminoso. Um dos tipos de células da pele, os melanócitos, produz melanina, um polímero pigmentado com capacidade de absorver esses raios, evitando danos ao organismo.

Síntese de vitamina D

A vitamina D é extremamente importante para o corpo humano e está envolvida nas funções de manutenção do tecido ósseo e influência benéfica junto ao sistema imunológico. As principais fontes da vitamina D são obtidas pela dieta e pela produção de precursores da vitamina pela pele.

Saiba mais

Síntese da vitamina D
Com a exposição à luz UV, a provitamina D3 (7-di-hidrocolesterol) existente na epiderme é convertida em pré-vitamina D, que se converte em vitamina D3. A vitamina D3 é então convertida para sua forma metabolicamente ativa no fígado e nos rins.

Regulação térmica

A pele é capaz de manter e regular a temperatura corporal pelo suor e pela variação do fluxo sanguíneo. Recebendo estímulos nervosos para controlar a temperatura corporal, tem o objetivo de estabilizar ao máximo a temperatura ao nível de 36,5° C.

Exemplo

Em um dia muito quente, as glândulas sudoríparas aumentarão o volume de suor, para que essa camada úmida na pele evapore e resfrie o corpo. O fluxo sanguíneo nos capilares cutâneos também irá se adaptar para que, por convecção, o calor se dissipe mais facilmente pela pele. Assim se explica o motivo do rubor na pele em um dia com alta temperatura. Agora, qual é a resposta em um dia com temperatura baixa, em que ocorre queda da temperatura corporal? Exatamente o contrário, pois a produção de suor é inibida, e o fluxo sanguíneo é redirecionado da pele para os órgãos vitais, desencadeando a diminuição da circulação nas extremidades do corpo, na tentativa de evitar a hipotermia.

Portanto, pelos arrepiados em um dia muito frio também são respostas da pele à queda de temperatura: na tentativa de manter o corpo quente, todos os pelos eretos ao mesmo tempo podem fazer com que o ar quente que emana do corpo permaneça próximo à pele.

Detecção das sensações

A pele possui receptores especiais conectados ao sistema nervoso central e periférico que captam determinados tipos de estímulos externos. Esses receptores são ativados por estímulos relacionados à temperatura, à dor, a diferentes tipos de pressão, ao prurido e a cócegas.

Identidade e estética

O aspecto da pele afeta a percepção da idade, da etnia, do estado de saúde e da atratividade. Alguns distúrbios da pele que podem interferir na autoimagem são:

- lesões cutâneas;
- erupções;

- cabelo;
- pigmento;
- acne.

> **Fique atento**
>
> A melanina produzida é armazenada nos melanossomos, que são organelas especializadas. Todos os humanos apresentam o mesmo número de melanócitos, mas a variedade nos tons de cor da pele decorre de variações no número de melanossomos. Os indivíduos com pele mais escura possuem melanossomos em maior número, maiores e mais dispersos.

Epiderme, derme e hipoderme

A pele é composta por duas porções: epitelial de origem ectodérmica, a **epiderme**, e de origem mesodérmica, a **derme** (Figura 1). Em certas regiões do corpo, a epiderme varia em sua espessura, originando a pele fina e a pele espessa.

- Pele espessa: encontrada na palma das mãos, na região plantar dos pés e em algumas articulações.
- Pele fina: encontrada no restante da superfície do corpo.

A **hipoderme** ou tecido celular subcutâneo se encontra logo abaixo, em continuidade com a derme, que não faz parte propriamente da pele, mas serve como conexão com tecidos subjacentes. A hipoderme é composta por:

- Tecido conjuntivo frouxo, que pode conter uma grande quantidade de células adiposas, constituindo o panículo adiposo.

A união entre a epiderme e a derme é bastante irregular, sendo que a derme possui projeções chamadas de papilas dérmicas que se encaixam em forma de reentrâncias na epiderme. Essas reentrâncias são as cristas epidérmicas e aumentam a coesão entre essas duas camadas.

Sistema tegumentar: pele e anexos | 199

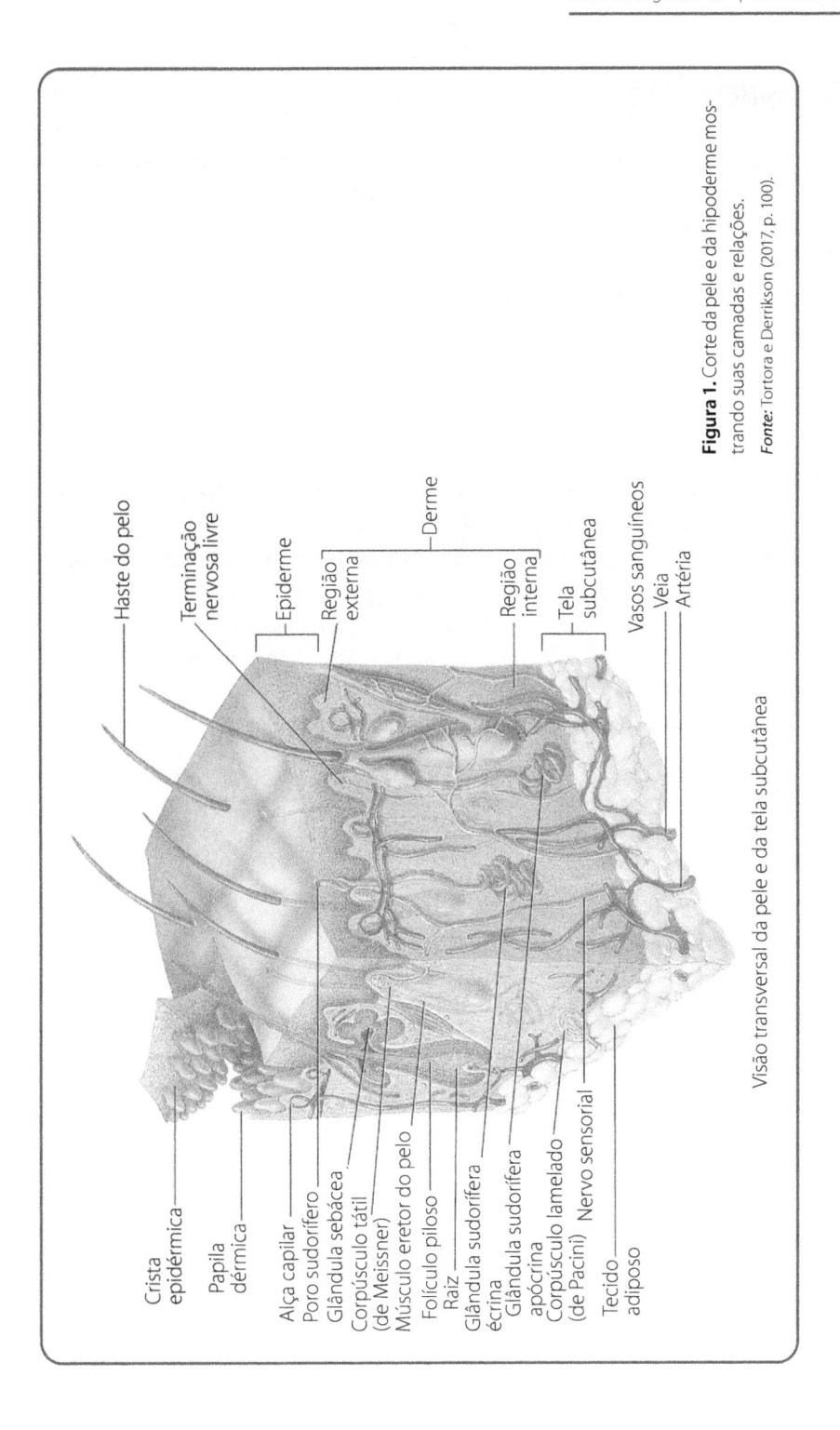

Visão transversal da pele e da tela subcutânea

Crista epidérmica
Papila dérmica
Alça capilar
Poro sudoríparo
Glândula sebácea
Corpúsculo tátil (de Meissner)
Músculo eretor do pelo
Folículo piloso
Raiz
Glândula sudorífera écrina
Glândula sudorífera apócrina
Corpúsculo lamelado (de Pacini)
Nervo sensorial
Tecido adiposo

Haste do pelo
Terminação nervosa livre
Epiderme
Região externa
Região interna
Derme
Tela subcutânea
Vasos sanguíneos
Veia
Artéria

Figura 1. Corte da pele e da hipoderme mostrando suas camadas e relações.
Fonte: Tortora e Derrikson (2017, p. 100).

Epiderme

Composta por epitélio estratificado pavimentoso queratinizado. Suas células mais abundantes são os queratinócitos (Figura 2). A epiderme é constituída também por:

- células de Langerhans;
- melanócitos;
- células de Merkel.

Os **queratinócitos** são dispostos em quatro ou cinco camadas ou estratos e produzem a proteína queratina – que é forte e fibrosa, capaz de proteger a pele contra abrasões, calor, microrganismos e contra substâncias químicas.

As **células de Langerhans** contribuem para a resposta imune como apresentadoras de antígenos, pois ajudam as outras células do sistema imunológico a reconhecerem microrganismos ou substâncias nocivas externas.

Os **melanócitos** têm projeções finas e compridas que se estendem entre os queratinócitos e produzem o pigmento melanina. A melanina contribui para a cor da pele e absorve os raios UV.

As **células de Merkel** captam a sensibilidade da pele enviando para o SNC.

Saiba mais

Diferenças entre a pele espessa e a pele fina
Pele espessa. Epiderme com camada córnea mais grossa, derme papilar e reticular que nutre as células nucleadas da epiderme. A camada papilar é mais pronunciada do que na pele fina. As glândulas sudoríparas são o único anexo da pele grossa.
Pele fina. Epiderme com camada córnea mais fina, derme reticular e papilar, hipoderme com a raiz dos folículos pilosos, glândulas sudoríparas e glândulas sebáceas. Não contém camada lúcida.

Sistema tegumentar: pele e anexos

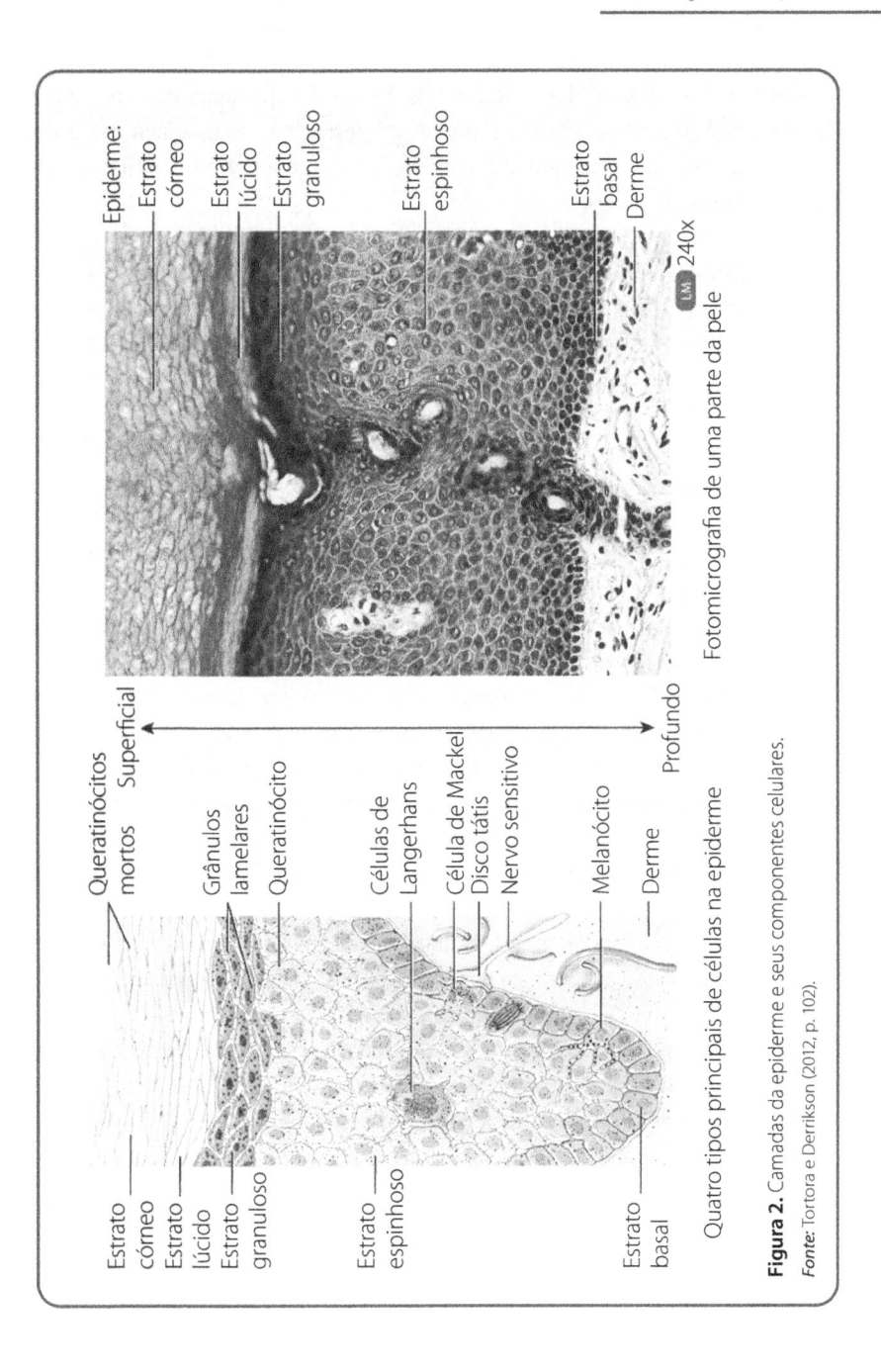

Epiderme:
- Estrato córneo
- Estrato lúcido
- Estrato granuloso
- Estrato espinhoso
- Estrato basal

Derme

240x

Fotomicrografia de uma parte da pele

Queratinócitos mortos — Superficial
Grânulos lamelares
Queratinócito
Células de Langerhans
Célula de Mackel
Disco tátis
Nervo sensitivo
Melanócito
Derme — Profundo

Estrato córneo
Estrato lúcido
Estrato granuloso
Estrato espinhoso
Estrato basal

Quatro tipos principais de células na epiderme

Figura 2. Camadas da epiderme e seus componentes celulares.

Fonte: Tortora e Derrikson (2012, p. 102).

A superfície das células epiteliais da epiderme apresenta desmossomos que garantem a união entre as células. A epiderme apresenta cinco camadas ou estratos, seguindo da camada mais profunda até a mais superficial. Tais camadas são as seguintes:

- **Camada basal.** É a mais profunda da epiderme. Composta por uma única coluna de queratinócitos cuboides ou colunares. Entre os queratinócitos estão algumas células-tronco que vão sofrendo divisão para produzirem continuamente novos queratinócitos.
- **Camada espinhosa.** Proporciona força e ao mesmo tempo flexibilidade para a pele. Tem de oito a dez estratos de queratinócitos, que se interligam de forma paralela.
- **Camada granulosa.** Composta por 3 a 5 estratos de queratinócitos de aspecto achatado, pois passam por apoptose (processo que leva à morte celular geneticamente programada). A apoptose faz com que o núcleo se fragmente antes que essas células morram. Essa camada apresenta queratina. Os queratinócitos dessa camada possuem grânulos lamelares, os quais liberam uma secreção rica em lipídios, que agem como um selador à prova d'água. Dessa maneira, ocorre o retardo da perda de líquidos corporais e a entrada de substâncias e materiais do meio externo.
- **Camada lúcida.** Está presente somente na pele grossa de áreas como pontas dos dedos, palmas das mãos e plantas dos pés. É composta por 3 a 5 estratos de queratinócitos achatados, translúcidos e mortos que contêm grandes quantidades de queratina.
- **Camada córnea.** Nessa altura da epiderme, o chamado estrato lúcido ou camada lúcida é composta por 25 a 30 estratos de queratinócitos achatados e mortos. As células são continuamente descartadas e substituídas por células das camadas mais profundas. Essa camada é mais evidente na pele espessa. As camadas múltiplas de células mortas auxiliam na proteção dos estratos mais profundos contra lesões e microrganismos.

Derme

A derme é uma camada de tecido conjuntivo contendo fibras colágenas e elásticas, na qual a epiderme se apoia e que une a pele ao tecido subcutâneo ou hipoderme. Apresenta espessura variável de acordo com a região do corpo.

A derme possui papilas dérmicas que são projeções digitiformes estendidas para a superfície inferior da epiderme. Algumas têm capilares sanguíneos ao seu redor, outras contêm receptores táteis chamados de corpúsculos de toque ou corpúsculos de Meissner (terminações nervosas sensíveis ao tato).

Associadas às papilas, também existem terminações nervosas livres, que captam sensações de temperatura, dor, cócegas e prurido (coceira).

A porção mais profunda da derme está conectada à tela subcutânea. É formada por tecido conjuntivo irregular denso, que contém feixes de fibras colágenas e algumas fibras elásticas inferiores. O que faz parte dessas fibras:

- células adiposas;
- folículos pilosos;
- nervos;
- glândulas sebáceas;
- glândulas sudoríparas.

As fibras colágenas e as elásticas na derme proporcionam a extensibilidade (capacidade de distensão), e a elasticidade (habilidade da pele de retornar à forma original, após distensão).

Exemplo

Graus de extensibilidade da pele são constatados na gravidez e na obesidade. A extensibilidade excessiva pode causar pequenas ranhuras na derme, causando estrias, ou marcas de distensão, que são linhas avermelhadas ou branco-prateadas na superfície da pele.

Hipoderme

A hipoderme ou tela subcutânea é composta por tecido conjuntivo frouxo, que une a derme aos órgãos subjacentes. Possui grande vasos sanguíneos que irrigam a pele e também grande número de células adiposas ou adipócitos. Fibroblastos também são encontrados. Essa camada proporciona o deslizamento da pele sobre as estruturas nas quais se apoia e, quando desenvolvida, constitui o panículo adiposo.

O **panículo adiposo** modela o corpo e é considerado a reserva de energia e isolamento contra temperatura ambiente baixa.

> **Saiba mais**
>
> **Medicamentos adesivos**
> Existem medicamentos que são administrados de forma transdérmica, isto é, são absorvidos pela pele de forma gradual, contínua e controlada. Em forma de adesivo, o medicamento é absorvido, entrando pela corrente sanguínea, nos vasos da derme. Por exemplo, já está disponível, em forma de adesivo, a nitroglicerina para a *angina pectoris*.

Os anexos da pele

Os anexos da pele são as glândulas, os pelos e as unhas.

Glândulas

Glândulas sudoríparas

Existem dois tipos de glândulas sudoríparas: as écrinas e as apócrinas.

- **Écrinas.** Mais comuns do que as apócrinas, encontram-se ao longo da superfície da maioria das regiões do corpo, regulando sua temperatura por meio da evaporação. O suor produzido pelas glândulas écrinas é composto por:
    - água;
    - íons;
    - ureia;
    - ácido úrico;
    - amônia;
    - aminoácidos;
    - glicose;
    - ácido láctico.

> **Saiba mais**
>
> As glândulas écrinas não estão presentes nas margens dos lábios, unhas dos dedos, glande peniana, glande clitoriana, pequenos lábios e tímpanos. Sua maior porção secretora está localizada na derme.

- **Apócrinas.** Encontradas na pele da axila, virilha, auréolas da mama e regiões da barba na face de homens adultos. Não tem função na regulação da temperatura corporal.

Sua composição tem os mesmos elementos do suor écrino; porém, com mais lipídios e proteínas. Seu suor não tem odor, mas metaboliza seus componentes ao interagir com as bactérias da superfície da pele, e isso dá ao suor apócrino odor almiscarado, chamado de odor corporal.

Essas glândulas são ativadas durante o suor emocional.

Glândulas sebáceas

Conectadas aos folículos pilosos e suas porções secretoras, estão localizadas na derme e se abrem em folículos pilosos ou diretamente na superfície da pele.

> **Saiba mais**
>
> Não existem glândulas sebáceas nas palmas das mãos e nas plantas dos pés.

As glândulas sebáceas secretam uma substância oleosa chamada sebo. Veja suas funções:

- mantêm o pelo hidratado;
- evitam a evaporação excessiva de água da pele;
- mantêm a pele macia;
- inibem o crescimento de algumas bactérias.

Fique atento

As glândulas sudoríparas écrinas também liberam suor em resposta ao estresse ou à tensão emocional – por exemplo, medo ou vergonha. Esse suor é conhecido como suor emocional ou suar frio. O suor emocional ocorre nas palmas das mãos, na planta dos pés e nas axilas, para depois se espalhar para outras áreas do corpo. As glândulas sudoríparas apócrinas produzem suor em resposta a situações de tensão sexual. As glândulas sudoríparas écrinas começam a funcionar logo após o nascimento. As glândulas sudoríparas apócrinas começam a funcionar na puberdade.

Glândulas ceruminosas

Localizadas na porção externa do canal auditivo, o canal da orelha externa. A combinação das glândulas ceruminosas e sebáceas gera uma secreção de coloração amarelada: o cerume ou cera de ouvido.

- **Cerume.** Em conjunto com os pelos no canal auditivo externo, proporciona uma barreira que impede a entrada de materiais externos e insetos. Deixa o canal à prova d'água e evita que bactérias e fungos entrem no canal auditivo.

Pelos

Os pelos ou cabelos são estruturas finas e queratinizadas que se desenvolvem a partir de uma invaginação da pele. Estão presentes na maior parte da superfície da pele, exceto na superfície palmar da mão e dos dedos, plantas dos pés e superfície plantar dos dedos dos pés.

Em indivíduos adultos, os cabelos estão distribuídos no couro cabeludo, acima dos olhos, na parte externa da genitália e nas narinas. Sua cor, tamanho, espessura e distribuição variam de acordo com a raça, a influência genética e as ações hormonais. Os pelos crescem descontinuamente, intercalando fases de repouso e de crescimento.

Cada pelo é um conjunto de células epidérmicas queratinizadas, fundidas e mortas, formatadas em uma haste e uma raiz (Figura 3).

- **Haste.** Porção superficial do pelo.
- **Raiz.** Porção abaixo da superfície da pele, que adentra na derme. Em sua volta está o folículo piloso, formado por duas camadas de células epidérmicas, as bainhas reticulares internas e externas, que por sua vez, estão envolvidas por uma bainha de tecido conjuntivo.

Ao redor de cada folículo piloso estão terminações nervosas chamadas de **plexo da raiz**, que são estimuladas quando os pelos são tocados.

Na base de cada folículo existe uma dilatação chamada bulbo piloso, e no seu centro se observa uma papila dérmica. As células que recobrem a papila formam a raiz do pelo, de onde emerge o eixo do pelo.

(a) Pelo e estruturas vizinhas

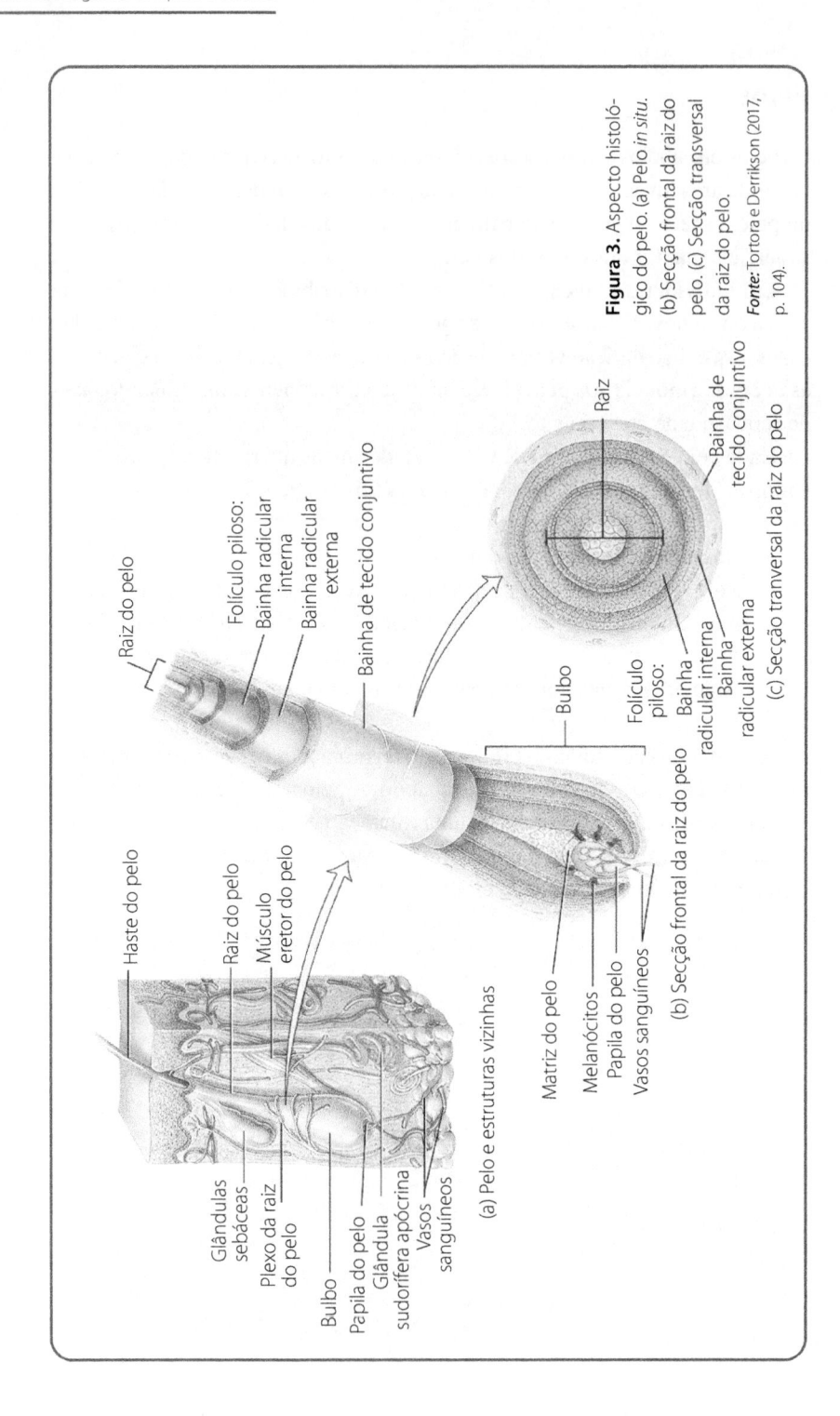

- Haste do pelo
- Raiz do pelo
- Músculo eretor do pelo
- Glândulas sebáceas
- Plexo da raiz do pelo
- Bulbo
- Papila do pelo
- Glândula sudorífera apócrina
- Vasos sanguíneos

- Raiz do pelo
- Folículo piloso:
  - Bainha radicular interna
  - Bainha radicular externa
- Bainha de tecido conjuntivo

(b) Secção frontal da raiz do pelo

- Matriz do pelo
- Melanócitos
- Papila do pelo
- Vasos sanguíneos
- Bulbo
- Folículo piloso:
  - Bainha radicular interna
  - Bainha radicular externa

(c) Secção transversal da raiz do pelo

- Raiz
- Bainha de tecido conjuntivo

Figura 3. Aspecto histológico do pelo. (a) Pelo *in situ*. (b) Secção frontal da raiz do pelo. (c) Secção transversal da raiz do pelo. *Fonte:* Tortora e Derrikson (2017, p. 104).

Unhas

São placas de células queratinizadas mortas. São localizadas na superfície dorsal das falanges distais dos dedos das mãos e dos dedos dos pés, agrupadas na epiderme (Figura 4).

Cada unha é formada pelo corpo, por uma borda livre pela raiz da unha. O que é visível é o corpo da unha e a borda livre. A maior parte da coloração do seu corpo é rósea, devido aos capilares sanguíneos que estão logo abaixo. A região esbranquiçada em forma de meia-lua se chama lúnula, e sua coloração é menos rósea devido ao estrato basal mais espesso na área. A porção mais próxima ao epitélio, perto da raiz, é a matriz (região em que as células se dividem para produzir novas células que vão formar a unha).

Funções das unhas:

- desempenham proteção das pontas dos dedos;
- auxiliam a manipular e pegar objetos;
- permitem coçar a pele.

Link

No site da Sociedade Brasileira de Dermatologia, você vai encontrar informações sobre o que é dermatologia, cuidados gerais com a pele, doenças relacionadas, procedimentos médicos, notícias e eventos. Confira!

https://goo.gl/ndCO3

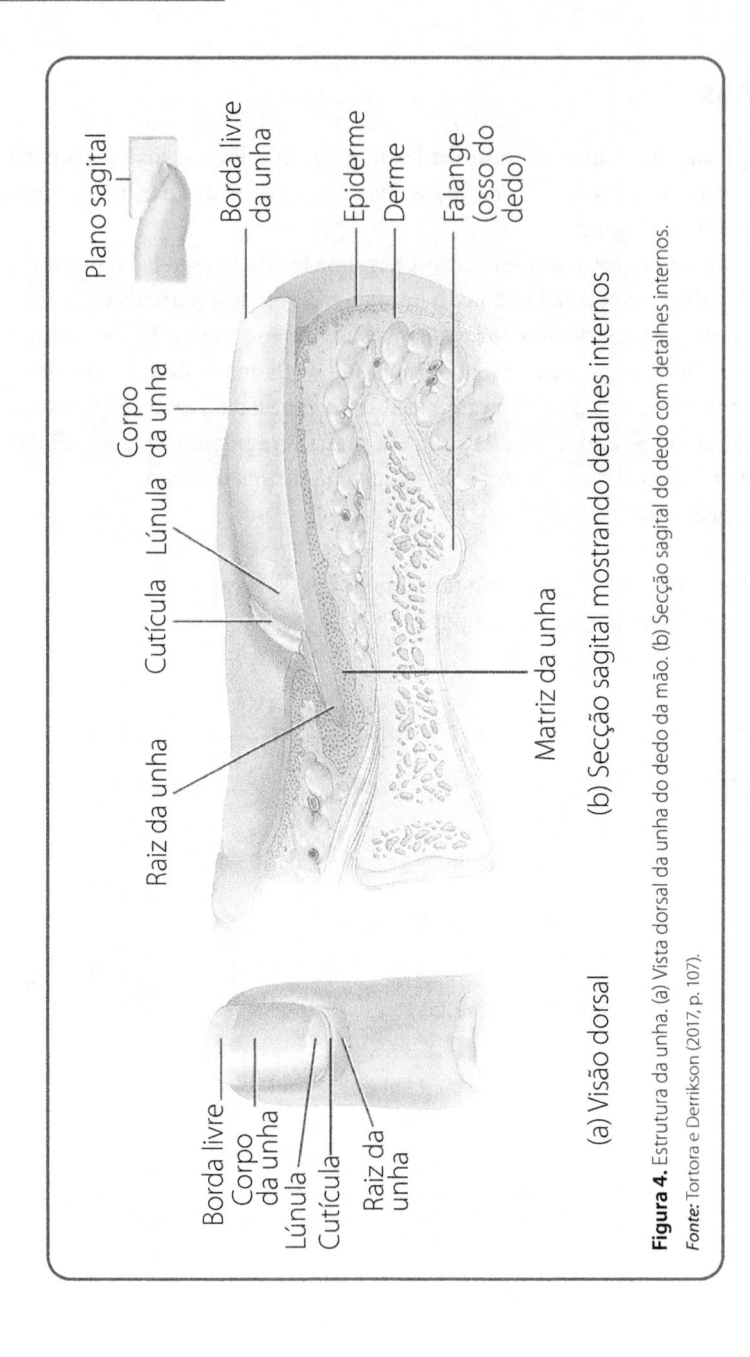

Figura 4. Estrutura da unha. (a) Vista dorsal da unha do dedo da mão. (b) Secção sagital do dedo com detalhes internos.

Fonte: Tortora e Derrikson (2017, p. 107).

Exercícios

1. A hipoderme ou tecido subcutâneo é formada por tecido conjuntivo frouxo e une a derme aos órgãos subjacentes. Quais são as células encontradas com mais abundância em um corte histológico da hipoderme?
   a) Adipócitos e fibroblastos.
   b) Fibroblastos e fibras musculares.
   c) Células de Langerhans e adipócitos.
   d) Melanócitos e queratinócitos.
   e) Fibroblastos e queratinócitos.

2. Número, tamanho e atividade das glândulas sebáceas variam de um local para outro dentro da própria pele. Em qual localização do corpo **não** são encontradas as glândulas sebáceas?
   a) Couro cabeludo.
   b) Pequenos lábios.
   c) Sola dos pés.
   d) Pavilhão auricular.
   e) Mucosa bucal.

3. A pele é um dos maiores órgãos do corpo humano e tem estrutura e função variáveis, de acordo com seu local e com os órgãos aos quais ela se associa. Proteção, termorregulação, percepção de estímulos e secreção são exemplos das suas múltiplas funções. Sobre esse órgão, marque a alternativa **incorreta**.
   a) A região subcutânea ou hipoderme é a camada mais profunda. Em geral, composta por tecido adiposo.
   b) As glândulas sebáceas estão presentes na pele fina e possuem secreção holócrina, em que todo o material celular é excretado juntamente com o produto de secreção formado pela célula.
   c) A melanina (pigmento especial geralmente produzido, armazenado e utilizado pela derme) participa ativamente da função protetora exercida pela pele.
   d) A pele pode ser dividida em duas camadas, uma conjuntiva (de origem mesodérmica) e outra epitelial (de origem ectodérmica).
   e) Na região palmar das mãos, plantar dos pés e em algumas articulações é, geralmente, encontrada uma pele mais espessa, se comparada ao resto do corpo.

4. A epiderme contém as seguintes estruturas, **exceto**:
   a) terminações livres.
   b) grânulos de querato hialina.
   c) desmossomos.
   d) vasos sanguíneos.
   e) melanina.

5. Qual é o estrato da epiderme que está diretamente envolvido com a renovação celular do epitélio?
   a) Estrato espinhoso.
   b) Estrato granuloso.
   c) Estrato basal (germinativo).
   d) Estrato lúcido.
   e) Estrato córneo.

Referências

TORTORA, G. J.; DERRIKSON, B. *Corpo humano*: fundamentos de anatomia e fisiologia. 8. ed. Porto Alegre: Artmed, 2012.

TORTORA, G. J.; DERRIKSON, B. *Corpo humano*: fundamentos de anatomia e fisiologia. 10. ed. Porto Alegre: Artmed, 2017.

Leituras recomendadas

EYNARD, A. R.; VALENTICH, M. A.; ROVASIO, R. A. *Histologia e embriologia humanas*: bases celulares e moleculares. 4. ed. Porto Alegre: Artmed, 2010.

KÜHNEL, W. *Histologia*: texto e atlas. 12. ed. Porto Alegre: Artmed, 2010.

SOUTOR, C.; HORDINSKY, M. *Dermatologia clínica (LANGE)*. Porto Alegre: AMGH, 2014.

Tecido muscular: músculo liso

Objetivos de aprendizagem

Ao final deste texto, você deve apresentar os seguintes aprendizados:

- Caracterizar histologicamente o tecido muscular liso.
- Nomear os componentes de uma fibra muscular lisa.
- Reconhecer a estrutura e a composição molecular da contração muscular.

Introdução

Neste capítulo, você vai estudar sobre o tecido muscular liso, os componentes de sua fibra, a estrutura e as moléculas, além de sua função, que é movimentar de maneira involuntária os órgãos internos do corpo, como bexiga, intestinos e estômago.

A histologia do músculo liso

Os três tipos de músculos do corpo humano são: liso, cardíaco e estriado esquelético. A musculatura lisa compõe a camada muscular do trato gastrintestinal, que tem início no esôfago, estômago até o intestino delgado (Figura 1). Veja por onde a musculatura lisa perpassa:

- intestino grosso;
- vasos sanguíneos (artérias e veias);
- grandes vasos linfáticos;
- trato geniturinário (ureteres, bexiga, uretra, útero, tubas uterinas e canais deferentes);
- vias aéreas inferiores (traqueia e brônquios);
- outros órgãos e estruturas ocas e tubulares;

- mamilos;
- saco escrotal (Figura 2);
- músculos piloeretores da pele e da íris no olho.

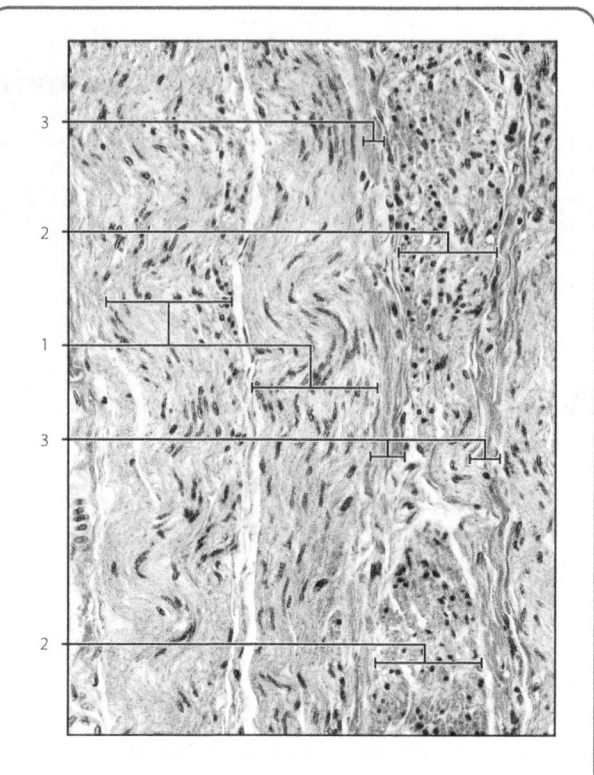

Figura 1. Músculo liso, intestino delgado, ser humano, H&E, 256x. A fotomicrografia de baixa resolução revela parte da parede do intestino delgado, a muscular externa. O lado esquerdo da fotomicrografia apresenta dois feixes longitudinalmente seccionados (1), enquanto o lado direito mostra feixes de músculo liso em corte transversal (2). Observe que, nos feixes cortados longitudinalmente, os núcleos das células do músculo liso são alongados; já os núcleos dos feixes de músculo liso, cortados transversalmente, aparecem circulares. Entremeado entre os feixes, encontra-se o tecido conjuntivo denso não modelado (3).
Fonte: Ross, Pawlina e Barnash (2012, p. 90-91).

Sua estrutura é em feixes ou camadas de células alongadas e em forma de fuso, e é composto por células uninucleadas. Essas células estão dispostas de maneira peculiar, já que as porções mais finas fazem contato com as zonas mais grossas das células vizinhas. Isso é observado em cortes longitudinais na microscopia óptica. A organização de sua estrutura tem relação estreita com a função do tecido muscular liso.

Saiba mais

No intestino, são encontradas duas camadas musculares: uma circular e outra longitudinal. Elas são responsáveis pelos movimentos peristálticos que propulsionam distalmente o conteúdo intestinal.

As células musculares lisas medem cerca de 50 a 100 µm de comprimento e seu diâmetro é de aproximadamente 5 µm; porém, o comprimento depende do grau de contração muscular.

Sua união se faz por junções comunicantes que possibilitam a passagem de pequenas moléculas e íons entre as células, além de permitir a regulação da contração do feixe ou da bainha inteira de músculo liso.

Muitas vezes, em preparações com hematoxilina-eosina, o músculo liso se cora, tanto quanto o tecido conjuntivo denso. É importante saber que quando seccionados longitudinalmente, ambos parecem uniformes e alongados; quando seccionados transversalmente, são circulares (Figura 2).

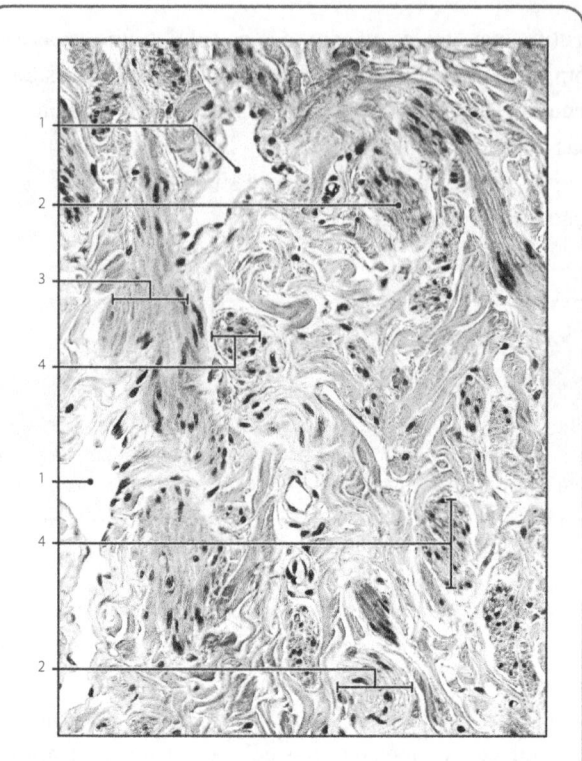

Figura 2. Músculo liso, saco escrotal, ser humano, H&E, 256×. O escroto é um saco tegumentar e fibromuscular que abriga os testículos. Consiste em pele e camadas subjacentes do músculo dartos. Este último é uma camada de fibras musculares lisas arranjadas em vários planos. Com isso, um corte em qualquer orientação mostra feixes de fibras cortadas longitudinalmente (3), transversalmente (4) e diagonalmente (2). Nesse fragmento, vários vasos linfáticos (1) são observados.
Fonte: Ross, Pawlina e Barnash (2012, p. 92-93).

Os feixes musculares estão unidos entre si por tecido conjuntivo frouxo vascularizado. Cada fibra muscular lisa é envolvida por uma membrana basal composta por fibras reticulares e por uma substância amorfa, que contém glicoproteínas e glicosaminoglicanos.

Uma unidade anatômica do músculo liso é composta por uma extensa trama de fibras reticulares e colágenas. Além disso, entre as fibras musculares lisas estão filetes nervosos amielínicos do sistema nervoso simpático e do sistema nervoso parassimpático.

> **Fique atento**
>
> O tamanho das fibras musculares lisas é alterado em certos estados fisiológicos, por exemplo, durante a gestação – o músculo do útero (miométrio) aumenta consideravelmente de tamanho, para depois voltar paulatinamente a suas dimensões normais pós-parto. Como há muitas mudanças no trato genital feminino, essas variações de tamanho ficam sob o controle hormonal.

Componentes da fibra muscular lisa

Cada fibra muscular ou célula muscular lisa está envolvida por uma rede de filamentos de proteína, o endomísio. Diferente da fibra muscular esquelética, a fibra lisa não apresenta perimísio e nem epimísio.

Nem mesmo com microscópio você conseguirá visualizar os limites da fibra muscular lisa com facilidade! Além disso, cada fibra apresenta somente um núcleo.

O núcleo visto em seu diâmetro maior é alongado e tem a forma de um cilindro com extremidades arredondadas. Em cortes transversais, tem a forma da secção, em geral arredondada, mas pode mostrar indentações tanto transversais quanto longitudinais (veja a Figura 1).

Em preparações com hematoxilina-eosina, o tecido muscular liso é corado uniformemente pela eosina devido à concentração de actina e miosina presentes no sarcoplasma dessas células. Mesmo não sendo tão organizados, como no músculo estriado esquelético, os filamentos grossos de miosina costumam estar envolvidos por uma dezena de filamentos de actina, e ambos os filamentos formam grupos, feixes ou unidades.

Confira as organelas que você vai encontrar em todas as células:

- mitocôndrias;
- complexo de Golgi;
- tubos do retículo sarcoplasmático;
- inclusões (partículas insolúveis, conforme mostra a Figura 3).

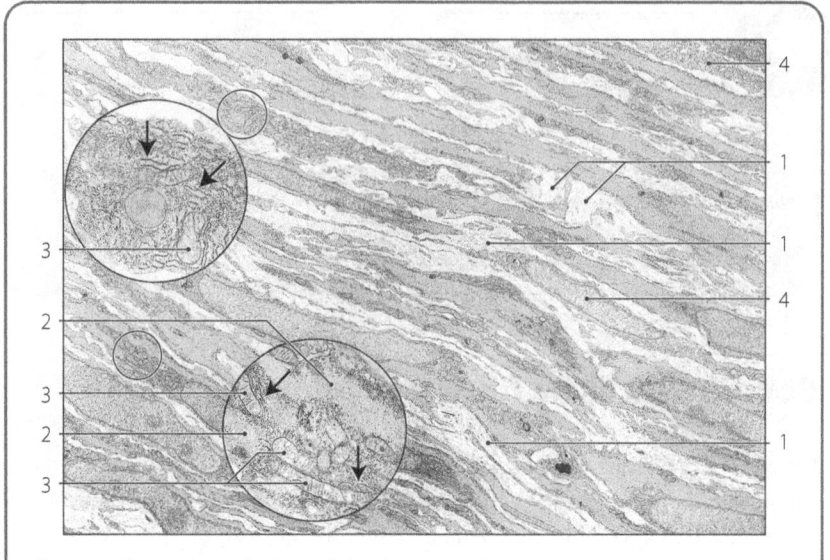

Figura 3. Eletromicrografia (5.500×) da tuba uterina de um macaco. As imagens circulares estão em aumento de 20.000×. As células musculares estão orientadas longitudinalmente e são vistas em estado relativamente relaxado, como mostra o contorno liso de seus núcleos. O espaço intercelular é ocupado por fibrilas colágenas (1) que seguem entre as células em vários planos. O local particularmente selecionado mostra uma área filamentosa (2), uma região contendo mitocôndrias (3) e alguns contornos de retículo endoplasmático rugoso (REr) (setas). Vários fibroblastos (4) aparecem nesta eletromicrografia. Observe os contornos dilatados maiores e mais numerosos de retículo endoplasmático (setas).
Fonte: Ross, Pawlina e Barnash (2012, p. 94-95).

Estrutura e composição molecular da contração muscular

As características funcionais do músculo liso são excitabilidade e contratilidade. A maioria das fibras musculares lisas se contrai ou relaxa em resposta a impulsos nervosos a partir do sistema nervoso autônomo (involuntário). Também um dos estímulos mais importantes é a distensão do órgão, que produz o alongamento das fibras musculares, como ocorre na bexiga urinária, no útero e nos intestinos. Além disso, muitas fibras musculares lisas contraem-se ou relaxam em resposta a hormônios ou a fatores locais, como mudanças no pH, níveis de oxigênio e dióxido de carbono, temperatura e concentrações de íons.

Quando a fibra muscular se contrai, ela se encurta, e o diâmetro, na sua parte central, aumenta. Ainda, quando a célula está em contração máxima, o núcleo apresenta um formato que lembra um saca-rolhas. Durante graus menores de contração, o núcleo pode apresentar um formato moderadamente espiralado (Figuras 4 e 5).

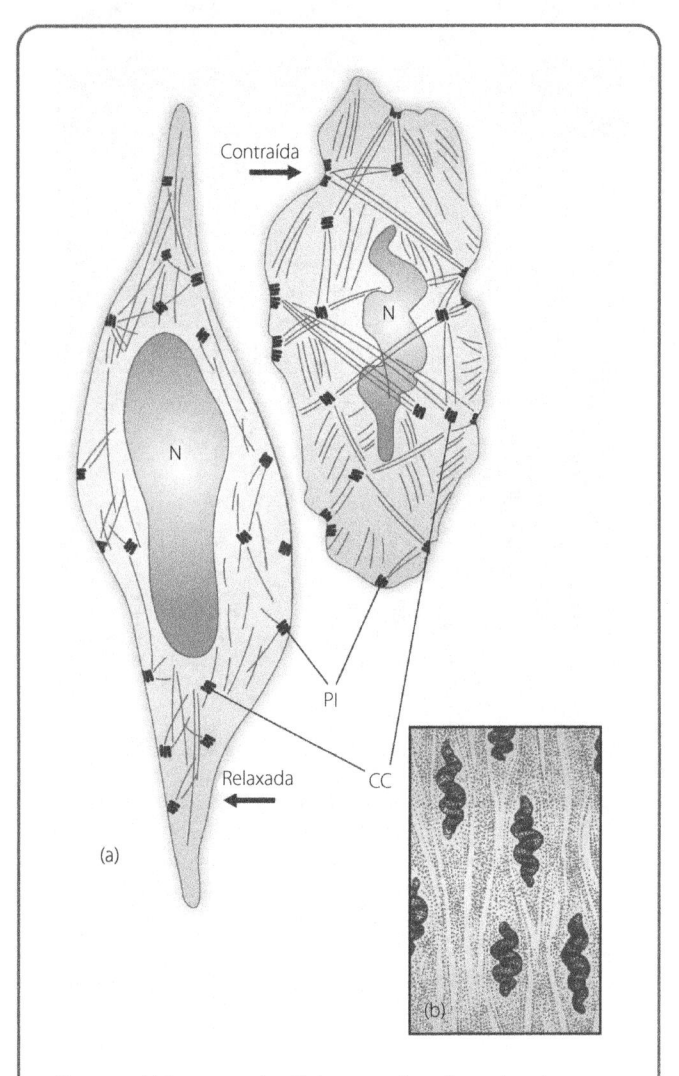

Figura 4. (a) Diagrama de células musculares lisas relaxadas e contraídas. (b) Núcleos de células contraídas com aspectos espiralados. PI, placas de inserção; CC, condensações citoplasmáticas; em preto, agrupamento dos feixes de miofilamentos.
Fonte: Eynard, Valentich e Rovasio (2010, p. 315).

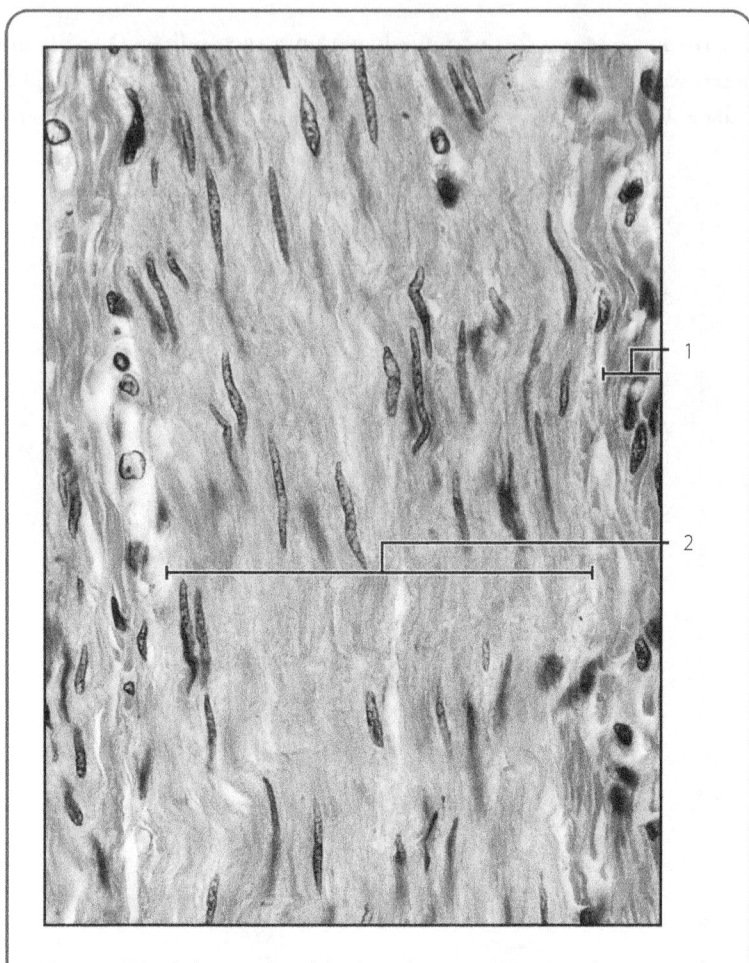

Figura 5. Músculo liso, intestino delgado, ser humano, H&E, 512×. A fotomicrografia de aumento maior mostra um feixe de células musculares lisas (2). Observe o formato ondulado dos núcleos, o que indica uma contração parcial das células. Os núcleos que aparecem no tecido conjuntivo denso (1), ao contrário, mostram uma variedade de formatos.

Fonte: Ross, Pawlina eBarnash (2012).

A contratilidade do músculo liso é bem mais lenta do que a do músculo esquelético, e a fibra lisa consegue se manter contraída por um período mais longo de tempo. O relaxamento ocorre quando os íons cálcio entram nas fibras musculares lisas de forma lenta e se movem para fora da fibra muscular quando a excitação tem o seu declínio.

A presença prolongada de cálcio no citosol gera ao tônus do músculo liso um estado de contração parcial contínua. Dessa maneira, o tecido muscular liso pode sustentar um tônus de longo prazo, que é importante nas paredes dos órgãos que mantêm pressão sobre o seu conteúdo e nas paredes das artérias e veias.

A contração do músculo liso é regulada pela concentração intracelular de íons cálcio; apesar disso, a resposta da célula é diferente da contração dos músculos estriados.

Saiba mais

Quando há uma excitação da membrana, os íons cálcio armazenados no retículo sarcoplasmático são liberados para o sarcoplasma e se ligam a uma proteína, a calmodulina. Esse complexo ativa uma enzima que fosforila a miosina e permite que ela se ligue à actina.

A actina e a miosina interagem praticamente da mesma forma que nos músculos estriados, o que resulta na contração muscular.

Fique atento

Há diferenças notáveis nas características fisiológicas do músculo liso de diversos órgãos. Em condições patológicas, um aumento das contrações do músculo liso é a causa de dores muito intensas chamadas cólicas. Exemplos: cólica renal (quando um cálculo penetra nas vias urinárias), cólica hepática (obstrução súbita do duto cístico), qualquer eventualidade que impeça o trânsito normal do conteúdo intestinal (oclusão intestinal) e cólica intestinal por irritação intestinal seguida de diarreia.

Exercícios

1. Os músculos são tecidos especializados que constituem aproximadamente 40% de toda a massa corporal. Podemos classificá-los em três tipos básicos: estriado esquelético, estriado cardíaco e liso. O tipo liso não apresenta estriações transversais características dos outros tecidos musculares. Isso ocorre porque:
   a) não existem filamentos de actina e miosina nesse tipo de tecido muscular.
   b) os filamentos de actina e miosina não estão organizados em um padrão regular nesse tipo de tecido muscular.
   c) existe apenas actina nesse tipo de tecido muscular.
   d) as células não estão agrupadas, formando feixes nesse tipo de tecido muscular.
   e) não se observa a presença de miosina nesse tipo de tecido muscular.

2. Os músculos envolvidos no deslocamento do corpo e nos movimentos do sistema digestivo são, respectivamente, dos tipos:
   a) liso e esquelético.
   b) esquelético e estriado.
   c) liso e estriado.
   d) estriado e liso.
   e) estriado cardíaco e liso.

3. "A constrição dos brônquios na asma é causada por uma hiperatividade das células musculares _____ nas paredes das vias aéreas pequenas. Esse quadro pode ser revertido pela administração de medicamentos beta-agonistas que, ao agirem nos receptores celulares, causam ___ da musculatura _____" (STEVES e JAMES, 2001). Marque a alternativa que completa corretamente a frase.
   a) lisas – contração – lisa.
   b) estriadas esqueléticas – relaxamento – estriada.
   c) lisas – contração – estriada.
   d) estriadas esqueléticas – contração – lisa.
   e) lisas – relaxamento – lisa.

4. Quais células o tecido muscular liso ou não estriado apresenta?
   a) Longas e com núcleo único.
   b) Curtas e com núcleo único.
   c) Curtas e com dois a três núcleos.
   d) Curtas e com múltiplos núcleos.
   e) Longas e com múltiplos núcleos.

5. O músculo liso ou não estriado, assim como os outros tecidos musculares, apresenta capacidade de contração. Qual sistema controla a contração nesses tecidos?
   a) Sistema nervoso central.
   b) Sistema endócrino.
   c) Sistema nervoso somático.
   d) Sistema nervoso autônomo.
   e) Sistema cardiovascular.

Referências

EYNARD, A. R.; VALENTICH, M. A.; ROVASIO, R. A. *Histologia e embriologia humanas*: bases celulares e moleculares. 4. ed. Porto Alegre: Artmed, 2010.

ROSS, M. H.; PAWLINA, W.; BARNASH, T. A. *Atlas de histologia descritiva*. Porto Alegre: Artmed, 2012.

Leituras recomendadas

KÜHNEL, W. *Histologia*: texto e atlas. 12. ed. Porto Alegre: Artmed, 2010.

TORTORA, G. J.; DERRIKSON, B. *Corpo humano*: fundamentos de anatomia e fisiologia. 10. ed. Porto Alegre: Artmed, 2017.

Tecido muscular: músculo esquelético

Objetivos de aprendizagem

Ao final deste texto, você deve apresentar os seguintes aprendizados:

- Caracterizar histologicamente o tecido muscular estriado esquelético.
- Nomear os componentes de um sarcômero.
- Reconhecer a estrutura e composição molecular da contração muscular.

Introdução

Neste capítulo, você vai estudar o tecido muscular estriado esquelético, sua histologia e componentes. Também conhecerá a estrutura molecular, além de saber mais sobre a função de movimentar o nosso corpo de forma voluntária.

Histologia

O tecido muscular esquelético é um dos três tipos de músculos do corpo e tem a característica de ser voluntário. Cada músculo esquelético é composto por centenas a milhares de células alongadas, chamadas de fibras musculares, paralelamente dispostas.

As células musculares ou fibras musculares podem ser muito longas, como o músculo sartório da coxa, em que algumas fibras têm o mesmo comprimento do próprio músculo, isto é, 25 a 30 cm.

> **Na prática**
>
> No músculo esquelético, as fibras musculares estão organizadas em fascículos ou feixes, e cada uma está envolvida por uma membrana basal que possui glicoproteínas, imersas entre as fibrilas reticulares, que têm continuidade no endomísio, no qual estão distribuídos os vasos sanguíneos e os nervos responsáveis pela inervação do músculo.
> O tecido conectivo forma septos que envolvem fascículos cada vez maiores, e é denominado perimísio. O epimísio envolve o conjunto de fascículos com maior quantidade de fibras colágenas, formando o envoltório do músculo correspondente. O tecido conectivo do perimísio é agrupado nas extremidades dos músculos e forma fibras tendinosas do tecido conectivo denso laminado, cujo conjunto forma os tendões que se inserem no osso.
> Veja em realidade aumentada os componentes do músculo esquelético.
>
> Aponte para o QR code ou acesse o *link*
> **https://goo.gl/NtmGRd** para ver o recurso.

Cada fibra muscular possui vários núcleos e é envolvida por uma membrana plasmática, chamada de **sarcolema**. Existem túbulos transversais, os túbulos T, que se invaginam a partir da superfície em direção ao centro de cada fibra muscular. Os túbulos T permitem que o líquido extracelular penetre profundamente no citoplasma da fibra muscular.

O conjunto das duas cisternas transversais e o túbulo T formam uma tríade. Cada sarcômero tem duas tríades (Figuras 1 e 4).

O citoplasma da fibra muscular é o sarcoplasma. Nele, há mitocôndrias que produzem grande quantidade de trifosfato de adenosina (ATP) durante a contração muscular. Estendendo-se por todo o sarcoplasma, está o retículo sarcoplasmático, uma rede de túbulos envolvidos por membrana, que armazena íons cálcio, necessários durante a contração do músculo. No sarcoplasma também existem moléculas de mioglobina, um pigmento avermelhado semelhante à hemoglobina do sangue, que armazena o oxigênio até que ele seja necessário pela mitocôndria para gerar ATP.

Estendendo-se ao longo de todo o comprimento da fibra muscular, estão estruturas cilíndricas chamadas de miofibrilas (Figuras 3 e 4).

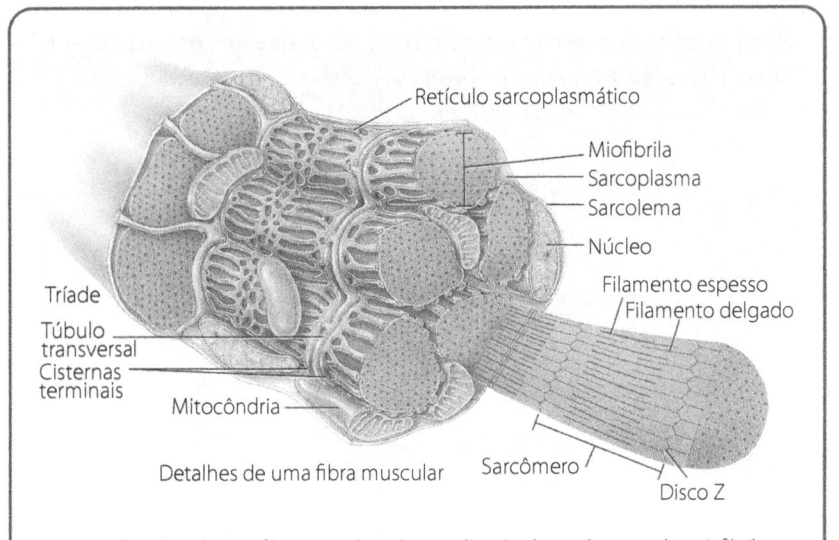

Figura 1. Detalhes de uma fibra muscular até a visualização do sarcômero e das miofibrilas.
Fonte: Tortora e Derrikson (2012, p. 188).

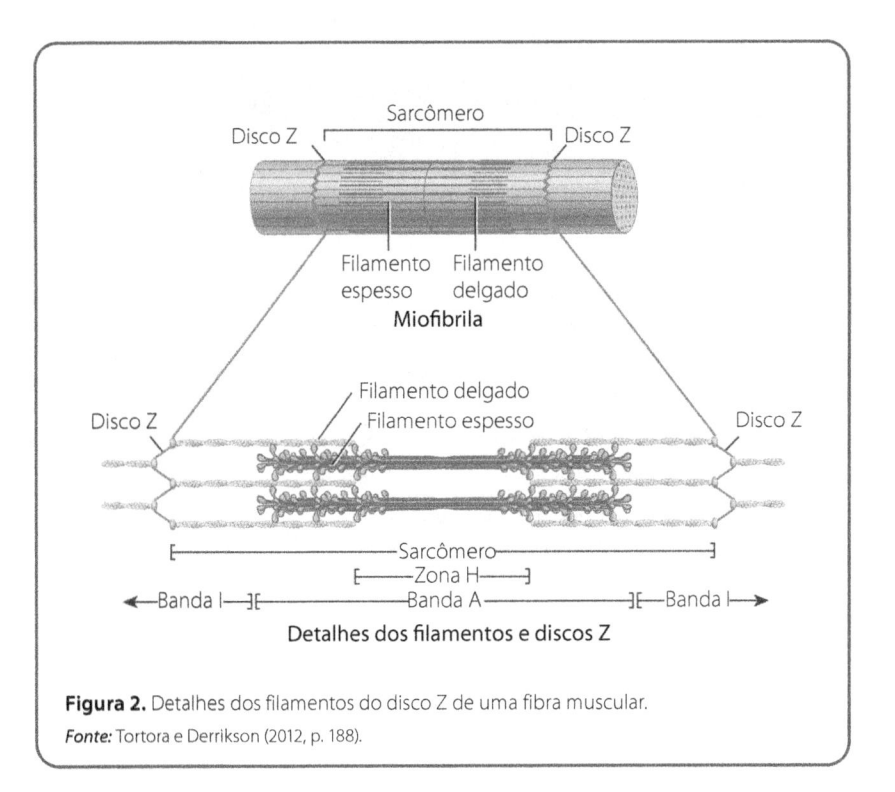

Figura 2. Detalhes dos filamentos do disco Z de uma fibra muscular.
Fonte: Tortora e Derrikson (2012, p. 188).

Cada miofibrila consiste em dois tipos de filamentos proteicos, os **filamentos delgados** e **filamentos espessos** (Figuras 2 e 3), que não se estendem por todo o comprimento de uma fibra muscular.

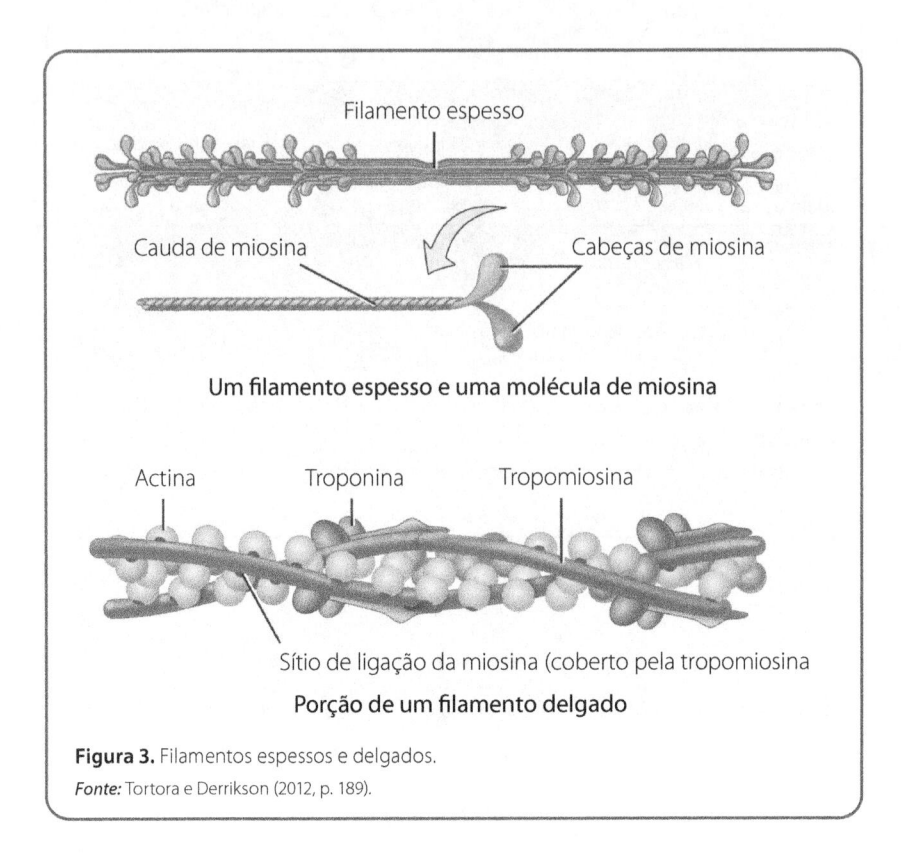

Filamento espesso

Cauda de miosina   Cabeças de miosina

Um filamento espesso e uma molécula de miosina

Actina   Troponina   Tropomiosina

Sítio de ligação da miosina (coberto pela tropomiosina
Porção de um filamento delgado

Figura 3. Filamentos espessos e delgados.
Fonte: Tortora e Derrikson (2012, p. 189).

Os filamentos formam compartimentos chamados de sarcômeros, que são as unidades funcionais básicas das fibras musculares estriadas (Figura 5).

O miócito ou fibra muscular possui também:

- retículo sarcoplasmático;
- complexo de Golgi;
- inclusões de gordura;
- grumos de glicogênio;
- citoesqueleto muito desenvolvido.

Na placa motora ocorre a estimulação para a contração muscular, em que o axônio de um neurônio motor irá desencadear o potencial de ação. O neurotransmissor da junção neuromuscular é a acetilcolina. O motoneurônio e as fibras musculares inervados por ele constituem uma unidade motora.

Componentes do sarcômero

Sarcômero é a porção da miofibrila compreendida entre duas linhas Z que mede, aproximadamente, 2,5 µm de comprimento e constitui a unidade estrutural e funcional da miofibrila (Figura 5). Um sarcômero compreende uma faixa A inteira e a metade das faixas I contíguas.

O comprimento de um sarcômero observado nos cortes histológicos não é constante, mas depende do estado de contração, relaxamento ou distensão (alongamento) em que o músculo estava no momento da fixação.

Dentro de cada sarcômero, uma área escura, chamada de banda A, estende-se por todo o comprimento dos filamentos espessos. No centro de cada banda A está uma estreita zona H, que contém somente os filamentos espessos.

Na região de cor mais clara, em cada lado da banda A, está a banda I, que contém o resto dos filamentos delgados, mas sem filamentos espessos. Cada banda I estende-se para dentro de dois sarcômeros, divididas ao meio por um disco Z.

As cabeças de miosina são filamentos espessos compostos de proteína miosina, que tem a forma de dois tacos de golfe entrelaçados, formando a porção das caudas da miosina.

Os filamentos delgados são ancorados nos discos Z, e seu principal componente é a proteína actina. Cada molécula de actina contém um sítio de ligação de miosina, em que uma cabeça de miosina pode se fixar. Os filamentos delgados contêm duas outras proteínas, **tropomiosina** e **troponina**.

Em um músculo relaxado, a miosina está impedida de se ligar à actina, pois os filamentos de tropomiosina cobrem os sítios de ligação de miosina na actina. Os filamentos de tropomiosina, por sua vez, estão seguros em seu lugar pelas moléculas de troponina.

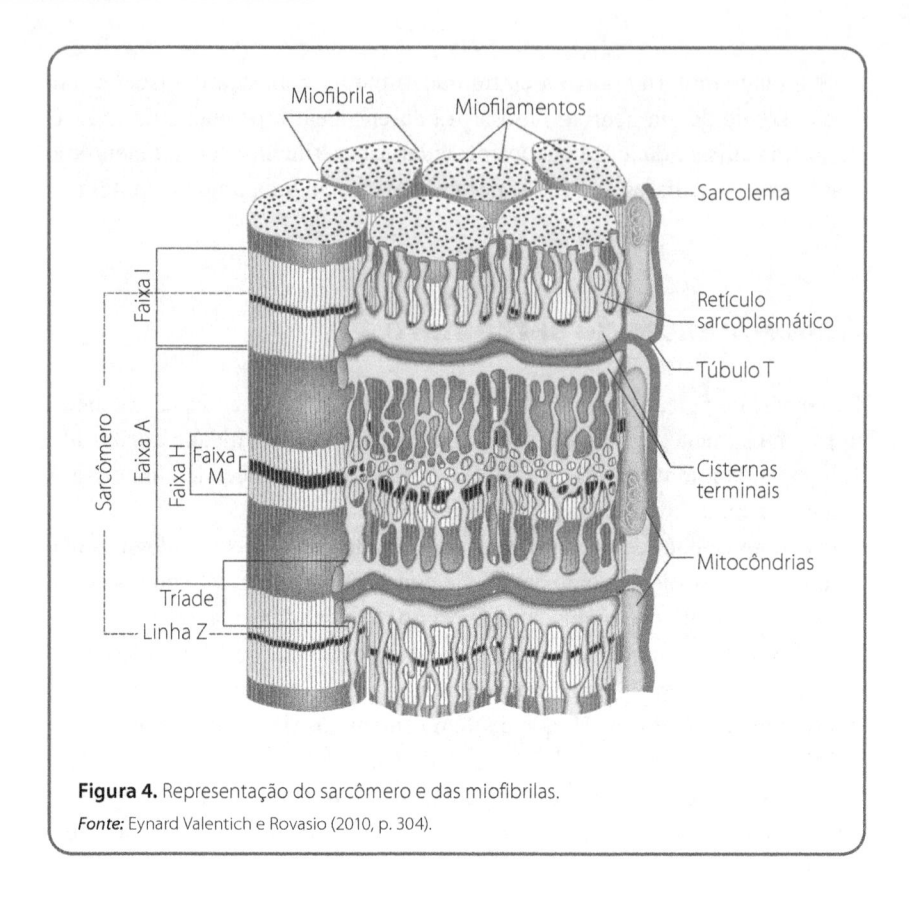

Figura 4. Representação do sarcômero e das miofibrilas.
Fonte: Eynard Valentich e Rovasio (2010, p. 304).

Saiba mais

Placa motora em uma fibra muscular é a região em que ocorre a estimulação nervosa do músculo, isto é, o axônio de um neurônio forma uma sinapse com a célula muscular.

Estrutura e composição molecular da contração

Para que ocorra a contração muscular, é necessário um estímulo nervoso que chegue ao músculo, para ser desencadeado um mecanismo complexo de resposta contrátil.

A contração é um processo ativo que consome energia gerada pela molécula ATP, sintetizada nas mitocôndrias da fibra muscular. O estímulo nervoso chega à placa motora em cada célula muscular e é transmitido ao interior da fibra pela despolarização do sarcolema e dos túbulos T.

Saiba mais

Para ocorrer a contração muscular, é crucial que haja Ca^{2+} e energia disponíveis na forma de ATP. Quando um potencial de ação muscular se propaga ao longo do sarcolema e no interior do sistema de túbulos T, os canais de liberação de Ca^{2+} se abrem e permitem que o Ca^{2+} escape para o sarcoplasma. O Ca^{2+} se liga a moléculas de troponina, nos filamentos delgados, e faz com que a troponina mude sua forma. Essa mudança na forma move a tropomiosina para longe dos sítios de ligação de miosina na actina.

Uma vez que os sítios de ligação de miosina são descobertos, o ciclo de contração se inicia (Figura 5). Veja a sequência dos eventos:

1. **Decomposição do ATP.** As cabeças de miosina contêm ATPase (enzima que quebra ATP em ADP [difosfato de adenosina] e em P [grupo fosfato]). Essa reação de decomposição transfere energia para a cabeça de miosina, embora o ADP e o P permaneçam ligados a ela.
2. **Formação de pontes cruzadas.** As cabeças de miosina energizadas fixam-se aos sítios de ligação de miosina na actina e liberam os grupos fosfatos. Quando as cabeças de miosina se fixam à actina, durante a contração, elas são referidas como pontes cruzadas.
3. **Pico de força.** Após as pontes cruzadas se formarem, ocorre o pico de força, no qual as pontes cruzadas giram e liberam o ADP. A força produzida por centenas de pontes cruzadas giratórias desliza o filamento delgado sobre o filamento espesso, em direção ao centro do sarcômero.
4. **Ligação ao ATP e separação.** Ao final do pico de força, as pontes cruzadas permanecem firmemente fixadas à actina. Quando elas se ligam em outra molécula de ATP, as cabeças de miosina se destacam da actina.

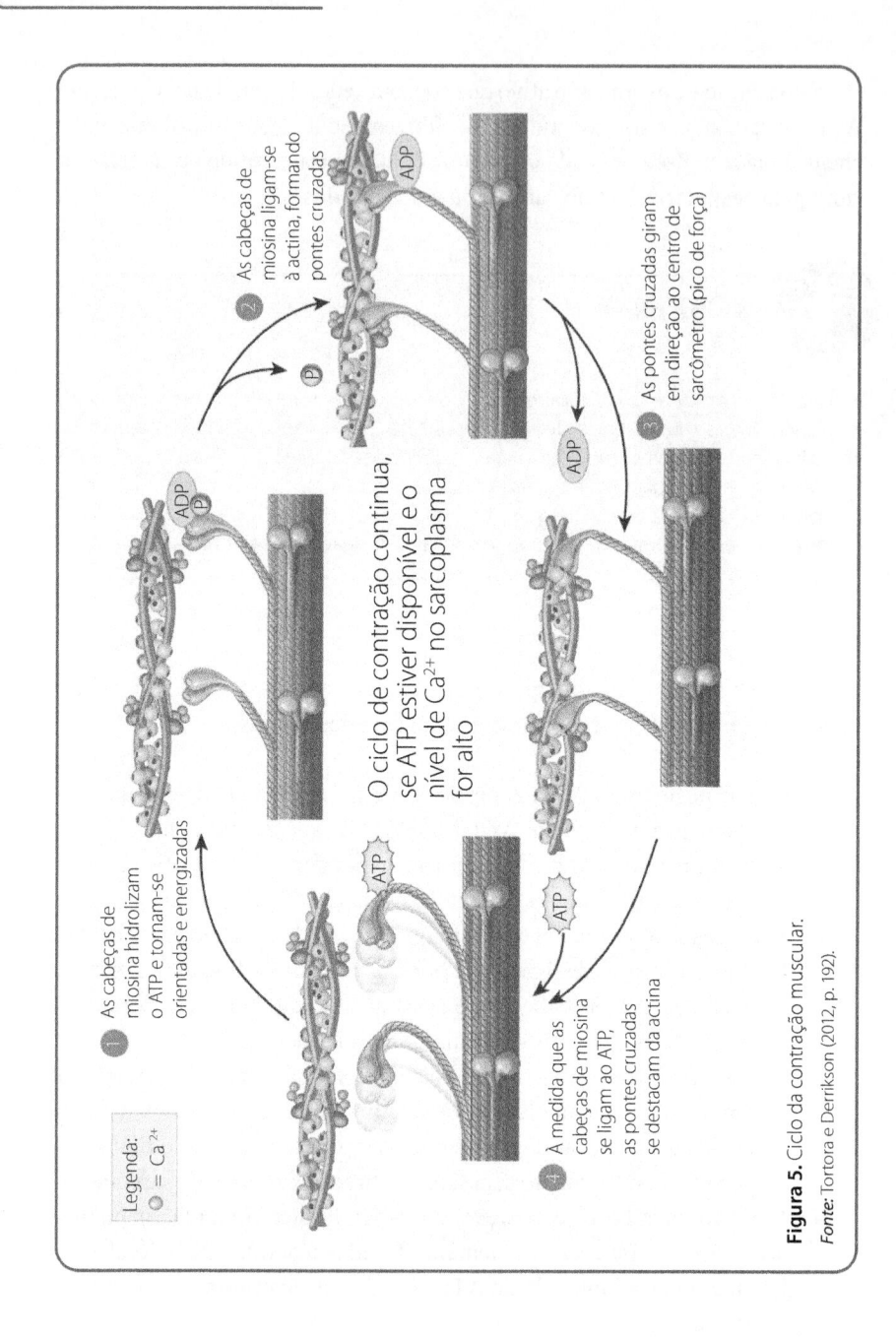

Figura 5. Ciclo da contração muscular.
Fonte: Tortora e Derrikson (2012, p. 192).

Quando a miosina ATPase novamente quebra ATP, a cabeça de miosina é reorientada e energizada. Com isso, ela está pronta para se combinar com outro sítio de ligação de miosina mais adiante ao longo do filamento delgado.

O ciclo de contração repete-se enquanto ATP e Ca^{2+} estão disponíveis no sarcoplasma. A todo instante, algumas das cabeças de miosina estão fixadas à actina, formando pontes cruzadas e gerando força, e outras cabeças estão destacadas da actina e prontas para se ligar de novo. Durante a contração máxima, o sarcômero pode encurtar até a metade do seu comprimento em repouso.

Embora o sarcômero encurte em razão da sobreposição dos filamentos delgados e espessos, os comprimentos dos filamentos delgados e espessos não se alteram. O que realmente causa o encurtamento das fibras musculares é o deslizamento dos filamentos e o encurtamento do sarcômero (Figura 6).

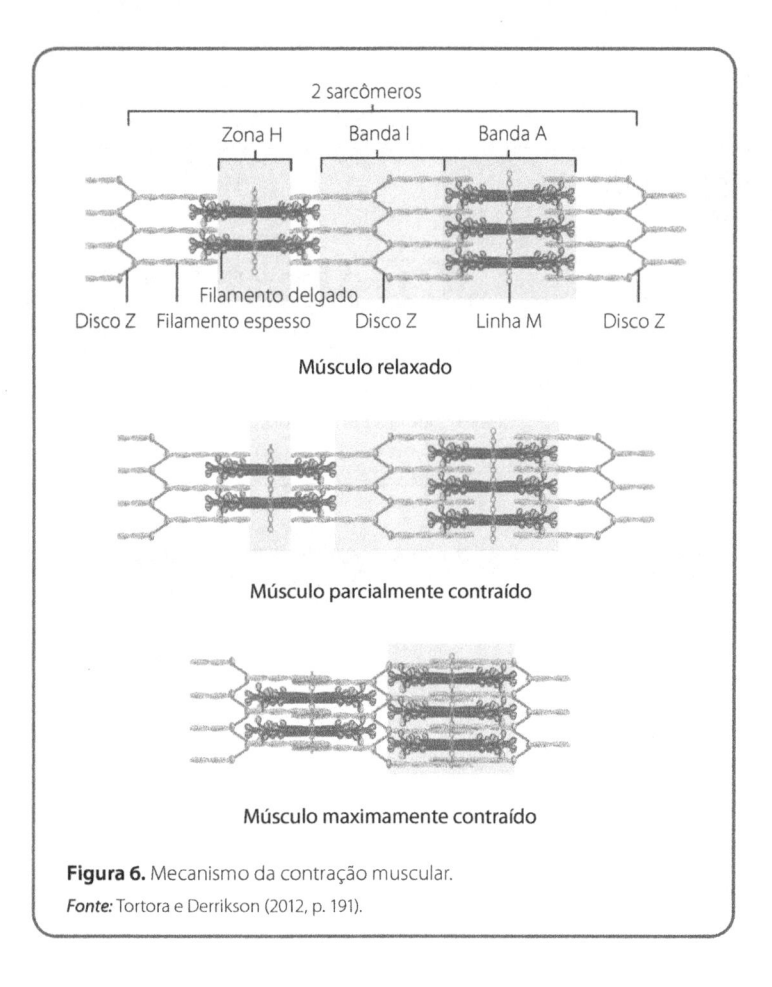

Figura 6. Mecanismo da contração muscular.
Fonte: Tortora e Derrikson (2012, p. 191).

> **Fique atento**
>
> O processo que envolve o mecanismo do filamento deslizante da contração muscular ocorre somente quando o nível de íons cálcio (Ca^{2+}) é alto o suficiente e o ATP está disponível.

O encurtamento do sarcômero na contração é vetorial e isso resulta na aproximação da inserção de um músculo (extremidade móvel) ao outro (extremidade fixa).

Você sabia que vários tipos de atividade física podem induzir mudanças nas fibras em um músculo esquelético? As fibras musculares transformadas mostram leves aumentos no número de mitocôndrias, no diâmetro, no suprimento sanguíneo e na força.

> **Saiba mais**
>
> Exercícios de resistência levam a mudanças cardiovasculares e respiratórias, fazendo com que os músculos recebam melhor suprimento de oxigênio e nutrientes, mas não aumentam a massa muscular. Portanto, exercícios que exigem grande força por curtos períodos produzem aumento no tamanho e na força das fibras musculares. O aumento em tamanho é devido à síntese aumentada dos filamentos espessos e delgados. O resultado global é o alargamento muscular ou hipertrofia, como os músculos volumosos dos fisiculturistas.

Exercícios

1. Existem três diferentes tipos de tecido muscular. Qual é a alternativa que indica corretamente o tipo de músculo relacionado com nossa locomoção?
 a) Estriado esquelético.
 b) Estriado cardíaco.
 c) Não estriado.
 d) Epitelial.
 e) Liso.

2. Durante a contração do músculo esquelético, o que se observa com o (ou no) sarcômero?
 a) Há encurtamento dos filamentos finos.
 b) Há encurtamento dos

filamentos grossos.
c) Há encurtamento dos filamentos finos e grossos.
d) Os filamentos finos sobrepõem-se aos grossos.
e) Não ocorre encurtamento do sarcômero.

3. Por que as células musculares são diferentes das células nervosas?
a) Expressam genes diferentes.
b) Possuem maior número de genes.
c) Usam códigos genéticos diferentes.
d) Possuem menor número de genes.
e) Contêm genes diferentes.

4. Do que é constituído o bife de boi?
a) Tecido muscular liso, que se caracteriza por apresentar contrações involuntárias.
b) Tecido muscular estriado esquelético, que realiza contrações voluntárias.
c) Tecido muscular liso, que se caracteriza por apresentar contrações constantes e vigorosas.
d) Tecido muscular estriado, caracterizado por apresentar contrações peristálticas reguladas pelo cálcio.
e) Tecido muscular estriado fibroso, que se caracteriza por apresentar contração involuntária.

5. O aumento de massa muscular induzido a partir da prática de exercício físico ocorre por qual fenômeno?
a) Hiperplasia.
b) Hipertrofia.
c) Hipertermia.
d) Atrofia.
e) Hipertensão.

Referências

EYNARD, A. R.; VALENTICH, M. A.; ROVASIO, R. A. *Histologia e embriologia humanas*: bases celulares e moleculares. 4. ed. Porto Alegre: Artmed, 2010.

TORTORA, G. J.; DERRIKSON, B. *Corpo humano*: fundamentos de anatomia e fisiologia. 8. ed. Porto Alegre: Artmed, 2012.

Leitura recomendada

KÜHNEL, W. *Histologia*: texto e atlas. 12. ed. Porto Alegre: Artmed, 2010.

Tecido muscular: músculo cardíaco

Objetivos de aprendizagem

Ao final deste texto, você deve apresentar os seguintes aprendizados:

- Identificar histologicamente o tecido muscular cardíaco.
- Reconhecer a estrutura e composição molecular da contração do músculo cardíaco.
- Descrever a função endócrina desempenhada pelo músculo cardíaco.

Introdução

Você sabia que o tecido muscular cardíaco é extremamente importante em nosso corpo, pois compõe o coração? Ele é um músculo estriado que apresenta pequenas diferenças dos demais tecidos estriados encontrados no organismo.

Com apenas um túbulo T e um retículo sarcoplasmático, o músculo cardíaco possui grande quantidade de mitocôndrias para dar suporte ao gasto energético da contração contínua.

Além disso, o músculo cardíaco tem função endócrina, com a liberação de um hormônio que influencia no controle da pressão arterial.

Neste capítulo, você vai acompanhar a caracterização histológica do músculo cardíaco, reconhecer sua estrutura e composição molecular de contração e conhecer sua função endócrina.

Caracterização histológica do tecido muscular cardíaco

O músculo cardíaco, ou miocárdio, é um músculo estriado devido ao arranjo das fibras contráteis. Está localizado no coração e é constituído por células com aproximadamente 15 mm de diâmetro por 85 a 100 µm de comprimento, caracterizadas por serem alongadas e ramificadas e por se prenderem por meio de junções intercelulares complexas.

Ao contrário das células do músculo esquelético – que são multinucleadas –, as fibras cardíacas contêm apenas um ou dois núcleos localizados centralmente. O músculo cardíaco apresenta estrias transversais semelhantes às do músculo esquelético. Sua função é bombear o sangue por meio dos vasos sanguíneos. As **fibras cardíacas** são circundadas por uma camada de tecido conjuntivo, que contém abundante rede de capilares sanguíneos.

Uma característica exclusiva do músculo cardíaco é que as linhas transversais são fortemente coráveis e aparecem em intervalos irregulares ao longo da célula. As estriações longitudinais são muito evidentes nas fibras cardíacas e dependem da organização paralela das miofibrilas. Você sabe por qual motivo isso ocorre? Pelo fato de que as fibras cardíacas têm mais sarcoplasma que as fibras esqueléticas, o que faz as fibras ficarem mais separadas entre si.

Saiba mais

O músculo cardíaco apresenta discos intercalares caracterizados por complexos juncionais encontrados na interface de células musculares adjacentes. Essas junções aparecem como linhas retas ou exibem um aspecto em escada. Há duas regiões nas partes em escada: a **parte transversal**, que cruza a fibra em ângulo reto, e a **parte lateral**, que se apresenta paralelamente aos miofilamentos.

Nos discos intercalares há três especializações juncionais principais: zônula de adesão, desmossomos e junções comunicantes.

- **Zônulas de adesão:** encontradas nas partes laterais. Servem para ancorar os filamentos de actina dos sarcômeros terminais. São a principal especialização da membrana da parte transversal do disco.
- **Desmossomos:** unem as células musculares cardíacas, impedindo que elas se separem durante a atividade contrátil.
- **Junções comunicantes: e**ncontradas nas partes laterais dos discos. Responsáveis pela continuidade iônica entre as células musculares adjacentes. A passagem dos íons entre cadeias de células musculares permite que o sinal de contração passe como uma onda de uma célula para outra.

O coração está coberto externamente por um epitélio pavimentoso simples, denominado **mesotélio**, que se apoia em uma fina camada de tecido conjuntivo que constitui o epicárdio.

A **camada subepicardial** de tecido conjuntivo frouxo contém veias, nervos e gânglios nervosos e também contém tecido adiposo. O epicárdio que envolve o coração corresponde ao folheto visceral do pericárdio. Entre o epicárdio e o folheto parietal existe uma quantidade pequena de fluido que facilita os movimentos do coração.

O esqueleto cardíaco é composto de tecido conjuntivo denso com fibras de colágeno grossas orientadas em várias direções, e seus principais componentes são:

- septo membranoso;
- trígono fibroso;
- ânulo fibroso.

Saiba mais

Você sabia que em determinadas regiões do esqueleto fibroso, podem ser encontrados nódulos de cartilagem fibrosa?

As válvulas cardíacas também consistem em um arcabouço central de tecido conjuntivo denso, que contém colágeno e fibras elásticas e é revestido por uma camada de endotélio. As bases das válvulas são presas aos anéis fibrosos do esqueleto cardíaco.

O músculo cardíaco é constituído por paredes formadas por três túnicas: a interna, também chamada de endocárdio; a média (ou miocárdio) e a externa, ou pericárdio. A região central do coração é fibrosa e denominada esqueleto fibroso. Essa região serve de ponto de apoio para as válvulas, sendo o local de origem e inserção das células musculares cardíacas.

O endocárdio é constituído por endotélio que repousa sobre uma camada subendotelial de tecido conjuntivo frouxo que contém fibras elásticas e colágenas e algumas células musculares lisas.

> **Saiba mais**
>
> Uma camada de tecido conjuntivo chamada de subendocardial faz a conexão entre o miocárdio e a camada subendotelial. Essa camada contém veias, nervos e ramos do sistema de condução do impulso do coração, as células de Purkinje. O miocárdio consiste em células musculares cardíacas organizadas em camadas que envolvem as câmaras do coração, inseridas no esqueleto cardíaco fibroso, e é a mais espessa das túnicas cardíacas. O arranjo das células musculares é extremamente variado, e podem ser vistas células orientadas em muitas direções.

O músculo cardíaco possui intenso metabolismo aeróbio, e por isso contém numerosas mitocôndrias, que ocupam aproximadamente 40% do volume citoplasmático. No músculo esquelético, as mitocôndrias ocupam apenas cerca de 2% do volume citoplasmático. A reserva energética do músculo cardíaco consiste no armazenamento de ácidos graxos sob a forma de triglicerídios, e também pequena quantidade de glicogênio, que fornece glicose quando há necessidade.

As células musculares cardíacas podem apresentar grânulos de lipofuscina, encontrados principalmente próximo às extremidades dos núcleos celulares. A lipofuscina é um pigmento castanho-amarelado depositado nas células que não se multiplicam e apresentam vida longa. Esse pigmento serve para detectar o tempo de vida celular, ou seja, quanto mais lipofuscina presente, mais velha é a célula (Figura 1).

Como o músculo cardíaco não se regenera, nas lesões ocorridas no coração, por exemplo, nos infartos, as partes destruídas são invadidas por fibroblastos que produzem fibras colágenas, formando uma cicatriz de tecido conjuntivo denso.

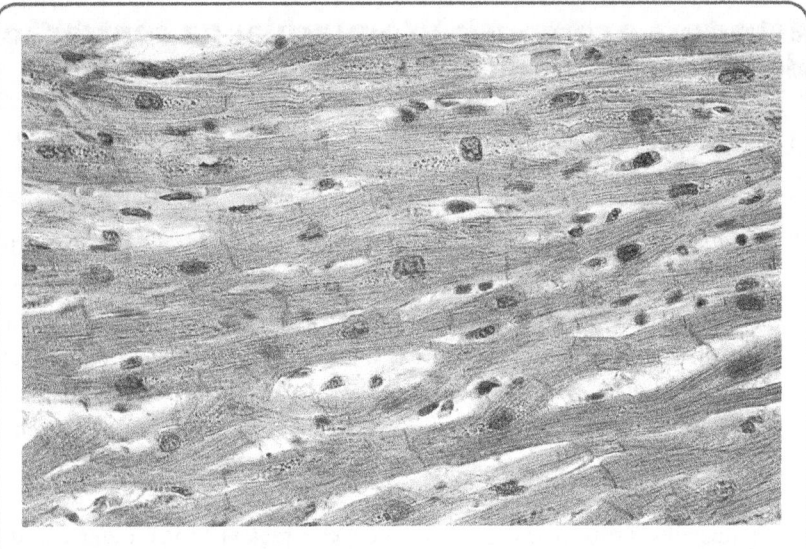

Figura 1. Imagem histológica dos miócitos estriados cardíacos com pigmentos de lipofuscina perto do núcleo. Coloração de hematoxilina e eosina.
Fonte: Jose Luis Calvo/Shutterstock.com.

Fique atento

O infarto agudo do miocárdio se caracteriza pela ausência ou pela redução da circulação sanguínea no coração, privando o músculo cardíaco (miocárdio), no local acometido, de oxigênio e nutrientes. Saiba que essa restrição pode induzir lesões que levam as células à morte e consequente morte tecidual, o que afeta a função do coração de bombear o sangue. O bloqueio do fluxo sanguíneo costuma se formar devido à obstrução de uma das artérias coronárias. Essa obstrução pode ocorrer devido à formação de placas ateroscleróticas, em que há deposição de colesterol e células inflamatórias sob a íntima do vaso, reduzindo a luz da artéria, ou bloqueando por completo a passagem sanguínea. Na prática, o sangue fica impedido de circular, tanto pelo desprendimento de um fragmento dessas placas quanto pela formação de coágulos nas artérias.

Estrutura e composição molecular da contração do músculo cardíaco

O coração é formado por três tipos de músculo cardíaco: o músculo atrial, o músculo ventricular e as fibras musculares excitatórias e condutoras.

- **Fibras musculares atriais e ventriculares:** sua contração é muito semelhante à contração das fibras musculares esqueléticas, à exceção do fato de que a duração de tal contração é maior nas fibras cardíacas.
- **Fibras excitatórias e condutoras:** sua contração é consideravelmente fraca, pois há poucas fibras contráteis. A ritmicidade e a propagação são mais evidentes, e formam um sistema excitatório que controla a ritmicidade e a contração cardíaca.

O músculo cardíaco se caracteriza pela contração rítmica, o que não depende da vontade. A excitabilidade e o automatismo são próprios do músculo cardíaco, sendo observados até quando o coração está separado do organismo. A **excitabilidade cardíaca** ocorre por conta do potencial de ação por parte das células individuais contráteis e por sua condução de célula a célula por uniões consideradas do tipo nexo.

Na fibra muscular cardíaca, o potencial de ação é provocado pela abertura de dois tipos de canais: os **canais rápidos de sódio** e os **canais lentos de cálcio**.

Platô cardíaco

Confira os fatores determinantes do platô cardíaco:

- **Canais lentos de cálcio:** responsáveis pela manutenção do longo período de despolarização, verificado no potencial de ação de uma fibra muscular cardíaca.
- **Diminuída permeabilidade da membrana aos íons potássio:** isso faz com que o efluxo de íons potássio, durante o platô do potencial de ação, diminua acentuadamente, o que impede o retorno precoce da voltagem do potencial de ação para seu valor de repouso.

Com o potencial em platô apresentado pelo músculo cardíaco, não há somação de contrações entre cada despolarização, pois o tempo de despolarização é prolongado para que exista tempo hábil para a contração.

Propagação do sinal elétrico

Para ela ocorrer, é necessária uma rede regular de células cardíacas acopladas, sem maiores descontinuidades, ou seja, um sincício elétrico.

Existem dois sincícios funcionais no coração, um **atrial** e outro **ventricular**, que são separados pelo esqueleto fibroso. O que isso possibilita? Que a contração nas fibras que compõem o sincício atrial ocorra em tempo diferente da que ocorre no sincício ventricular. Assim, enquanto os átrios se contraem (sístole atrial), o sangue é ejetado para os ventrículos (em diástole); e quando os átrios relaxam (diástole), o ventrículo se contrai (sístole ventricular), impulsionando o sangue para as artérias.

Portanto, a diferença de tempos entre os impulsos, ocasionado pelo tecido fibroso entre átrios e ventrículos, causa diferença de contração entre eles e possibilita que o coração impulsione sangue de forma mais eficiente.

Fibras de Purkinje

São o conjunto de células musculares cardíacas (encontradas no coração), especializadas na condução do impulso que se origina nos nódulos do sistema condutor. Essas fibras são de maior tamanho que as fibras cardíacas comuns e têm um ou dois núcleos centrais. O que elas apresentam? Sarcoplasma abundante e mais glicogênio que os miócitos comuns. Essa rede formada por células acopladas às outras células musculares do órgão faz com que as contrações dos átrios e ventrículos ocorram em determinada sequência, tornando possível que o coração exerça com eficiência sua função de bombeamento do sangue.

Em relação à estrutura e função das proteínas contráteis, as células musculares cardíacas apresentam praticamente as mesmas descritas para o músculo esquelético. No entanto, o sistema T e o retículo sarcoplasmático do músculo cardíaco não são tão bem organizados como no músculo esquelético.

Nos músculos que formam os ventrículos, os túbulos T são maiores do que no músculo esquelético e se localizam na altura da banda Z, não na junção das bandas A e I. Assim, no músculo cardíaco existe apenas uma expansão de túbulo T por sarcômero, e não duas, como ocorre no músculo esquelético. Além disso, o retículo sarcoplasmático não é tão desenvolvido no músculo cardíaco e distribui-se irregularmente entre os miofilamentos.

Os túbulos T se associam geralmente a uma expansão lateral do retículo sarcoplasmático e, por isso, as tríades não são frequentes nas células cardíacas. Dessa forma, ao analisar em microscópio eletrônico, você verá que uma das características do músculo cardíaco são os achados de díades, constituídos por um túbulo T e uma cisterna do retículo sarcoplasmático. No músculo esquelético, as tríades são constituídas por um túbulo T e duas cisternas do retículo sarcoplasmático.

Função endócrina desempenhada pelo músculo cardíaco

O que há nas fibras cardíacas? Elas apresentam grânulos secretores localizados próximo aos núcleos celulares, na região do aparelho de Golgi. Esses grânulos medem de 0,2 a 0,3 μm e são mais abundantes nas células musculares do átrio esquerdo, mas também existem no átrio direito e nos ventrículos.

Nos grânulos se encontra a molécula precursora do hormônio, ou peptídio atrial natriurético (ANP, *atrial natriuretic peptide*), que atua nos rins, aumentando a eliminação de sódio e água pela urina. O hormônio natriurético tem ação oposta à aldosterona, hormônio antidiurético que atua nos rins promovendo a retenção de sódio e água. Esses dois hormônios têm efeitos na pressão arterial – a aldosterona atua aumentando a pressão, enquanto o hormônio natriurético tem efeito contrário, baixando a pressão arterial.

Você sabe a função e do que depende a regulação da pressão arterial? É uma das funções fisiológicas mais complexas do organismo, dependendo das ações integradas dos sistemas cardiovasculares, renal, neural e endócrino.

Para desempenhar sua função, o hormônio ANP se liga aos receptores específicos de membrana. Foram descritos três subtipos de receptores: ANP**A**, ANP**B** e ANP**C**. Entenda:

- **Tipos A e B:** ligados ao funcionamento normal dos peptídios.
- **Tipo C:** relacionado à degradação dos três peptídios natriuréticos, para que a concentração deles seja diminuída na corrente sanguínea em uma situação em que eles não sejam mais necessários.

O peptídio atrial natriurético (ANP) e o peptídio natriurético tipo B (BNP) pertencem à família dos peptídios natriuréticos, sendo capazes de desencadear ações sobre o sistema circulatório, como hipotensão e diurese. Além disso, o hormônio também inibe a função de vários outros hormônios, como aldosterona, angiotensina II, endotelina, renina e vasopressina.

Os principais alvos do ANP são os músculos lisos dos vasos sanguíneos e os rins. Nos vasos sanguíneos, o ANP atua distendendo a musculatura lisa e aumentando a permeabilidade de capilares, permitindo a saída de água e sódio dos vasos. Nos rins, ele inibe a absorção de sódio, inibe a ação da aldosterona e neutraliza o sistema renina-angiotensina-aldosterona. Assim, ocorre maior excreção de sódio e água, e redução da pressão arterial.

Saiba mais

Além do hormônio ANP, outro sistema hormonal exerce influência sobre a pressão sanguínea, o sistema renina-angiotensina-aldosterona. O angiotensinogênio é produzido pelo fígado, está presente no sangue e é precursor da angiotensina I. Sua conversão é catalisada pela enzima renina, que é liberada pelos rins quando o sangue apresenta baixa concentração de sódio ou baixa pressão arterial.

A angiotensina I, que não apresenta ação vascular, é convertida em angiotensina II. Essa reação é catalisada pela enzima conversora de angiotensina (ECA), que é liberada pelo endotélio capilar dos pulmões. A angiotensina II ativa receptores específicos, promovendo a vasoconstrição e estimulando a liberação de aldosterona pelo córtex da glândula adrenal. A aldosterona promove a secreção de potássio e, consequentemente, a reabsorção de sódio. A vasoconstrição e a reabsorção de sódio resultam no aumento da pressão arterial.

Entre os fármacos com ação anti-hipertensiva, dois mecanismos eficazes são realizados por inibidores da enzima conversora de angiotensina (IECA) ou por bloqueadores dos receptores de angiotensina II (BRAII). Os IECA previnem a formação de angiotensina II na medida em que reduzem a quantidade de ECA. Produzem queda de pressão arterial por meio do aumento de substâncias vasodilatadoras (bradicinina e prostaglandina) e redução da angiotensina II, que é vasoconstritora. Importante! Esse mecanismo não é muito efetivo, uma vez que a angiotensina II pode ser produzida por vias alternativas. Já o BRAII é responsável por bloquear a atuação do principal receptor responsável pelos efeitos da angiotensina II. Esses bloqueadores deslocam a angiotensina II do receptor, de modo que seus efeitos hipertensores sejam limitados.

Exercícios

1. Em análises histológicas microscópicas, qual é a característica exclusiva do sistema muscular cardíaco?
   a) Estrias longitudinais.
   b) Estrias transversais.
   c) Núcleo único central.
   d) Discos intercalares.
   e) Maior sarcoplasma.

2. Qual é a região que serve de ponto de apoio para as válvulas e é também o local de origem e inserção das células musculares cardíacas?
   a) Endocárdio.
   b) Pericárdio.
   c) Miocárdio.
   d) Esqueleto fibroso.
   e) Endotélio.

3. A patologia se caracteriza pela ausência ou pela redução da circulação sanguínea de partes do coração, levando a um quadro de morte celular e consequente morte tecidual. De qual patologia estamos falando?
   a) Miocardite.
   b) Cardiopata dilatada.
   c) Cardiopatia hipertrófica.
   d) Miocardiopatia restritiva.
   e) Infarto.

4. Os achados de análise microscópica revelam uma das características do músculo cardíaco, isto é, a presença de díades, diferindo dos demais músculos esqueléticos que apresentam tríades. Quais os componentes que constituem as díades e tríades?
   a) Endotélio e mitocôndria.
   b) Túbulo T e retículo sarcoplasmático.
   c) Sarcômero e complexo de Golgi.
   d) Miocárdio e lisossomo.
   e) Cisterna e lipofuscina.

5. O músculo cardíaco possui uma função endócrina, ou seja, ele secreta hormônios que entram na circulação e se distribuem pelo corpo. Qual é o hormônio secretado pelo coração que auxilia no controle da pressão arterial?
   a) Angiotensinogênio.
   b) Renina.
   c) Atrial natriurético.
   d) Angiotensina.
   e) Aldosterona.

Leituras recomendadas

EYNARD, A. R.; VALENTICH, M. A.; ROVASIO, R. A. *Histologia e embriologia humanas*: bases celulares e moleculares. 4. ed. Porto Alegre: Artmed, 2010.

JUNQUEIRA, I. C.; CARNEIRO, J. *Histologia básica I*. 12. ed. Rio de Janeiro: Guanabara Koogan, 2013.

ROSS, M. H.; PAWLINA, W.; BARNASH, T. A. *Atlas de histologia descritiva*. Porto Alegre: Artmed, 2012.

UNIDADE 4

Tecido cartilaginoso

Objetivos de aprendizagem

Ao final deste texto, você deve apresentar os seguintes aprendizados:

- Diferenciar os tipos de tecido cartilaginoso.
- Identificar as funções do tecido cartilaginoso e os diferentes tipos encontrados no corpo humano.
- Caracterizar o tecido cartilaginoso quanto às suas células e sua matriz extracelular.

Introdução

Neste capítulo, você vai estudar o tecido cartilaginoso, sua localização e classificação. Vai saber que a cartilagem é composta por células e abundante matriz extracelular, além de muitas fibras colágenas submersas em uma substância fundamental. Essa estrutura molecular confere à cartilagem uma combinação de resistência, elasticidade e consistência.

Você estudará com mais detalhes os três tipos de tecido cartilaginoso, que são o hialino, o elástico e o fibroso, cada um com características estruturais e funcionais específicas.

Tipos de tecido cartilaginoso

O tecido cartilaginoso é composto por uma rede densa de fibras colágenas e/ou elásticas que dão força e resistência ao tecido, incorporadas em sulfato de condroitina da matriz extracelular.

O **sulfato de condroitina** promove a resiliência do tecido, que é sua habilidade em voltar à forma original após deformação. Comparada aos tecidos conjuntivos frouxo e denso, a cartilagem pode suportar consideravelmente mais estresse.

As células da cartilagem madura, chamadas de condrócitos, se dispõem de maneira isolada ou em grupos, dentro de espaços chamados de lacunas na matriz extracelular (Figura 1).

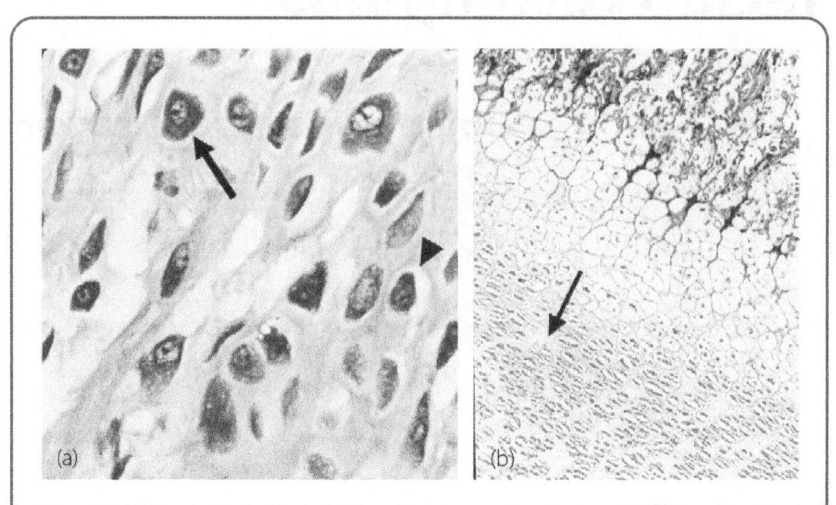

Figura 1. (a) Condroblastos (setas). Cápsula ou lacuna (ponta de seta); HE (hematoxilina/eosina), 400×. (b) Centro de ossificação endocondral em cartilagem hialina (seta); HE, 100×.
Fonte: Eynard, Valentich e Rovasio (2010, p. 248).

A superfície da maior parte da cartilagem é circundada por uma membrana de tecido conjuntivo denso não modelado chamado de pericôndrio. A cartilagem não tem vasos sanguíneos ou nervos, exceto no pericôndrio (Figura 2).

A cartilagem não tem suprimento sanguíneo porque secreta um fator antiangiogênico – substância que impede o crescimento dos vasos sanguíneos. Por essa propriedade, o fator antiangiogênico tem sido estudado como um possível tratamento de câncer, pois impede as células cancerosas (geradas pelo crescimento de novos vasos sanguíneos) de sustentar a rápida taxa de divisão das células cancerosas e sua expansão.

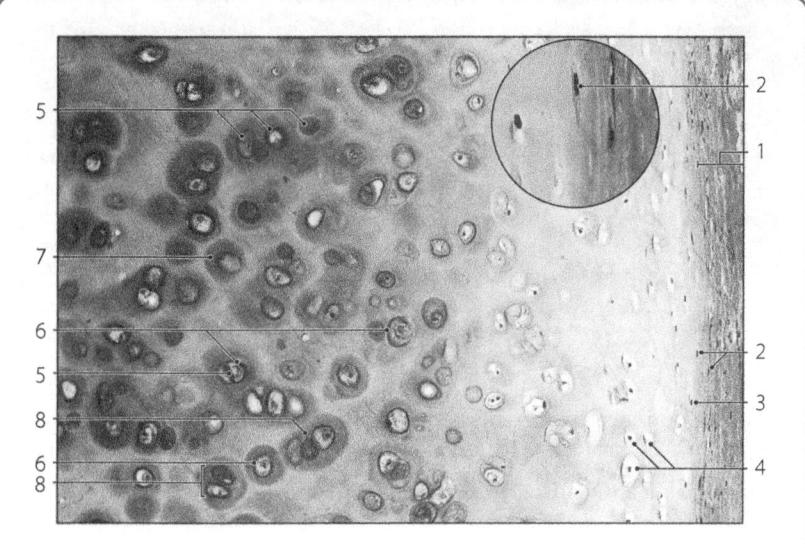

Figura 2. Traqueia, cartilagem hialina, ser humano, H&E (hematoxilina/eosina), 180×; figura menor, 550×. A fotomicrografia é um aumento maior da área delimitada na fotomicrografia para orientação. O pericôndrio (1) é composto de tecido conjuntivo denso não modelado e é corado por eosina. O restante da fotomicrografia consiste em cartilagem, que apresenta mais afinidade para hematoxilina. A camada interna do pericôndrio mostra área de transição com presença de condrócitos formativos (2). Eles se encontram em uma fase inicial de produção da matriz. A figura menor exibe os condrócitos formativos em um aumento maior. O núcleo é menos alongado e um traço de citoplasma aparece nas duas extremidades. A matriz cartilaginosa está sendo produzida, pois o material extracelular visto nas imediações da célula se mostra homogêneo e de coloração clara. Um pouco mais para dentro da matriz cartilaginosa, há um condrócito (3), cujo núcleo tem aspecto levemente oval. Essas células são responsáveis pelo crescimento aposicional da cartilagem. O restante da área corada menos intensamente da matriz cartilaginosa revela condrócitos com núcleos redondos. O citoplasma (4) dessas células não é bem preservado e dá a impressão de um espaço vazio. Ao se aprofundar na cartilagem, a matriz torna-se mais basofílica, e os condrócitos (5), maiores. A matriz que envolve o condrócito nessa área se cora mais intensamente. Trata-se da matriz capsular ou pericelular (6), que possui a maior concentração de proteoglicanos sulfatados e biglicanos de hialuronano, bem como várias glicoproteínas multiadesivas. Encontra-se também colágeno tipo IX que une a matriz ao condrócito. O restante da matriz intensamente corada refere-se à matriz territorial (7), que contém uma rede de fibrilas de colágeno tipo II, arranjadas em um padrão aleatório, e um pouco de colágeno tipo IX. Alguns dos condrócitos podem ser vistos em aposição uns aos outros, sendo envolvidos por uma matriz territorial comum. Esses conjuntos de células são denominados grupos isogênicos (8), que representam células que se dividiram recentemente. À medida que amadurecem e produzem matriz adicional, se afastam e são envolvidas pela própria matriz territorial. Essa divisão e a produção de novo material matricial possibilitam o crescimento intersticial. O restante da matriz cartilaginosa menos corada que ocupa os espaços entre os condrócitos é chamado de matriz interterritorial.

Fonte: Ross, Pawlina e Barnash (2012, p. 32-33).

> **Fique atento**
>
> Como o tecido cartilaginoso não possui vasos sanguíneos, seu metabolismo não é muito ativo. Assim, quando ocorre lesão dos meniscos do joelho de um esportista, o reparo desse tecido é muito difícil, pois a lesão é substituída por tecido conjuntivo denso (que não cumpre adequadamente sua função) e não por cartilagem nova, regenerada.
> A cartilagem se caracteriza por sua baixa antigenicidade, o que provavelmente está relacionado ao baixo nível metabólico, que facilita seu uso em transplantes deste tecido.

Agora, conheça os três tipos de cartilagem para entender os aspectos anatomoclínicos de partes do corpo compostas por eles: cartilagem hialina, fibrosa e elástica (Quadro 1).

Quadro 1. Variedades de cartilagem.

Características	Hialina	Elástica	Fibrosa
Aparência microscópica	Branco-azulado, opalino e pouco translúcido	Amarelado, opaco	Branco-acinzentado, opaco com aparência fibrilar
Localização	Superfícies articulares, cartilagens costais, esqueleto do sistema respiratório (laringe, traqueia e brônquios), cartilagem de crescimento	Orelhas, duto auditivo externo e tuba auditiva, epiglote e outras cartilagens laríngeas	Discos intervertebrais, meniscos do joelho, sífilis do púbis e na união de alguns tendões até o osso

(Continua)

(Continuação)

Quadro 1. Variedades de cartilagem.

Características	Hialina	Elástica	Fibrosa
Estrutura histológica	Condrócitos arredondados, grupos isogênicos (uma a quatro células), fibras colágenas curtas, abundante substância intracelular metacromática e PAS positiva (periodic acid-Schiff). Não há vasos sanguíneos	Semelhante ao hialino. Além disso, justa rede de fibras elásticas que se unem às do pericôndrio. As fibras elásticas têm cor amarela	Os condrócitos frequentemente se organizam em fileiras paralelas aos feixes de fibras colágenas que são de maior longitude que na cartilagem hialina
Composição relativa dos componentes microscópicos	Células + Fibras ++ (colágenas) Substância intercelular ++	Células + Fibras ++ (colágenas e elásticas) Substância intercelular ++	Células + Fibras ++++ (colágenas) Substância intercelular ±
Histogênese	Origina-se na camada condrogênica (camada interna do pericôndrio)	Origina-se na camada condrogênica (camada interna do pericôndrio)	É semelhante a um tecido conjuntivo comum

Fonte: adaptado de Eynard, Valentich e Rovasio (2010, p. 247).

Cartilagem hialina

A cartilagem hialina é a cartilagem mais abundante no corpo. Ela confere flexibilidade e sustentação e, nas articulações, reduz a fricção e absorve o choque. Tem aspecto esbranquiçado e não apresenta vasos sanguíneos. Gera resistência contra impactos, sendo flexível e firme à deformação.

É composta por células chamadas de **condrócitos**, envolvidas por uma matriz sem forma definida, contendo fibrilas de colágeno tipo II. É rica em agregados de proteoglicanas e glicoproteínas multiadesivas, além de ser altamente hidratada, composta por água, que, em sua maior parte, está ligada aos agregados de proteoglicanas e dá à cartilagem seu caráter resistente. Parte dessa água não está ligada e proporciona um meio de difusão de metabólitos até os condrócitos imersos na matriz (ROSS; PAWLINA; BARNASH, 2012).

Na maioria das vezes, a cartilagem hialina é envolvida pelo pericôndrio (tecido conjuntivo denso não modelado). As exceções são: cartilagem epifisial, nas articulações, e lâminas epifisiais, regiões em que os ossos alongam, com o crescimento natural.

A camada fibrosa externa do pericôndrio é similar ao tecido conjuntivo denso não modelado que forma a cápsula de outros órgãos. A partir de sua periferia, tem capacidade de crescimento cartilaginoso de dentro para fora, dividindo os condrócitos preexistentes. As células recém-formadas continuam produzindo matriz cartilaginosa adicional e, portanto, aumentando o volume da cartilagem (ROSS; PAWLINA; BARNASH, 2012).

Fique atento

As finas fibras colágenas não são visíveis com técnicas comuns de coloração, e condrócitos proeminentes são encontrados em lacunas.

O tecido cartilaginoso não tem vasos sanguíneos, vasos linfáticos e nervos. Ele obtém seus nutrientes por difusão, a partir dos vasos sanguíneos, localizados nas camadas mais externas do pericôndrio.

A cartilagem hialina compõe a parede do septo nasal, os anéis da traqueia, as superfícies articulares dos ossos e as regiões epifisárias dos ossos longos, todos relacionados à ossificação endocrondal.

Cartilagem fibrosa ou fibrocartilagem

Você sabia que a fibrocartilagem gera força e rigidez à estrutura? É a mais forte das três cartilagens, porém menos comprimível. É composta de tecido conjuntivo denso não modelado e de cartilagem. Essas células aparecem em pequenos grupos misturados entre fibras colágenas. A presença de matriz cartilaginosa entre as fibras colágenas ajuda no amortecimento de impactos físicos abruptos; assim, a cartilagem é capaz de comprimir e absorver forças de tração, reduzindo o impacto excessivo sobre as fibras colágenas. Diferentemente da cartilagem hialina, na fibrocartilagem não há pericôndrio.

Está presente:

- no disco intervertebral;
- na sínfise púbica;
- nos meniscos da articulação do joelho;
- na articulação temporomandibular;
- nas articulações esternoclavicular e do ombro;
- nas junções entre alguns tendões;
- ligamentos com ossos.

Os condrócitos estão espalhados em feixes de fibras colágenas claramente visíveis no interior da matriz extracelular desse tipo de cartilagem.

Exemplo

Os discos intervertebrais, às vezes, se rompem por ação mecânica (traumas físicos). Há uma estrutura gelatinosa chamada núcleo pulposo – remanescente da notocorda, que se localiza em seu centro. Tal estrutura se dilata e provoca uma hérnia que pode comprimir a medula espinal ou alguns de seus nervos, produzindo a hérnia de disco.

Cartilagem elástica

A cartilagem elástica apresenta maior grau de elasticidade em comparação com a cartilagem hialina e com a fibrosa. Dá sustentação e mantém a forma da estrutura. A cartilagem elástica contém fibras e lamelas elásticas, elementos típicos encontrados na cartilagem hialina, além de um pericôndrio. Além disso, dão à matriz cartilaginosa maior resistência contra forças de tração, enquanto, na cartilagem hialina, a matriz oferece apenas resistência a forças físicas.

A cartilagem elástica resiste ao processo de calcificação natural do avanço da idade, ao contrário da cartilagem hialina, que calcifica. Os condrócitos se localizam dentro de uma rede de fibras elásticas no interior da matriz extracelular. O pavilhão auricular, a tuba auditiva (Figura 3), a epiglote e parte da laringe são compostas por cartilagem elástica.

Cartilagem elástica

Descrição: Consiste em condrócitos localizados em uma rede filiforme de fibras elásticas no interior da matriz extracelular.

Localização: Cobertura na parte superior da laringe (epiglote), orelha externa e tubas auditivas (de Eustáquio).

Função: Dá sustentação e mantém a forma.

Orelha

Pericôndrio
Núcleo do condrócito
Lacuna contendo concrócito
Fibra elástica na substância fundamental

MO 420x

Visão seccional da cartilagem elástica da orelha

Cartilagem elástica

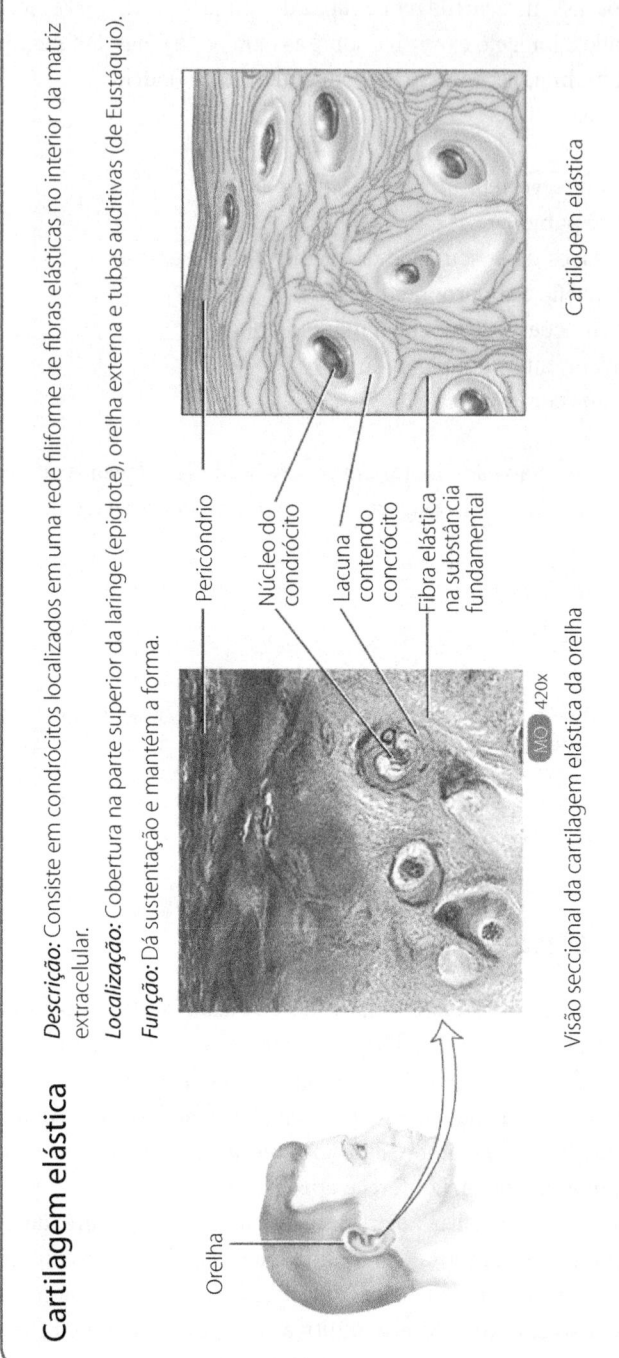

Figura 3. Quadro descritivo da cartilagem elástica.
Fonte: Tortora e Derrikson (2012, p. 91).

> **Exemplo**
>
> **Você sabe o que é artrose?**
> A artrose é uma calcificação do tecido cartilaginoso e ocorre em pessoas de idade avançada, causando limitações funcionais no movimento das articulações. Em outros casos, a cartilagem também sofre calcificações, como ocorre nos anéis traqueais.

Funções do tecido cartilaginoso

De maneira geral, as três variedades de cartilagem executam funções similares:

- revestimento das articulações ósseas;
- amortecimento de impactos e atrito entre os ossos;
- auxílio nos movimentos corporais;
- sustentação e proteção para algumas partes do corpo.

Por serem estruturas elásticas e flexíveis, as cartilagens resistem a forças de compressão e de torção. Você pode entender melhor essa característica lembrando como as cartilagens permitem os movimentos dos arcos costais, a inspiração e a expiração. Ou ainda, pense no sistema ventilatório, em como as áreas cartilaginosas asseguram que os dutos (laringe, traqueia e brônquios) modifiquem seu diâmetro sem sofrer colapso.

Nas articulações, o tecido cartilaginoso faz parte da ossificação endocondral (Figura 1) e são consideradas cartilagens de crescimento, que agem sob controle hormonal e de vitaminas, assegurando o crescimento em comprimento dos ossos e, finalmente, o crescimento do indivíduo.

Tipos celulares

Existem dois tipos de células no tecido cartilaginoso: **condroblastos** e **condrócitos**. Esses dois tipos se encontram mais ou menos distantes entre si, separados por abundante substância intercelular.

Os **condroblastos** produzem as fibras colágenas do tipo II (e elásticas na cartilagem elástica) e os componentes principais da substância intercelular (matriz cartilaginosa). Após a formação da cartilagem, sua atividade diminui, e eles sofrem pequena retração de volume, quando passam a ser chamados de condrócitos.

São células ricas em retículo endoplasmático rugoso (RER), complexo de Golgi bastante desenvolvido e um núcleo eucromático. Contêm glicogênio, proteoglicanos, compostos de proteínas e glicosaminoglicanos (condroitim sulfato e queratam sulfato).

Os **condrócitos** que se originam da multiplicação de uma célula formam grupos isogênicos ou condronas. A forma, o tamanho e a disposição dos grupos isogênicos podem mudar de acordo com a variedade da cartilagem, e, ainda no mesmo tipo, de acordo com sua localização.

Matriz extracelular

A matriz extracelular da cartilagem do tipo hialino e da cartilagem do tipo elástico é composta por colágeno do tipo II. As moléculas do colágeno formam fibrilas muito finas, mas não chegam a constituir fibras e, por isso, são dificilmente visíveis ao microscópio óptico.

Na cartilagem do tipo elástico há muito material elástico e fibras elásticas. Grande quantidade de matriz extracelular é composta, predominantemente, por moléculas glicosaminoglicanas sulfatadas, os sulfatos de condroitina e os não sulfatados, os hialuronatos. Essas moléculas são responsáveis pela rigidez e consistência do tecido cartilaginoso.

Se você observar cortes de cartilagem no microscópio, verá que nos cortes corados com hematoxilina e eosina (H&E), a matriz extracelular tem cor azulada, ao contrário da matriz do tecido conjuntivo propriamente dito. Isso ocorre porque, como as moléculas da matriz fundamental possuem muitos radicais ácidos, a matriz é corada preferencialmente por corantes básicos – ao contrário da matriz do tecido conjuntivo propriamente dito, que é acidófila devido à presença de grande quantidade de fibras colágenas.

Exercícios

1. Quais são as fibras predominantes no tecido cartilaginoso da tuba auditiva?
   a) Fibras de colágeno tipo II.
   b) Fibras de colágeno tipo IV.
   c) Fibras reticulares.
   d) Fibras elásticas.
   e) Fibras de colágeno tipo I.

2. Sabemos que o corpo humano apresenta quatro diferentes tipos de tecido. O tecido cartilaginoso representa um subtipo de qual tecido humano?
   a) Epitelial.
   b) Nervoso.
   c) Sanguíneo.
   d) Muscular.
   e) Conjuntivo.

3. O tecido cartilaginoso é um tecido flexível, mas resistente. Isso acontece porque a matriz desse tecido é formada principalmente por:
   a) colágeno.
   b) fósforo.
   c) potássio.
   d) cálcio.
   e) sódio.

4. O esqueleto do feto é formado por cartilagem, que depois é substituída por tecido ósseo no processo chamado de ossificação endocondral. Qual é o nome da cartilagem encontrada no esqueleto do feto?
   a) Óssea.
   b) Fibrosa.
   c) Elástica.
   d) Hialina.
   e) Colágena.

5. O tecido cartilaginoso é encontrado em várias partes do corpo, como orelha, nariz, traqueia e regiões articulares. Sobre esse tecido, marque a alternativa correta.
   a) O tecido cartilaginoso é um tipo de tecido epitelial.
   b) Osteócitos, condrócitos e condroblastos são células encontradas no tecido cartilaginoso.
   c) O tecido cartilaginoso, assim como a grande maioria dos tecidos conjuntivos, apresenta-se rico em nervos.
   d) O tecido cartilaginoso é um tecido resistente com matriz extracelular rica em sais de cálcio.
   e) O tecido cartilaginoso não tem vasos sanguíneos.

Referências

EYNARD, A. R.; VALENTICH, M. A.; ROVASIO, R. A. *Histologia e embriologia humanas*: bases celulares e moleculares. 4. ed. Porto Alegre: Artmed, 2010.

ROSS, M. H.; PAWLINA, W.; BARNASH, T. A. *Atlas de histologia descritiva*. Porto Alegre: Artmed, 2012.

TORTORA, G. J.; DERRIKSON, B. *Corpo humano*: fundamentos de anatomia e fisiologia. Porto Alegre: Artmed, 2012.

Leitura recomendada

KÜHNEL, W. *Histologia*: texto e atlas. 12. ed. Porto Alegre: Artmed, 2010.

Tecido ósseo

Objetivos de aprendizagem

Ao final deste texto, você deve apresentar os seguintes aprendizados:

- Diferenciar os tipos de tecido ósseo.
- Caracterizar o tecido ósseo quanto às suas células e sua matriz extracelular.
- Identificar as etapas do processo de ossificação endocondral.

Introdução

O tecido ósseo é o componente principal dos ossos, órgãos que formam o esqueleto humano. Ele é composto por células e por uma matriz extracelular que combina dureza, rigidez e resistência.

Neste capítulo, você vai estudar os componentes do tecido ósseo, seus diferentes tipos e a sua histogênese.

Diferenciação dos tipos de tecido ósseo

Os ossos podem ser classificados de duas formas: análise macroscópica e análise histológica. Em um osso serrado, pode-se perceber sua composição: osso compacto (sem cavidades visíveis) e esponjoso com cavidades intercomunicantes). Histologicamente, existem dois tipos de tecido ósseo, o imaturo ou primário, e o maduro ou secundário, também chamado lamelar. Ambos os tipos apresentam as mesmas células e os mesmos constituintes da matriz.

O tecido primário aparece primeiramente no desenvolvimento embrionário e também na reparação de fraturas e é temporário, sendo substituído gradativamente por tecido secundário. Em adultos, o tecido ósseo primário é pouco frequente e é encontrado apenas próximo às suturas dos ossos do crânio, nos alvéolos dentários e em alguns pontos de inserção de tendões. Esse tecido apresenta fibras colágenas dispostas em várias direções sem orientação definida, tem menos quantidade de minerais e maior proporção de osteócitos do que o tecido ósseo secundário. A menor quantidade de minerais apresentado pelo tecido ósseo primário faz com que seja mais facilmente penetrado pelos raios X.

O tecido ósseo secundário (lamelar) é o tipo normalmente encontrado no adulto. Esse tecido contém fibras colágenas organizadas em lamelas de 3 a 7 µm de espessura, que se dispõem paralelamente umas às outras ou em camadas concêntricas em torno de canais com vasos, constituindo os sistemas de Havers ou ósteons.

Os osteócitos localizam-se em lacunas situadas entre as lamelas ósseas, mas algumas vezes estão dentro delas. Nas lamelas, as fibras colágenas são paralelas umas às outras. Para separar grupos de lamelas, ocorre o acúmulo de uma matriz mineralizada, constituída por pouco colágeno.

Na parte cilíndrica central dos ossos, a diáfise, as lamelas ósseas se organizam em quatro sistemas: os sistemas de Havers e os circunferenciais externo, intermediário e interno. Os sistemas de Havers (Figura 1) são característicos da diáfise de ossos longos secundários, mas pequenos sistemas podem também ser encontrados em ossos compactos de outros locais.

Cada sistema de Havers é constituído por camadas concêntricas de matriz mineralizada depositadas ao redor de um canal central onde existem vasos sanguíneos e nervos que servem ao tecido ósseo. Se caracteriza por ser um cilindro longo, às vezes bifurcado, paralelo à superfície da diáfise e formado por 4 a 20 lamelas ósseas concêntricas. O canal central desse cilindro, ou canal de Havers, é revestido de endósteo, que contém vasos sanguíneos e nervos.

Os canais de Havers comunicam-se entre si, com a cavidade medular e com a superfície externa do osso por meio de canais perfurantes, ou canais de Volkmann. Esses canais são transversais ou oblíquos e distinguem-se dos de Havers por não apresentarem lamelas ósseas concêntricas e por atravessarem as lamelas ósseas.

Saiba mais

Examinando-se com luz polarizada, os sistemas de Havers mostram alternância entre fibras claras e escuras. Esse aspecto se deve ao arranjo das fibras colágenas nas lamelas ósseas, que, em uma lamela, se apresentam de forma transversal, e na seguinte, quase longitudinal.

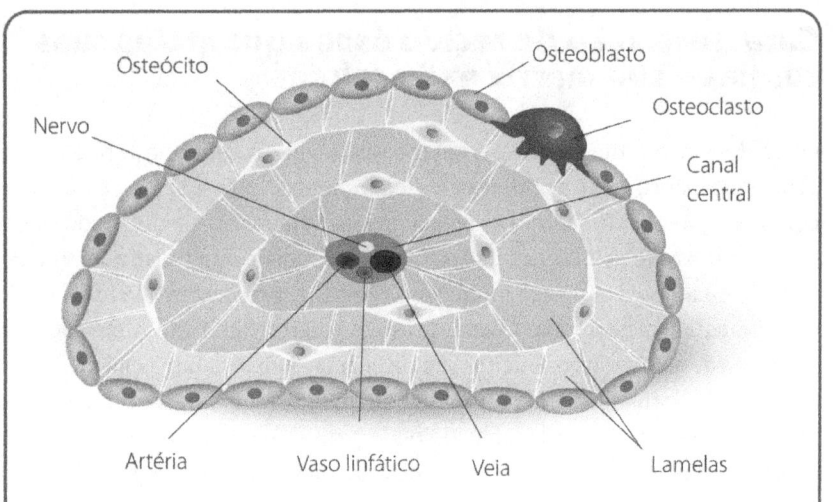

Figura 1: Canal de Havers e os três tipos celulares encontrados no tecido ósseo: osteoblastos, osteócitos e osteoclastos.
Fonte: Designua/Shutterstock.com.

Fique atento

A concentração de cálcio no sangue e nos tecidos deve ser mantida constante, pois a carência alimentar desse mineral causa descalcificação dos ossos. Assim, o tecido ósseo torna-se mais transparente aos raios X e predisposto a fraturas. A descalcificação óssea também pode ocorrer em razão da excessiva produção do paratormônio, o que provoca intensa reabsorção óssea. O oposto ocorre na osteopetrose, doença causada por defeito nas funções dos osteoclastos, com superprodução de tecido ósseo. Este novo tecido ósseo é muito compactado e rígido e causa obliteração das cavidades que contêm a medula óssea, resultando em anemia e deficiência de glóbulos brancos, reduzindo a resistência dos pacientes às infecções.

Outra doença que acomete o tecido ósseo é a osteoporose, em que a degradação estrutural e a diminuição da densidade mineral dos ossos aumentam o risco de fraturas ósseas. Pode decorrer de uma alta reabsorção óssea, resultante de uma atividade acelerada dos osteoclastos, de uma reabsorção normal ou ligeiramente aumentada associada a uma atividade osteoblástica diminuída, ou podem estar associadas a diversas condições patológicas que afetam o tecido ósseo.

Caracterização do tecido ósseo quanto às suas células e sua matriz extracelular

O tecido ósseo é um tipo especializado de tecido conjuntivo formado por células e material extracelular calcificado, a matriz óssea. As células que compõem o tecido ósseo são os osteócitos, os osteoblastos e os osteoclastos. Os osteócitos são células achatadas, que têm pequena quantidade de retículo endoplasmático granuloso, complexo de Golgi pouco desenvolvido e núcleo com cromatina condensada. Apesar de essas características indicarem pequena atividade de síntese, os osteócitos são essenciais para a manutenção da matriz óssea. Essas células se encontram em cavidades ou lacunas no interior da matriz óssea, ocupando lacunas de onde partem canalículos. Cada lacuna contém apenas um osteócito. Dentro dos canalículos, os prolongamentos dos osteócitos estabelecem contato por meio de junções comunicantes, pelas quais podem passar pequenas moléculas e íons de um osteócito para outro.

Os osteoblastos encontram-se nas superfícies ósseas, dispostos lado a lado, em um arranjo que lembra um epitélio simples. Podem apresentar formato cuboide com citoplasma muito basófilo, quando em intensa atividade sintética, e achatados com pouca basofilia citoplasmática, quando em estado pouco ativo. Os osteoblastos são responsáveis pela síntese da parte orgânica da matriz óssea: colágeno tipo I, proteoglicanos e glicoproteínas. Também sintetizam osteonectina, que facilita a deposição de cálcio, e a osteocalcina, que estimula a atividade dos osteoblastos. Essas células são capazes de concentrar fosfato de cálcio, participando da mineralização da matriz. A matriz se deposita ao redor do corpo do osteoblasto e de seus prolongamentos, formando, dessa forma, lacunas e canalículos. Uma vez aprisionado pela matriz recém-sintetizada, o osteoblasto passa a ser chamado de osteócito. A matriz adjacente aos osteoblastos ativos e que ainda não está calcificada recebe o nome de osteoide.

Os osteoclastos são células móveis, multinucleadas e gigantes. Têm extensas ramificações, as quais são muito irregulares, com forma e espessura variáveis. Apresentam citoplasma granuloso, podendo apresentar vacúolos, basófilo nos osteoclastos jovens e acidófilo nos osteoclastos maduros. Frequentemente, nas áreas de reabsorção de tecido ósseo, encontram-se porções dilatadas de osteoclastos, depositadas em depressões da matriz escavadas pela atividade dos osteoclastos e conhecidas como lacunas de Howship.

> **Fique atento**
>
> A matriz óssea é constituída por uma parte inorgânica e outra orgânica. A parte inorgânica representa cerca de 50% do peso de toda a matriz. É constituída principalmente por íons, sendo que os mais encontrados são fosfato e cálcio. Também tem bicarbonato, magnésio, potássio, sódio e citrato em pequenas quantidades.
> Os cristais que se formam pelo cálcio e pelo fósforo têm a estrutura de hidroxiapatita. Os íons de superfície da hidroxiapatita são hidratados, existindo, portanto, uma camada de água e íons em volta do cristal. Essa camada é denominada capa de hidratação e facilita a troca de íons entre o cristal e o líquido intersticial. A parte orgânica da matriz é constituída por fibras colágenas, formadas por fibras colágenas do tipo I e por pequena quantidade de proteoglicanos e glicoproteínas. A associação de hidroxiapatita a fibras colágenas é responsável pela rigidez e pela resistência do tecido ósseo.

Identificação das etapas do processo de ossificação endocondral

O tecido ósseo é formado por um processo denominado de ossificação intramembranosa, que ocorre dentro do interior de uma membrana conjuntiva, ou pelo processo de ossificação endocondral, o qual se inicia sobre um molde de cartilagem hialina, que gradualmente é destruído e substituído por tecido ósseo formado a partir de células do conjuntivo adjacente.

O primeiro tecido ósseo formado é do tipo primário, o qual é, pouco a pouco, substituído por tecido secundário ou lamelar. Assim, durante o crescimento dos ossos, é possível ver áreas de tecido primário, áreas de reabsorção e áreas de tecido secundário. Essa combinação de formação e remoção do tecido ósseo também ocorre no adulto, embora em ritmo muito mais lento.

A ossificação endocondral tem início sobre uma peça de cartilagem hialina, de forma parecida com a do osso que se vai formar, mas de tamanho menor. Esse tipo de ossificação é o principal responsável pela formação dos ossos curtos e longos e consiste em dois processos. No primeiro processo, a cartilagem hialina sofre modificações, havendo hipertrofia dos condrócitos, redução da matriz cartilaginosa e consequente mineralização com a morte dos condrócitos por apoptose. No segundo processo, as cavidades previamente ocupadas pelos condrócitos são invadidas por capilares sanguíneos e células osteogênicas vindas do tecido conjuntivo adjacente. Posteriormente, essas células se diferenciam em osteoblastos, que depositarão matriz óssea sobre a cartilagem calcificada. Assim, surge tecido ósseo onde antes tinha tecido cartilaginoso e a matriz calcificada de cartilagem serve apenas de ponto de apoio à ossificação.

A formação dos ossos longos é um processo mais complexo. O molde cartilaginoso apresenta uma parte média estreitada, correspondendo à diáfise, e as extremidades dilatadas que correspondem às epífises do futuro osso. Nos ossos longos, o primeiro tecido ósseo que aparece é composto de ossificação intramembranosa do pericôndrio, cobrindo a parte média da diáfise e formando um cilindro, chamado de colar ósseo.

Durante a formação do colar ósseo, as células cartilaginosas envolvidas por este aumentam de volume e morrem e a matriz da cartilagem se mineraliza. Vasos sanguíneos penetram a cartilagem calcificada e levam células osteoprogenitoras originárias do periósteo. Tais células se diferenciam em osteoblastos, os quais formam camadas contínuas nas superfícies dos tabiques cartilaginosos calcificados e dão início à síntese da matriz óssea, que logo se mineraliza. Forma-se, então, o tecido ósseo primário, sobre os restos de cartilagem calcificada. Esse é o centro primário de ossificação, que cresce em comprimento até ocupar toda a diáfise. Os osteoclastos absorvem a matriz formada no centro da cartilagem e, assim, formam o canal medular, no qual células sanguíneas formarão a medula óssea vermelha. As células tronco hematógenas se fixam no microambiente do interior dos ossos, onde vão produzir todos os tipos de células do sangue. Posteriormente, surgem os centros secundário de ossificação, um em cada epífise. Nesses centros, o crescimento ósseo é radial. Quando o tecido ósseo se forma o tecido cartilaginoso permanece apenas como cartilagem articular e disco epifisário. A cartilagem articular persistirá por toda a vida e não contribui para a formação de tecido ósseo; a cartilagem de conjugação ou disco epifisiário é a responsável pelo crescimento do osso em comprimento. A cartilagem de conjugação fica entre a epífise e a diáfise e seu desaparecimento por ossificação determina a parada do crescimento longitudinal dos ossos, aproximadamente aos 20 anos de idade.

O disco epifisário tem regiões denominadas zonas: de repouso, proliferativa, hipertrófica, calcificada e de ossificação. A zona de repouso é formada por cartilagem hialina sem alterações morfológicas, também é a zona mais distante da diáfise. Em seguida, encontra-se a zona proliferativa, em que os condrócitos produzem matriz, além de serem maiores, dividirem-se rapidamente e formarem colunas de células achatadas e empilhadas no sentido longitudinal do osso.

A zona hipertrófica tem uma matriz reduzida a tabiques delgados entre as células hipertróficas e condrócitos muito volumosos que entram em apoptose. A zona de calcificação apresenta continuação do processo de apoptose dos condrócitos e nela ocorre a mineralização dos tabiques de matriz cartilaginosa. A zona de ossificação é o local onde ocorre a invasão de capilares sanguíneos e células osteoprogenitoras que provêm do periósteo, inserindo-se nas cavidades deixadas pelos condrócitos mortos. As células osteoprogenitoras diferenciam-se em osteoblastos, formando uma camada contínua sobre os restos de matriz cartilaginosa calcificada e depositam matriz óssea.

A matriz óssea sofre calcificação e aprisiona osteoblastos, os quais se transformam em osteócitos. As espículas formadas têm uma parte central de cartilagem e outra superficial de tecido ósseo primário. Histologicamente, a cartilagem calcificada encontra-se basófila, enquanto que o tecido ósseo é acidófilo.

Saiba mais

Você conhece o papel metabólico do tecido ósseo?

O esqueleto reúne 99% do cálcio do organismo e funciona como uma reserva desse íon. Para que haja funcionamento normal do organismo, a concentração sanguínea do cálcio (calcemia) deve se manter constante. O cálcio do plasma sanguíneo e o encontrado nos ossos estão em constante troca. O cálcio absorvido da alimentação – e que aumentaria a concentração sanguínea desse íon – se deposita no tecido ósseo. Inversamente, o cálcio dos ossos é mobilizado quando sua concentração diminui no sangue.

Existem dois mecanismos de mobilização do cálcio depositado nos ossos: um dos mecanismos é a transferência dos íons dos cristais de hidroxiapatita para o líquido intersticial; deste, o cálcio passa para o sangue. O segundo mecanismo apresenta ação mais lenta e se deve à ação do hormônio da paratireoide, ou paratormônio, sobre o tecido ósseo. O hormônio favorece o aumento no número de osteoclastos e a reabsorção da matriz óssea, liberando fosfato de cálcio e aumentando a calcemia.

O paratormônio atua sobre receptores localizados nos osteoblastos. Em resposta, as células param de sintetizar colágeno e iniciam a secreção do fator estimulador de osteoclastos. A calcitonina, que também é um hormônio produzido pela tireoide, inibe a reabsorção da matriz e a mobilização do cálcio, tendo efeito inibidor sobre os osteoclastos.

Exercícios

1. Em relação ao tecido ósseo, marque a alternativa correta.
   a) Tem capacidade de contração e alongamento.
   b) Apresentam contrações rítmicas, vigorosas e involuntárias.
   c) Responsável pelo suporte, pela locomoção e pelo armazenamento de cálcio.
   d) É constituído, principalmente, por água, glicoproteínas e uma parte fibrosa.
   e) Tem função excretora e de revestir a superfície externa do corpo, as cavidades corporais internas e os órgãos.

2. Qual o principal componente da matriz óssea orgânica?
   a) Colágeno tipo I.
   b) Colágeno tipo II.
   c) Colágeno tipo III.
   d) Colágeno tipo IV.
   e) Fibras elásticas.

3. Numere, de acordo, a sequência de eventos que ocorrem na ossificação endocondral:
   I – Zona de cartilagem hipertrófica.
   II – Zona de cartilagem seriada.
   III – Zona de cartilagem em repouso.
   IV – Zona de calcificação.
   V – Zona de ossificação.
   a) I – II – III – IV - V.
   b) III – I – II – V – IV.
   c) III – II – I – IV – V.
   d) V – III – IV – II – I.
   e) II – III – I – V – IV.

4. Qual das células a seguir é multinucleada?
   a) Osteoblasto.
   b) Osteoclasto.
   c) Osteócito.
   d) Condrócito.
   e) Célula osteogênica.

5. Sobre o tecido ósseo, é correto afirmar que:
   a) os osteoclastos apresentam um retículo endoplasmático rugoso muito desenvolvido.
   b) os osteoblastos secretam colagenase e outras enzimas que atuam sobre a matriz óssea para liberar cálcio.
   c) o crescimento endocondral se inicia no interior de uma membrana de tecido conjuntivo.
   d) as cavidades do osso esponjoso e o canal medular não são ocupados por medula óssea.
   e) o cálcio dos ossos está em intercâmbio constante com o cálcio dos líquidos extracelulares.

Leituras recomendadas

EYNARD, A. R.; VALENTICH, M. A.; ROVASIO, R. A. *Histologia e embriologia humanas*: bases celulares e moleculares. 4. ed. Porto Alegre: Artmed, 2010.

JUNQUEIRA, L. C.; CARNEIRO, J. *Histologia básica l*. 12. ed. Rio de Janeiro: Guanabara Koogan, 2013.

ROSS, M. H.; PAWLINA, W.; BARNASH, T. A. *Atlas de histologia descritiva*. Porto Alegre: Artmed, 2012.

Sistema imune

Objetivos de aprendizagem

Ao final deste texto, você deve apresentar os seguintes aprendizados:

- Identificar as células que estão envolvidas na defesa do organismo humano e quais são as suas funções.
- Diferenciar imunidade humoral e imunidade celular.
- Reconhecer como ocorre a defesa do organismo humano contra um agente estranho ou patógeno invasor.

Introdução

Neste capítulo, estudaremos as células e as substâncias que compõem o sistema imune, que é um sistema de processos biológicos responsável pela defesa do organismo contra agentes estranhos e patogênicos, causadores de infecções e doenças.

O sistema imune é formado por linfócitos, células apresentadoras de antígenos, sistema do complemento, citocinas e anticorpos.

Células envolvidas na defesa do organismo e suas funções

As células que formam o sistema imune se organizam ao mesmo tempo em tecidos e órgãos, estruturas que recebem o nome genérico de sistema linfático. Nos órgãos linfáticos, encontram-se as células de defesa, classificadas de maneira geral como linfócitos e granulócitos (Figura 1).

Existem diferentes tipos de linfócitos, sendo os principais os linfócitos B e os linfócitos T, que variam de acordo com o local onde se diferenciam e com os diversos receptores existentes em suas membranas. Os linfócitos B podem reconhecer antígenos (Ag) nativos (solúveis sem processar) por meio de seu receptor de membrana. Já os linfócitos T reconhecem Ag processados e apresentados por moléculas do complexo de histocompatibilidade maior

(MHC) por meio de seus receptores de superfície da membrana plasmática (TCR, do inglês *T cell receptor*).

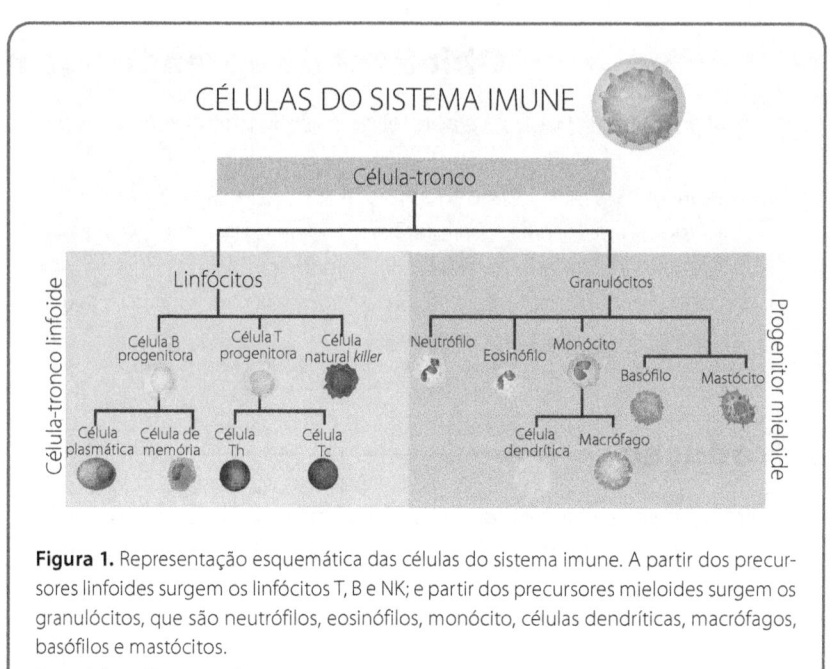

Figura 1. Representação esquemática das células do sistema imune. A partir dos precursores linfoides surgem os linfócitos T, B e NK; e partir dos precursores mieloides surgem os granulócitos, que são neutrófilos, eosinófilos, monócito, células dendríticas, macrófagos, basófilos e mastócitos.

Fonte: Sakurra/Shutterstock.com.

Os linfócitos B se originam na medula óssea e são transportados para o sangue, que os distribui para sua instalação nos órgãos linfáticos, exceto no timo. Quando são ativados por antígenos, proliferam e se diferenciam em plasmócitos, que são as células produtoras dos anticorpos. Alguns linfócitos B são ativados, mas não se diferenciam em plasmócitos, formando as células B da memória imunitária. Essas células de memória reagem muito rapidamente a uma segunda exposição ao mesmo antígeno. Os linfócitos T originam-se na medula óssea e, após entrarem no sangue, são transportados até o timo, onde sofrem o processo de maturação e diferenciação.

Esses linfócitos T maduros são novamente transportados pelo sangue e ocupam áreas definidas em outros órgãos linfáticos. No timo, os linfócitos T se diferenciam em três subtipos: T auxiliares, T supressora e T citotóxico.

> ### Saiba mais
>
> Os linfócitos T auxiliares podem diferenciar-se em vários tipos de linfócitos efetores que cumprem diversas funções. Os linfócitos T auxiliares estimulam a transformação dos linfócitos B em plasmócitos e estimulam a transcrição de genes que codificam citocinas e outras moléculas envolvidas na imunidade adaptativa.
> Os linfócitos T citotóxicos agem diretamente sobre as células estranhas e as infectadas por vírus. Esses linfócitos reconhecem Ag intracelulares e requerem a ajuda dos linfócitos T auxiliares para se diferenciar em células efetoras. Uma vez diferenciados, os linfócitos T citotóxicos são capazes de matar as células infectadas ou alteradas por indução de fragmentação de DNA e posterior apoptose, ou ativar macrófagos para eliminar essas células modificadas.
> Uma terceira classe de linfócitos é a NK (do inglês *natural killer*). Esses linfócitos NK não têm na superfície de sua membrana os receptores que caracterizam as células B e T e são capazes de atacar células infectadas por vírus e células cancerosas, sem prévia estimulação.

Dentre as células acessórias estão os macrófagos, os mastócitos, as células de Langerhans e as células dendríticas. Os macrófagos, as células de Langerhans e alguns linfócitos são muito eficientes na captura, na degradação e na apresentação de antígenos e, por isso, são denominadas células apresentadoras de antígenos (APC, de *antigen presenting cells*).

As APCs são encontradas na maioria dos órgãos e derivam da medula óssea. Atuam no processamento de antígenos, mecanismo por meio do qual digerem parcialmente as proteínas, transformando-as em pequenos peptídeos que são ligados às moléculas de *major histocompatibility complex* (MHC). Esse processamento é essencial para a ativação dos linfócitos T, pois esses linfócitos não reconhecem moléculas antigênicas nativas, ou não processadas.

O MHC, ou complexo de histocompatibilidade, é responsável pela distinção de moléculas próprias do organismo das moléculas estranhas e se encontra na superfície das células. As moléculas que o constituem podem ser de duas classes: MHC-I presente em todas as células) e MHC-II (encontrado com menor facilidade do que o MHC-I e presente nas células apresentadoras de antígenos).

Os MHCs têm uma estrutura única para cada indivíduo, e é por isso, principalmente, que enxertos e transplantes de órgãos são rejeitados, exceto quando são realizados entre gêmeos univitelinos, cuja constituição molecular e o MHC são idênticos.

Diferenciação entre imunidade celular e imunidade humoral

No organismo humano existem dois tipos de resposta imune, uma celular e outra humoral. Na imunidade celular, células com capacidade de resposta imunitária, os linfócitos T, combatem microrganismos intracelulares que foram fagocitados e sobrevivem dentro das células fagocitárias, como os macrófagos.

Os linfócitos T virgens reconhecem os Ag nos órgãos linfoides secundários, ocorrendo, em seguida, uma expansão clonal, diferenciação em células efetoras e migração por extravasamento ao local da infecção. Além dos linfócitos, também participam da resposta imunitária os mastócitos, neutrófilos, eosinófilos, monócitos e macrófagos.

O outro tipo de resposta imunitária é a imunidade humoral ou adquirida. Essa resposta depende de anticorpos, glicoproteínas circulantes no sangue e em outros líquidos produzidos pelos linfócitos B. Os anticorpos neutralizam moléculas estranhas e destroem as células portadoras dessas moléculas. São muito importantes também na proteção de espaços extracelulares, dos diversos líquidos biológicos e das secreções.

A produção dos anticorpos começa com a união dos Ag aos receptores dos linfócitos B. Esses complexos Ag/Ac são internalizados, fusionados com lisossomos e por meio de enzimas lisossômicas são gerados peptídeos que se unirão às moléculas do MHC-II e passarão a fazer parte da membrana do linfócito B. Isso permitirá que os linfócitos T entrem em contato com os linfócitos B. Dessa forma, são ativados e acabam liberando diferentes citocinas que condicionarão o linfócito B.

De acordo com as citocinas liberadas, serão produzidos linfócitos B produtores de diferentes isotipos de anticorpos, que são liberados no sangue e circulam por todo o corpo. Outros linfócitos B permanecerão como linfócitos de memória. Assim, os Ac ou as imunoglobinas (Ig) previnem infecções, bloqueiam a habilidade do microrganismo de invadir células do hospedeiro e eliminam ao agente infeccioso por meio de processos ativos, como a fagocitose (Figura 2).

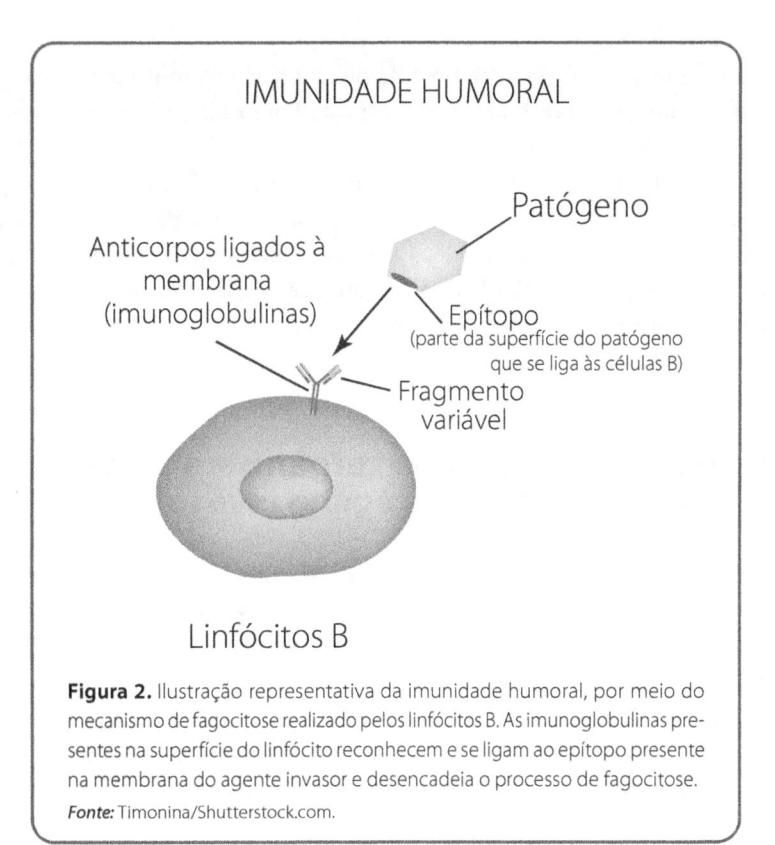

IMUNIDADE HUMORAL

Anticorpos ligados à membrana (imunoglobulinas)

Patógeno

Epítopo (parte da superfície do patógeno que se liga às células B)

Fragmento variável

Linfócitos B

Figura 2. Ilustração representativa da imunidade humoral, por meio do mecanismo de fagocitose realizado pelos linfócitos B. As imunoglobulinas presentes na superfície do linfócito reconhecem e se ligam ao epítopo presente na membrana do agente invasor e desencadeia o processo de fagocitose.
Fonte: Timonina/Shutterstock.com.

Os anticorpos produzidos pelos plasmócitos/linfócitos B também são chamados de imunoglobulinas. Cada imunoglobulina interage com um epítopo que estimulou sua formação. Os anticorpos têm uma função muito significativa, que é a de se combinar com o epítopo reconhecido e acionar o aparecimento de sinais químicos, indicando a presença do invasor aos outros componentes do sistema imune.

Nos humanos, existem cinco tipos de imunoglobulinas: IgG, IgA, IgM, IgE e IgD. A imunoglobulina IgG é a mais abundante no plasma e constitui cerca de 75% das imunoglobulinas do plasma. Os anticorpos podem aglutinar células facilitando sua fagocitose e precipitar antígenos solúveis, tornando-as inócuas. Os antígenos que se ligam aos anticorpos IgG e IgM ativam o sistema complemento, um grupo de proteínas do sangue que causam a ruptura da membrana dos microrganismos e facilitam a fagocitose de bactérias.

As células estranhas que provocam uma resposta imunitária celular ou humoral são denominadas imunógenos ou antígenos. O determinante antigênico, também conhecido como epítopo, é a parte da molécula antigênica que determina a resposta imune na resposta humoral, que ocorre por meio de linfócitos B.

A resposta imune celular, por meio dos linfócitos T, é determinada por pequenos peptídeos derivados da degradação parcial do antígeno e associados às moléculas MHC, as quais se localizam na membrana das células apresentadoras de antígenos. A degradação de uma célula bacteriana, por exemplo, resulta em diversos epítopos e desencadeia um amplo espectro de resposta humoral e celular.

Como ocorre a defesa do organismo contra um agente estranho ou patógeno invasor?

Todos os organismos multicelulares contêm mecanismos de defesa contra as infecções. Existem duas principais linhas de defesa, a imunidade inata e a imunidade adaptativa. A imunidade inata constitui a primeira linha de defesa contra microrganismos. Nessa defesa, atuam barreiras naturais como pele, epitélios e várias células, como monócitos, células NK e mastócitos. Também participam moléculas como citocinas, componentes do complemento e metabólitos do ácido araquidônico. Os componentes da resposta inata agem de maneira bastante específica diante dos microrganismos, impedindo a infecção e, em alguns casos, inclusive, eliminando o microrganismo. As células responsáveis pela imunidade inata utilizam diversos receptores para identificar e controlar o ambiente externo, e desencadeiam a liberação de diversas citocinas que estimularão a imunidade adaptativa.

As diferentes células fagocitárias, como células dendríticas, macrófagos e neutrófilos, têm a capacidade de responder a substâncias liberadas pelos microrganismos (quimiotáticas), migrar de maneira orientada até o local, fagocitar, processar e armazenar Ag e estimular a produção de substâncias que destroem o microrganismo. As células dendríticas e os macrófagos apresentam antígenos aos linfócitos T e, de acordo com a estimulação, essas células podem produzir citocinas e assim modular a diferenciação de diversos tipos de linfócitos T e B.

A imunidade adaptativa surge como segunda linha de defesa e se caracteriza por ser mais específica, especializada, de memória e não apresentar reatividade diante de Ag próprio. Essa defesa envolve uma sequência de fases, que começa com o reconhecimento específico do Ag por parte dos linfócitos, sua sequente ativação, diferenciação em células efetoras e eliminação do agente agressor. A resposta vai reduzindo à medida que os Ag vão sendo eliminados e nos órgãos linfoides permanecem linfócitos específicos de memória que geram uma memória imune.

> **Fique atento**
>
> Diante de uma reinfecção, o organismo é capaz de produzir uma reposta rápida, com imunidade celular específica mais intensa e veloz. A aquisição de células de memória por um sujeito e a possibilidade de reagir com essa rápida resposta dos linfócitos de memória é a base das campanhas de imunização contra muitas doenças infecciosas, como poliomielite, sarampo, caxumba, varíola, hepatite e tuberculose.

A maioria das respostas imunes se originam a partir de antígenos processados por células apresentadoras de antígenos, linfócitos B e linfócitos T. As células apresentadoras de antígenos têm a capacidade de captar Ag proteicos extracelulares, processá-los e unir os produtos de degradação às moléculas de MHC-II, que são apresentados na superfície celular aos linfócitos T auxiliares.

Da mesma forma, qualquer célula nucleada pode apresentar antígenos aos linfócitos T associados com moléculas de MHC-I derivados de proteínas citosólicas de origem viral ou tumoral e degradadas por proteases citosólicas. Assim, o papel do MHC é garantir o reconhecimento dos Ag por parte dos linfócitos T e desencadear a resposta imune, assegurando uma constante vigilância das proteínas por parte do organismo em busca de Ag estranhos.

Saiba mais

As doenças autoimunes são uma resposta contra autoantígenos e ocorrem por uma falha no organismo de diferenciar entre as moléculas do próprio corpo e as moléculas estranhas. Os linfócitos T e B participam das doenças autoimunes, embora os distúrbios celulares que causam essas doenças ainda não estejam bem esclarecidos.

Essas doenças podem ser específicas de determinado órgão ou podem ser sistêmicas ou generalizadas. Alguns exemplos são o diabetes melito insulinodependente, em função da existência de anticorpos contra as células β das ilhotas de Langerhans que sintetizam a insulina, e a miastenia, que apresenta anticorpos contra os receptores de acetilcolina das fibras musculares esqueléticas.

Exercícios

1. Qual a célula mais intensamente parasitada pelo vírus HIV, que afeta o sistema imunitário dos infectados, tornando-os muito suscetíveis aos agentes infecciosos que usualmente não causam doenças?
   a) Linfócito B.
   b) Linfócito T citotóxico.
   c) Linfócito T *helper* (auxiliar) (T4).
   d) Linfócito Th17.
   e) *Natural killer*.

2. Quais as células que, quando ativadas por antígeno específico, proliferam e se diferenciam em plasmócitos que secretam grande quantidade de anticorpos?
   a) Linfócito T citotóxico.
   b) Linfócito T *helper* (auxiliar).
   c) Linfócito T "virgens".
   d) Linfócito B.
   e) Macrófago.

3. Qual célula é originada na medula óssea, desenvolvida no timo e atua na resposta imune mediada por célula?
   a) Neutrófilo.
   b) Linfócito T.
   c) Eosinófilo.
   d) Basófilo.
   e) Linfócito B.

4. O sistema imune é composto por diversas células que, num primeiro momento, estão localizadas na corrente sanguínea. No momento de uma invasão por agente patogênico em um determinado tecido, essas células passam do vaso sanguíneo para o tecido conjuntivo, onde irão exercer sua função de defesa. A célula e a passagem são, respectivamente, identificadas como:
   a) macrófagos e fagocitose.
   b) glóbulos brancos e endocitose.
   c) leucócitos e diapedese.
   d) leucócitos e endocitose.
   e) basófilos e pinocitose.

5. Na espécie humana, a defesa contra agentes patogênicos e substâncias estranhas que entram pelo tecido epitelial, que caracteriza a barreira de proteção primária

do nosso corpo, é função do sistema imune. Com relação a esse sistema, é correto afirmar que:
a) a imunidade humoral é mediada por uma célula efetora, o linfócito T citotóxico.
b) a resposta imunológica é desprovida de mecanismos de autorregulação e memória.
c) todas as células do sistema imune são produzidas e diferenciadas na medula óssea e saem maduras, prontas para sua atuação na defesa do nosso organismo.
d) a imunidade celular é mediada por uma molécula efetora chamada de anticorpo.
e) os antígenos são as moléculas estranhas ao nosso organismo que provocam uma reação imune.

Leituras recomendadas

EYNARD, A. R.; VALENTICH, M. A.; ROVASIO, R. A. *Histologia e embriologia humanas*: bases celulares e moleculares. 4. ed. Porto Alegre: Artmed, 2010.

JUNQUEIRA, L. C.; CARNEIRO, J. *Histologia básica I*. 12. ed. Rio de Janeiro: Guanabara Koogan, 2013.

ROSS, M. H.; PAWLINA, W.; BARNASH, T. A. *Atlas de histologia descritiva*. Porto Alegre: Artmed, 2012.

Sangue e medula óssea

Objetivos de aprendizagem

Ao final deste texto, você deve apresentar os seguintes aprendizados:

- Caracterizar os elementos celulares do sangue (glóbulos brancos, glóbulos vermelhos e plaquetas) e o plasma.
- Diferenciar os glóbulos brancos (monócitos, basófilos, neutrófilos, linfócitos e eosinófilos) quanto a sua morfologia e sua função.
- Identificar os elementos presentes na medula óssea, bem como sua função e sua localização no organismo.

Introdução

Neste capítulo, você vai estudar os elementos que compõem o sangue – suas células e o plasma. Além disso, vai conhecer a importância da medula óssea, local de hematopoese, ou seja, o local onde são formados os elementos celulares do sangue que circula nos vasos do nosso corpo e nutre os órgãos e os tecidos.

Elementos celulares do sangue (glóbulos brancos, glóbulos vermelhos e plaquetas) e do plasma

O sangue é formado por células (glóbulos sanguíneos) e pela parte líquida (plasma), na qual as células estão suspensas. Os glóbulos sanguíneos são eritrócitos ou hemácias, plaquetas e outros tipos de leucócitos ou glóbulos brancos.

O sangue é, principalmente, um meio de transporte por meio do qual os leucócitos exercem várias funções de defesa e constituem uma das primeiras barreiras contra infecções. O plasma é responsável pelo transporte de nutrientes e metabólitos dos locais de absorção ou síntese e sua distribuição pelo organismo. Também é responsável pelo transporte de restos metabólicos que são retirados do sangue pelos órgãos de excreção. O sangue ainda possibilita a troca de mensagens químicas entre órgãos distantes e tem função reguladora na distribuição de calor e no equilíbrio acidobásico e no equilíbrio osmótico dos tecidos.

Os **eritrócitos** ou as **hemácias** são células anucleadas, têm a forma de disco bicôncavo e contêm uma grande quantidade de hemoglobina, proteína responsável pelo transporte de O_2 e CO_2 (Figura 1). Em condições normais, as hemácias não saem do sistema circulatório, ficando sempre no interior dos vasos. Os eritrócitos são células flexíveis e passam facilmente pelos capilares mais finos, onde sofrem deformações temporárias, mas não se rompem. O formato do eritrócito também dependerá da pressão osmótica da solução em que se encontra, em solução hipotônica a água penetra e a célula se rompe. Esse rompimento da hemácia com liberação da hemoglobina é chamado hemólise e pode estar presente em determinadas situações patológicas.

São formados na medula óssea e os eritrócitos imaturos são chamados de reticulócitos. Durante a maturação na medula óssea, as hemácias perdem o núcleo e as outras organelas e não podem renovar suas moléculas. Têm em média 120 dias de duração, tempo no qual as enzimas já estão em nível crítico, o rendimento dos ciclos metabólicos geradores de energia não é suficiente e o corpúsculo é digerido pelos macrófagos principalmente no baço. A concentração normal de eritrócitos no sangue é de 4 a 5,4 milhões por microlitro nas mulheres, e de 4,6 a 6 milhões por microlitro nos homens.

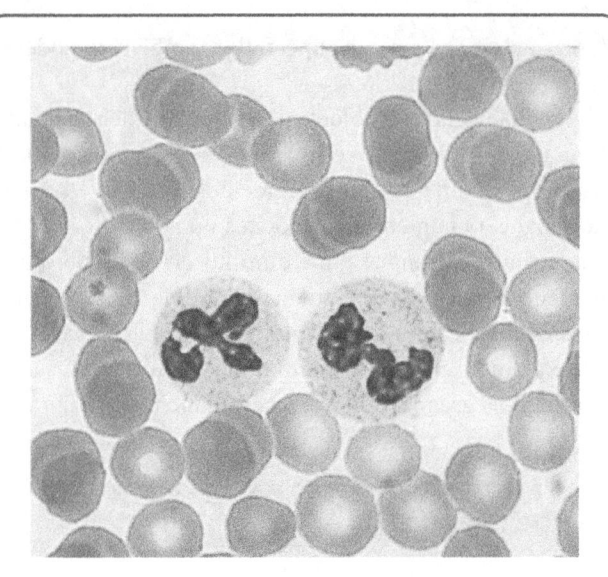

Figura 1. Esfregaço sanguíneo corado com May-Grunwald Giemsa. Os eritrócitos são encontrados em todo campo e apresentam uma área clara central por seu formato bicôncavo. Também apresenta dois leucócitos, neutrófilos, granulócitos, com abundantes grânulos citoplasmáticos e núcleo polilobulado.
Fonte: Eynard, Valentich e Rovasio (2010, 261).

A hemoglobina é uma proteína conjugada com ferro, sendo formada por quatro subunidades, sendo cada uma formada por um grupo heme ligado a um polipeptídeo. Essas cadeias polipeptídicas são variadas, diferenciando os vários tipos de hemoglobina, dos quais três são considerados normais: A1, A2 e F.

A hemoglobina A1 representa 97% da hemoglobina do adulto normal, enquanto a hemoglobina A2 representa cerca de 2% somente. O terceiro tipo de hemoglobina normal é a hemoglobina fetal ou F, e é característica do feto. Essa hemoglobina fetal representa 100% da hemoglobina no feto, cerca de 80% da hemoglobina no recém-nascido, e sua taxa diminui progressivamente até o oitavo mês de idade, atingindo níveis de 1%, semelhante ao que se observa no adulto.

A membrana das hemácias contém diferentes glicoproteínas e glicolipídeos que se comportam como antígenos e permitem classificar os quatro grupos sanguíneos. O grupo A apresenta o antígeno A, o grupo B apresenta o antígeno B, o grupo AB apresenta os antígenos A e B, e o grupo O não apresenta nenhum desses antígenos em sua superfície. Também se pode encontrar o antígeno ou fator Rh.

Os leucóticos são células incolores e têm forma esférica quando em suspensão no sangue. Sua função é resguardar o organismo contra infecções e são produzidos na medula óssea ou em tecidos linfoides, ficando temporariamente no sangue. O número de leucócitos no adulto normal é de 4.500 a 11.500 por microlitro de sangue, uma diminuição do número de leucócitos se denomina leucopenia e o aumento do número de leucócitos no sangue se chama de leucocitose. Uma ampla parte dos leucócitos usa o sangue como meio de transporte para chegar ao destino final, os tecidos. Os leucócitos são classificados em dois grandes grupos: os granulócitos e os agranulócitos.

Saiba mais

Os granulócitos têm núcleo de forma irregular, apresentam no citoplasma grânulos específicos e diferenciam-se em três tipos: neutrófilos, eosinófilos e basófilos (Figura 1). O núcleo dos agranulócitos tem forma mais regular e o citoplasma não tem granulações específicas, podendo apresentar grânulos inespecíficos também presentes em outros tipos celulares. Existem dois tipos de agranulócitos: os linfócitos e os monócitos.

As plaquetas são corpúsculos anucleados, com a forma de disco e derivam de células gigantes da medula óssea, os megacariócitos. As plaquetas auxiliam na reparação da parede dos vasos sanguíneos, causando a coagulação do sangue e impedindo a perda sanguínea. Normalmente, existem entre 150 mil a 450 mil plaquetas por microlitro de sangue, que continuam no sangue por aproximadamente 10 dias.

O plasma é uma solução aquosa que contém componentes de pequeno e de grande peso molecular. As proteínas plasmáticas correspondem a 7% do seu volume, os sais inorgânicos a 0,9% e o restante é formado por compostos orgânicos, como aminoácidos, vitaminas, hormônios e glicose. A composição do plasma é um indicador da composição do líquido extracelular, ou seja, os componentes de baixo peso molecular do plasma estão em equilíbrio com o líquido intersticial dos tecidos. As principais proteínas do plasma são albuminas, beta e gamaglobulinas, lipoproteínas, protrombina e fibrinogênio, proteínas que participam dos processos de coagulação do sangue.

> **Saiba mais**
>
> As albuminas desempenham um importante papel no mantimento da pressão osmótica do sangue e são sintetizadas pelo fígado. Deficiências nessas proteínas podem causar edema generalizado. As gamaglobulinas são anticorpos ou imunoglobulinas, e o sistema de coagulação engloba uma cascata complexa de 16 proteínas plasmáticas, enzimas, cofatores e plaquetas.

As anemias se caracterizam pela baixa concentração de hemoglobina no sangue ou pela presença de hemoglobina não funcional, resultando em baixa oxigenação dos tecidos. A anemia pode ser motivada pela diminuição do número de eritrócitos, mas pode haver circunstâncias em que o número de eritrócitos é normal, porém cada um deles contém pouca hemoglobina.

As anemias podem ser desenvolvidas por hemorragias, pouca produção de eritrócitos pela medula óssea, produção de eritrócitos com pouca hemoglobina ou destruição apressada dos eritrócitos. Para o diagnóstico é preciso testes laboratoriais, como o hemograma completo, contagem de reticulócitos e análise do esfregaço de sangue periférico. Neste último, o tamanho, a forma, a coloração e as inclusões nos eritrócitos são importantes.

A existência de núcleo nos eritrócitos circulantes sugere uma saída antecipada dos reticulócitos da medula óssea, causada por uma resposta da medula óssea ou relacionada a problemas tumorais. Em algumas parasitoses, como a malária, é possível notar as inclusões nos eritrócitos que são correspondentes aos parasitos.

Glóbulos brancos (monócitos, basófilos, neutrófilos, linfócitos e eosinófilos) – morfologia e função

Os glóbulos brancos, ou leucócitos, são formados por diversas células de defesa. Fazem parte desse grupo monócitos, basófilos, neutrófilos, linfócitos e eosinófilos.

Os leucócitos polimorfonucleares, ou neutrófilos, são células arredondadas com núcleos formados por dois a cinco lóbulos ligados entre si por finas pontes de cromatina. A célula muito nova não apresenta o núcleo segmentado em lóbulos, tendo um núcleo em forma de bastonete curvo, e é chamada de núcleo em bastonete, ou somente bastonete. Nos núcleos dos neutrófilos de mulheres, pode surgir um pequeno apêndice, muito menor que um lóbulo nuclear, que tem a cromatina sexual, formada por um cromossomo X que não transcreve genes.

O citoplasma dos neutrófilos apresenta predominantemente grânulos específicos, que contêm importantes enzimas no combate aos micro-organismos, componentes para reposição da membrana, e ajudam na proteção da célula contra agentes oxidantes. O citoplasma apresenta também grânulos azurófilos (lisossomos) que contém proteínas e peptídeos usados na digestão e morte de micro-organismos, e têm também uma matriz rica em proteoglicanos sulfatados, significantes para manter os vários componentes do grânulo em estado quiescente. A presença de grânulos atípicos ou vacúolos no citoplasma pode indicar diferentes condições patológicas, como infecções bacterianas e inflamações sistêmicas. O neutrófilo é uma célula em estágio final de diferenciação, com síntese proteica restrita e apresentando poucos perfis do retículo endoplasmático granuloso, raros ribossomos livres, poucas mitocôndrias e complexo de Golgi rudimentar. Os neutrófilos são células microfagocíticas que agem nas primeiras etapas dos processos inflamatórios produzidos por micro-organismos ou corpos estranhos.

Os eosinófilos são muito menos numerosos que os neutrófilos, constituem apenas 1 a 3% do total de leucócitos e apresentam, em geral, núcleo bilobulado. Têm organelas pouco desenvolvidas, como o retículo endoplasmático, as mitocôndrias e o complexo de Golgi. A principal propriedade para a identificação do eosinófilo são granulações ovoides acidófilas, que são maiores que as dos neutrófilos. Paralelamente ao maior eixo do grânulo, encontra-se um cristaloide, ou *internum*, desenvolvido pela proteína básica principal, rica em arginina e responsável por sua acidofilia. Os grânulos são formados por proteínas básicas e catiônicas que promovem o aparecimento de poros nas células-alvo, induzem a desgranulação de mastócitos e basófilos e modulam negativamente a atividade linfocitária.

Tanto a proteína catiônica como a proteína básica apresentam como principais funções as ações antibacteriana e antiparasitária. Um importante mecanismo de defesa são as peroxidases envolvidas na geração de espécies reativas de oxigênio, que também são capazes de promover dano tecidual quando liberadas. Os eosinófilos secretam substâncias como citocinas, mediadores inflamatórios, e sabe-se também que tem antígenos para os linfócitos.

Os basófilos são células que têm núcleo volumoso, com forma retorcida e irregular, geralmente com aparência da letra S. O citoplasma apresenta muitos grânulos, maiores que os dos outros granulócitos, que podem, por vezes, obscurecer o núcleo. Os basófilos constituem menos de 2% dos leucócitos do sangue, e sua meia-vida é estimada em um a dois dias. Os grânulos dos basófilos contêm histamina, fatores quimiotáticos para eosinófilos e neutrófilos e heparina. Além das proteínas, os basófilos também secretam citocinas e mediadores inflamatórios, os leucotrienos. Essas células liberam seus grânulos para o meio extracelular sob ação dos mesmos estímulos que promovem a expulsão dos grânulos dos mastócitos. As citocinas liberadas pelos basófilos determinam a populações de linfócitos, portanto, têm função imunomoduladora. A membrana plasmática dos basófilos, assim como a dos mastócitos, apresenta receptores para a imunoglobulina E (IgE).

Os linfócitos são as células responsáveis pela defesa imunológica do organismo. Eles identificam moléculas estranhas existentes nos agentes infecciosos e as exterminam por meio de uma resposta humoral, com a produção de anticorpos, ou por meio de uma resposta citotóxica mediada por células. Os linfócitos têm forma esférica, com núcleo também esférico, podendo, às vezes, apresentar chanfradura, com cromatina disposta em grumos. O citoplasma é muito escasso e pode apresentar grânulos azurófilos que surgem também nos monócitos e granulócitos. O citoplasma também se apresenta deficiente de organelas, tendo moderada quantidade de ribossomos livres. O tempo de sobrevivência dos linfócitos é variável, alguns vivem apenas alguns dias e outros vivem durante muitos anos. Dependendo das moléculas encontradas em sua superfície, os linfócitos podem ser classificados em dois tipos principais, os linfócitos B e os linfócitos T.

Fique atento

Ao contrário dos leucócitos, que não retornam ao sangue depois de migrarem para os tecidos, os linfócitos voltam dos tecidos para o sangue, recirculando continuamente.

Os monócitos são os maiores leucócitos circulantes, apresentando núcleo ovoide em formato de rim ou ferradura, geralmente excêntrico. O núcleo também se apresenta mais claro que o dos linfócitos, em razão do arranjo pouco denso de sua cromatina, e tem dois ou três nucléolos. O citoplasma dos monócitos contém grânulos azurófilos (lisossomos) finíssimos que podem preencher todo citoplasma e entregar a essas células uma coloração acinzentada. Também apresenta pequena quantidade de polirribossomos, retículo endoplasmático granuloso pouco desenvolvido, muitas mitocôndrias pequenas e grande complexo de Golgi, que participa da formação dos grânulos azurófilos. A superfície dos monócitos mostra muitas microvilosidades e vesículas de pinocitose. Essas células fazem parte do sistema mononuclear fagocitário e os monócitos do sangue representam uma fase na maturação da célula originada na medula óssea. Essa célula passa para o sangue, onde fica por alguns dias, e atravessam por diapedese a parede dos capilares e das vênulas, adentrando alguns órgãos e se transformando em macrófagos. Esses macrófagos constituem uma fase mais avançada na existência da célula mononuclear fagocitária.

Elementos presentes na medula óssea, sua função e localização no organismo

A medula óssea é um órgão difuso, bastante volumoso e ativo. É achada no canal medular dos ossos longos e nas cavidades dos ossos esponjosos e se diferencia em dois tipos, medula vermelha e medula amarela.

A medula óssea vermelha é ativa e hematógena, ou seja, produz os elementos do sangue e deve a sua cor aos numerosos eritrócitos em diversos estágios de maturação. A medula óssea amarela é rica em células adiposas e não produz células sanguíneas. A medula óssea vermelha é predominante no feto e na criança, sendo, depois, trocada por medula amarela. Nos adultos, grande parte da medula óssea se transforma na variedade amarela, sendo a medula vermelha vista apenas no esterno, nas vértebras, nas costelas e na díploe dos ossos do crânio. Nos adultos jovens, também é vista nas epífises proximais do fêmur e do úmero. A medula amarela pode ser substituída por vermelha em situações de hemorragia ou em resposta à temperatura elevada e pode voltar a produzir células do sangue.

A medula óssea vermelha é constituída por células reticulares associadas a fibras reticulares. Essa associação forma uma rede percorrida por diversos capilares que se originam no endósteo e desembocam no sangue da circulação sistêmica. A medula óssea apresenta inervação por meio de fibras nervosas mielínicas e amielínicas existentes na parede das artérias. Nos espaços entre

capilares e células reticulares, acontece a hemocitopoese, ou seja, células-
-tronco se proliferam e se diferenciam em todos os tipos de células sanguíneas.
A liberação de células maduras da medula óssea para o sangue ocorre por
migração através do endotélio próximo das junções intercelulares. As células
maduras se caracterizam por serem capazes de exercer todas as suas funções
especializadas.

O processo de maturação dos eritrócitos é a síntese de hemoglobina e
a formação de um corpúsculo pequeno e bicôncavo que oferece o máximo
de superfície para as trocas de oxigênio. De acordo com o grau de maturação, os eritrócitos são chamados de proeritroblastos, eritroblastos basófilos,
eritroblastos policromáticos, eritroblastos ortocromáticos (ou acidófilos),
reticulócitos e hemácias. Nos granulócitos, o processo de maturação acontece com modificações citoplasmáticas caracterizadas pela síntese de várias
proteínas, que são acondicionadas em dois tipos de grânulos, os específicos
e os azurófilos. O mieloblasto é a célula mais imatura já verificada para
formar exclusivamente os três tipos de granulócitos e, quando nela aparecem
granulações citoplasmáticas específicas, essa célula passa a ser chamada
de promielócito neutrófilo, eosinófilo ou basófilo, de acordo com o tipo de
granulação existente. Os estágios seguintes de maturação são o mielócito, o
metamielócito, o granulócito com núcleo em bastão e o granulócito maduro
(neutrófilo, eosinófilo e basófilo).

Os precursores dos linfócitos e monócitos são identificados principalmente
pelo tamanho, pela estrutura da cromatina e pelos nucléolos visíveis, já que
essas células não apresentam grânulos específicos nem núcleos lobulados. A
célula mais jovem entre os linfócitos é o linfoblasto, que forma o prolinfócito,
que, por usa vez, origina os linfócitos maduros. Os monócitos são células
intermediárias, que desenvolvem os macrófagos nos tecidos. Sua origem é
a célula mieloide multipotente que origina todos os outros leucócitos, com
exceção dos linfócitos. A célula mais jovem é o promonócito, encontrado
somente na medula óssea e é morfologicamente idêntica ao mieloblasto. Por
fim, as plaquetas se originam pela fragmentação do citoplasma dos megacariócitos na medula óssea, que, por sua vez, se originaram pela diferenciação
dos megacarioblastos.

Saiba mais

Diferentes alterações hereditárias da molécula de hemoglobina ocasionam doenças, como a anemia falciforme. Essa doença ocorre em razão da mutação de um único nucleotídeo no DNA do gene para a cadeia beta da hemoglobina. A hemoglobina que se forma é a HbS, e as consequências dessa formação são enormes.

Quando desoxigenada, a HbS se polimeriza e forma agregados que entregam ao eritrócito uma forma semelhante à de uma foice. Esse eritrócito não tem flexibilidade, é frágil e tem vida curta. Essas modificações tornam o sangue mais viscoso, e o fluxo sanguíneo nos capilares é prejudicado, induzindo os tecidos a uma deficiência em oxigênio. Pode também acontecer lesão da parede capilar e coagulação do sangue. Outra doença genética que agride as hemácias é a esferocitose hereditária. Essa doença se caracteriza por gerar hemácias esféricas e muito vulneráveis à ação dos macrófagos, resultando em anemia e outros distúrbios.

Exercícios

1. Qual componente do sangue é o responsável pela determinação do grupo sanguíneo de um indivíduo?
   a) Plaquetas.
   b) Monócitos.
   c) Eritrócitos.
   d) Eosinófilos.
   e) Linfócitos.

2. Que elementos do sangue estão envolvidos na hemostasia (processo que visa a impedir a perda de sangue) e nas trocas de oxigênio e dióxido de carbono, respectivamente?
   a) Leucócitos e plaquetas.
   b) Plasma sanguíneo e monócitos.
   c) Plaquetas e eritrócitos.
   d) Hemácias e leucócitos.
   e) Linfócitos e plaquetas.

3. Os granulócitos entram no tecido conjuntivo passando entre as células endoteliais dos capilares e das vênulas pós-capilares para realizarem suas funções quanto à defesa do organismo. Assinale a alternativa que traz o nome desse processo.
   a) Pluripotência.
   b) Granulocitopoese.
   c) Leucopenia.
   d) Diapedese.
   e) Anisocitose.

4. Os diferentes estágios de cada tipo celular apresentam propriedades específicas durante a hemopoiese. As principais características das células-tronco são:
   a) capacidade de autorrenovação e potencialidade para formar tipos celulares distintos.
   b) atividade mitótica intensa e nenhuma capacidade de autorrenovação.
   c) atividade funcional indiferenciada e intensa

atividade mitótica.
d) morfologia típica de cada tipo e capacidade de autorrenovação.
e) pequena atividade mitótica e nenhuma capacidade de autorrenovação.

5. Marque a alternativa que corresponde às células sanguíneas que não são originadas a partir da linhagem mieloide.
a) Monócitos.
b) Basófilos.
c) Neutrófilos.
d) Eritrócitos.
e) Linfócitos.

Referência

EYNARD, A. R.; VALENTICH, M. A.; ROVASIO, R. A. *Histologia e embriologia humanas*: bases celulares e moleculares. 4. ed. Porto Alegre: Artmed, 2010.

Leituras recomendadas

JUNQUEIRA, L. C.; CARNEIRO, J. *Histologia básica l*. 12. ed. Rio de Janeiro: Guanabara Koogan, 2013.

ROSS, M. H.; PAWLINA, W.; BARNASH, T. A. *Atlas de histologia descritiva*. Porto Alegre: Artmed, 2012.

Tecido nervoso

Objetivos de aprendizagem

Ao final deste texto, você deve apresentar os seguintes aprendizados:

- Reconhecer e diferenciar as estruturas que compõem as células neuronais (soma, dendritos e axônio).
- Diferenciar os neurônios de acordo com a sua função e as suas ligações com outros neurônios.
- Caracterizar os componentes de uma sinapse neuronal.

Introdução

O tecido nervoso está distribuído por todo o nosso corpo. É ele quem coordena as funções de praticamente todos os órgãos. Neste capítulo, estudaremos os componentes celulares do tecido nervoso, suas conexões e também suas funções no organismo humano.

Estruturas que compõem as células neuronais (soma, dendritos e axônio)

As células nervosas, ou neurônios, são responsáveis por recepção, transmissão, processamento de estímulos e liberação de neurotransmissores. Os neurônios são formados por um corpo celular, também chamado de soma ou pericário, que contém o núcleo e de onde partem os prolongamentos, os dendritos, que são prolongamentos especializados na função de receber estímulos, e o axônio, um prolongamento único especializado na condução de impulsos que comunicam informações do neurônio para outras células.

O **corpo celular** é a parte central do neurônio que tem o núcleo e o citoplasma e se caracteriza pela função de receber e integrar sinais, recebendo estímulos excitatórios ou inibitórios suscitados em outras células nervosas. O núcleo é esférico em grande parte dos neurônios e surge pouco corado em razão da distensão dos cromossomos, indicando alta atividade sintética. O corpo celular de um neurônio tem as mesmas organelas encontradas nas demais células, e as organelas mais importantes são o retículo endoplasmático rugoso, o retículo endoplasmático liso, o complexo de Golgi e as mitocôndrias.

> **Saiba mais**
>
> O complexo de Golgi se encontra exclusivamente no pericário; já as mitocôndrias existem em quantidade moderada no pericário, mas são encontradas em grande quantidade no terminal axônico.

A estrutura responsável pela manutenção de forma e mobilidade dos neurônios é o citoesqueleto. O citoesqueleto é composto por microtúbulos, microfilamentos e neurofilamentos. Os neurofilamentos são encontrados tanto no pericário quanto nos prolongamentos e constituem-se de filamentos intermediários. O citoplasma do pericário e dos prolongamentos também apresenta microtúbulos. A membrana neuronal serve como uma barreira que demarca o citoplasma dos fluidos externos que banham os neurônios. A membrana tem diversas proteínas, que bombeiam substâncias para dentro e para fora ou desenvolvem poros que regulam quais substâncias podem acessar a parte interna do neurônio.

As células nervosas exibem numerosos **dendritos**, que são responsáveis por aumentar de forma considerável a superfície celular, tornando possível receber e agregar impulsos ocasionados por numerosos terminais axônicos de outros neurônios. Alguns neurônios podem apresentar apenas um dendrito, mas são pouco frequentes e se encontram em regiões bem específicas. Os dendritos ficam mais finos à medida que se ramificam, diferenciando-se, assim, dos axônios, que mantêm o diâmetro constante ao longo de seu comprimento.

Boa parte dos impulsos que chegam a um neurônio é recebida por pequenas projeções dos dendritos, chamadas espinhas ou gêmulas. Essas gêmulas são estruturas dinâmicas, apresentando plasticidade morfológica em razão da proteína actina, um componente do citoesqueleto que está relacionado com a formação de sinapses e com a sua adaptação funcional. As gêmulas existem em grande quantidade e exercem importantes funções, por exemplo, são o primeiro local de processamento dos impulsos nervosos que chegam ao neurônio. Elas também participam da plasticidade dos neurônios relacionada com a adaptação, a memória e o aprendizado.

Cada neurônio apresenta um único axônio, no formato de cilindro de comprimento e diâmetro variáveis de acordo com o tipo de neurônio. Alguns podem ser curtos, mas a maioria dos axônios são mais compridos que os dendritos da mesma célula. Ao contrário do que ocorre com os dendritos, os axônios têm um diâmetro constante e somente sua porção final é ramificada, denominando-se telodendro.

O axônio se origina, geralmente, de uma estrutura piramidal do corpo celular, chamada cone de implantação. Os neurônios que têm axônios mielinizados apresentam o segmento inicial, parte entre o cone de implantação e o início da bainha de mielina. Esse segmento recebe diversos estímulos, tanto excitatórios quanto inibitórios. O resultado desses estímulos é a geração de um potencial de ação cuja propagação é o impulso nervoso. O segmento inicial também tem vários canais iônicos que são importantes para a geração do impulso nervoso. O citoplasma do axônio tem poucas mitocôndrias, algumas cisternas do retículo endoplasmático liso e diversos microfilamentos e microtúbulos. Não apresenta retículo endoplasmático granuloso e polirribossomos, evidenciando que o axônio é conservado pela atividade sintética do pericário.

Existe um movimento muito ativo de moléculas e organelas ao longo dos axônios. As proteínas são produzidas no pericário e migram pelos axônios. O movimento de moléculas em sentido contrário, dos axônios para o corpo celular, acontece quando moléculas são reutilizadas pelo pericário.

> **Na prática**
>
> O corpo celular é a parte central do neurônio que tem o núcleo e o citoplasma e se caracteriza pela função de receber e integrar sinais, recebendo estímulos excitatórios ou inibitórios suscitados em outras células nervosas. O núcleo é esférico em grande parte dos neurônios e surge pouco corado em razão da distensão dos cromossomos, indicando alta atividade sintética. O corpo celular de um neurônio tem as mesmas organelas encontradas nas demais células, e as organelas mais importantes são o retículo endoplasmático rugoso, o retículo endoplasmático liso, o complexo de Golgi e as mitocôndrias.
> Veja em realidade aumentada a estrutura interna de um neurônio típico.
>
> Aponte para o QR code ou acesse o *link* **https://goo.gl/NtmGRd** para ver o recurso.

Como diferenciar os neurônios de acordo com a sua função e as suas ligações com outros neurônios?

Os neurônios podem ser classificados segundo a sua função: neurônios motores, neurônios sensoriais e interneurônios.

Os **neurônios motores** controlam órgãos efetores, como glândulas exócrinas e endócrinas e fibras musculares. Esses neurônios são chamados eferentes e se caracterizam pelo axônio transportar a informação para longe de uma estrutura particular. Por exemplo, para neurônios motores, o fluxo de informações é do sistema nervoso central para as fibras musculares.

Os **neurônios sensoriais** recebem estímulos sensoriais do meio ambiente e do próprio organismo. São concretizados por fibras aferentes em que o axônio transmite a informação para uma estrutura específica. Por exemplo, para os neurônios do gânglio sensitivo da raiz dorsal do nervo espinhal, o fluxo de informações é da periferia para o sistema nervoso central.

Os **interneurônios**, ou neurônios associativos, determinam conexões entre outros neurônios, formando circuitos complexos.

Os neurônios ainda podem ser classificados de acordo com a sua morfologia, ou seja, pelo número total de neuritos (axônios e dendritos) que se estendem a partir do soma. Apresentam-se os seguintes tipos: neurônios multipolares, bipolares e pseudounipolar.

Os **neurônios multipolares** apresentam mais de dois prolongamentos celulares, já os **bipolares** apresentam um dendrito e um axônio. Os **neurônios pseudounipolares** têm um prolongamento único próximo ao corpo celular, mas este logo se divide em dois, um se dirige para a periferia e o outro para o sistema nervoso central.

Saiba mais

Por suas características morfológicas e eletrofisiológicas, os dois prolongamentos das células pseudounipolares são axônios, mas as arborizações terminais do ramo periférico recebem estímulos e trabalham como dendritos. Neurônios bipolares são encontrados nos gânglios coclear e vestibular, na retina e na mucosa olfatória. Os neurônios pseudounipolares são encontrados nos gânglios espinais sensoriais localizados nas raízes dorsais dos nervos espinais e também nos gânglios cranianos. Contudo, a maioria dos neurônios é multipolar.

Caracterização dos componentes de uma sinapse neuronal

A sinapse é a zona de contato bastante especializada onde os neurônios estabelecem interações celulares estreitas e é responsável pela transmissão dos impulsos nervosos. Ou seja, a sinapse é o local de contato entre os neurônios ou entre neurônios e outras células efetoras, como células musculares e glandulares.

Os elementos de uma sinapse são a membrana da célula pré-sináptica, a fenda sináptica e a membrana da célula pós-sináptica. O lado pré-sináptico, em regra, consiste em uma terminação axonal, e o lado pós-sináptico pode ser um dendrito ou uma soma de outro neurônio.

> **Fique atento**
>
> A função da sinapse é transformar um sinal elétrico, o impulso nervoso do neurônio pré-sináptico, em um sinal químico que age na célula pós-sináptica. A transferência de informações pela sinapse de um neurônio para outro é denominada transmissão sináptica. A maioria das sinapses transmite informações por meio da liberação de neurotransmissores, que ficam estocados em vesículas sinápticas dentro da terminação, sendo liberados na fenda sináptica.

A transformação da informação (elétrica-química-elétrica) torna possível muitas das capacidades do encéfalo. Modificações desse processo estão envolvidas na memória e no aprendizado e distúrbios nas transmissões sinápticas resultam em alguns transtornos mentais. A sinapse também é o local de ação para muitas toxinas e para muitas drogas psicoativas.

As sinapses podem ser de tipos diferentes: elétricas e químicas. As sinapses elétricas são relativamente simples em estrutura e função e admitem a transferência direta da corrente iônica de uma célula para outra. Acontecem em sítios especializados chamados junções comunicantes, que permitem que a corrente iônica passe de forma adequada nos dois sentidos, sendo, assim, bidirecionais.

A maioria da transmissão sináptica no sistema nervoso humano é química. As membranas pré e pós-sinápticas nas sinapses químicas são separadas por uma fenda, a fenda sináptica. Essa fenda é preenchida com uma matriz extracelular de proteínas fibrosas, cuja função é conservar a adesão entre as membranas pré e pós-sinápticas. O lado pré-sináptico é geralmente um terminal axonal e contém diversas vesículas sinápticas que armazenam os neurotransmissores.

Os principais neurotransmissores se classificam como aminoácidos, aminas e peptídeos. A liberação dos neurotransmissores é desencadeada pela chegada do potencial de ação ao terminal axonal, que despolariza a membrana do terminal e resulta na abertura dos canais de cálcio, causando a liberação dos neurotransmissores das vesículas sinápticas. Os neurotransmissores liberados dentro da fenda sináptica se conectam a receptores específicos na membrana dos neurônios pós-sinápticos, transferindo a informação da célula pré-sináptica para a célula pós-sináptica (Figura 2).

Na prática

A maioria da transmissão sináptica no sistema nervoso humano é química. As membranas pré e pós-sinápticas nas sinapses químicas são separadas por uma fenda, a fenda sináptica. Essa fenda é preenchida com uma matriz extracelular de proteínas fibrosas, cuja função é conservar a adesão entre as membranas pré e pós-sinápticas. O lado pré-sináptico é geralmente um terminal axonal e contém diversas vesículas sinápticas que armazenam os neurotransmissores.

Os principais neurotransmissores se classificam como aminoácidos, aminas e peptídeos. A liberação dos neurotransmissores é desencadeada pela chegada do potencial de ação ao terminal axonal, que despolariza a membrana do terminal e resulta na abertura dos canais de cálcio, causando a liberação dos neurotransmissores das vesículas sinápticas. Os neurotransmissores liberados dentro da fenda sináptica se conectam a receptores específicos na membrana dos neurônios pós-sinápticos, transferindo a informação da célula pré-sináptica para a célula pós-sináptica.

Veja em realidade aumentada a formação de uma sinapse.

Aponte para o QR code ou acesse o *link*
https://goo.gl/NtmGRd para ver o recurso.

Saiba mais

Algumas doenças acometem o sistema nervoso e podem resultar na destruição dos neurônios. Exemplos dessas patologias são a esclerose múltipla, a doença de Alzheimer e a doença de Parkinson.

Na esclerose múltipla, as bainhas de mielina são destruídas, acarretando diversos distúrbios neurológicos. Nessa doença, os restos de mielina são removidos pela micróglia e são digeridos pelas enzimas dos lisossomos.

A doença de Alzheimer se caracteriza pela degeneração progressiva do encéfalo, com a presença de demência e quase sempre fatal, enquanto que a doença de Parkinson também apresenta degeneração progressiva do encéfalo, causando dificuldade para iniciar movimentos voluntários. A causa do aparecimento desses distúrbios permanece desconhecida, mas pesquisas em neurociência já contribuíram para o desenvolvimento de tratamentos efetivamente melhores para a doença de Parkinson e para a esclerose múltipla e novas estratégias estão sendo avaliadas para recuperar os neurônios que estão morrendo em pacientes com a doença de Alzheimer.

Exercícios

1. O que constitui os corpúsculos de Nissl, presentes no citoplasma do pericário das células neuronais?
   a) Aparelho de Golgi.
   b) Vesículas sinápticas.
   c) Retículo endoplasmático rugoso e polirribossomos.
   d) Grupos de neurofilamentos.
   e) Mitocôndrias.

2. O principal centro metabólico do neurônio é:
   a) o cone de implantação.
   b) o terminal axonal.
   c) as vesículas sinápticas.
   d) a árvore dendrítica.
   e) o corpo celular.

3. Em alguns neurônios, é possível observar a condução saltatória do impulso nervoso. Podemos atribuir essa propriedade à presença de:
   a) corpo celular dos neurônios.
   b) axônios dos neurônios.
   c) células da glia.
   d) dendritos do axônio.
   e) bainha de mielina dos neurônios.

4. Em relação à sinapse química, assinale a alternativa correta.
   a) A membrana pré-sináptica e a membrana pós-sináptica precisam se unir para que ocorra a sinapse.
   b) As correntes iônicas passam diretamente pelas junções comunicantes até chegarem às outras células.
   c) Os canais aniônicos permitem a entrada de cargas positivas, promovendo a excitação do neurônio.
   d) Transforma um sinal químico do neurônio pré-sináptico em um sinal elétrico que atua sobre a célula.
   e) Transforma um sinal elétrico (impulso nervoso) do neurônio pré-sináptico em um sinal químico que atua sobre a célula pós-sináptica por meio de neurotransmissores.

5. O tecido nervoso (juntamente com o sistema endócrino) é responsável pelo controle e pela coordenação dos diversos órgãos do corpo humano. Sobre o tecido nervoso, é correto afirmar que:
   a) é formado por dois tipos principais de células: os neurônios e as células da glia, ambos dispersos na abundante matriz extracelular.
   b) os neurônios têm uma propriedade em comum com glândulas e células musculares: a capacidade de conduzir informações a outras partes do corpo.
   c) no sistema nervoso central, são encontradas diversas estruturas, entre elas a medula espinhal e os gânglios.
   d) calor, luz, alterações químicas e choque mecânico são exemplos de estímulos que podem desencadear as funções dos neurônios.
   e) é responsável pelo estabelecimento e pela manutenção da forma corporal.

Referência

BEAR, M. F.; CONNORS, B. W.; PARADISO, M. A. *Neurociência*: desvendando o sistema nervoso. 4. ed. Porto Alegre: Artmed, 2017.

Leituras recomendadas

EYNARD, A. R.; VALENTICH, M. A.; ROVASIO, R. A. *Histologia e embriologia humanas*: bases celulares e moleculares. 4. ed. Porto Alegre: Artmed, 2010.

JUNQUEIRA, L. C.; CARNEIRO, J. *Histologia básica I*. 12. ed. Rio de Janeiro: Guanabara Koogan, 2013.

MARTIN, J. H. *Neuroanatomia*: texto e atlas. 4. ed. Porto Alegre: AMGH, 2014.

ROSS, M. H.; PAWLINA, W.; BARNASH, T. A. *Atlas de histologia descritiva*. Porto Alegre: Artmed, 2012.

Gabaritos

Para ver as respostas de todos os exercícios deste livro, acesse o *link* abaixo ou utilize o código QR ao lado.

https://goo.gl/zdQwWo